宝石花獭兔

海狸色獭兔

白色獭兔

红色獭兔

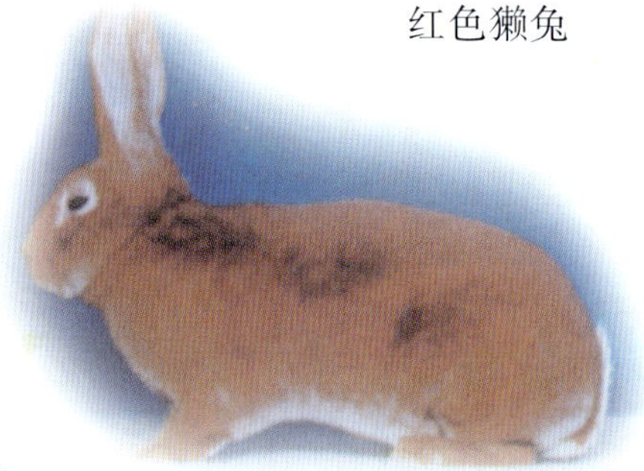

巧克力色獭兔

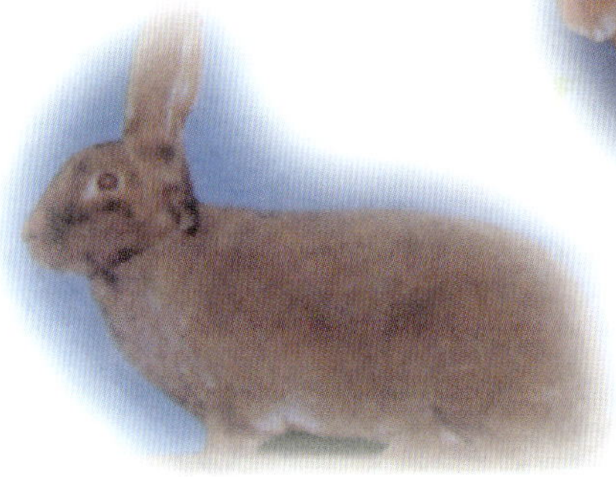

海豹色獭兔

猞猁色獭兔

獭兔皮毛与獭兔裘皮制品

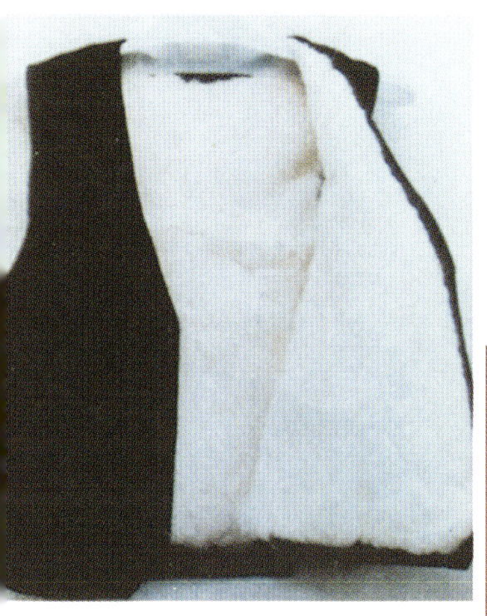

獭兔原料皮

兔肉加工包装车间

颗粒饲料机(9KS—200—1 型)

颗粒饲料机(DKS—180 型)

颗粒饲料机(9KS—200—2 型)

“农家书屋”工程推荐图书

獭兔养殖技术

汪志铮　主编

中国农业大学出版社

主　编　汪志铮
编　者　（按姓氏笔画为序）
汪志铮　吴黎明　周　峰

前　言

獭兔的饲养虽然在我国起步较晚，但它皮肉兼优，全身是宝。獭兔皮独具特色，皮板薄，分量轻，绒毛细而密，短而平，符合当今国际裘皮市场崇尚自然、讲究色型的需要，制成女色翻毛大衣、童装、披肩、围巾、手套、帽子以及做服饰镶边，十分俊俏，轻盈美观。随着人们生活水平的提高，獭兔国内有市场，国外有销路，出口效益也不错。行家们预测，只要獭兔品种质量好，若干年内，獭兔皮也是只嫌其少，不愁其多，因此就养兔这一行而言，饲养獭兔市场前景比毛兔好，经济效益比肉兔高。

现代养獭兔生产，是从 20 世纪 70 年代开始出现，它是在工业和科学技术发展到一定水平之后，才逐渐发展起来的。随着配合饲料、疾病防治技术、环境控制以及机械化、自动化的发展，使养獭兔技术开始进入工厂化的崭新阶段。它是采用先进科学技术和设备，以工厂化的方式进行的高效率的饲养獭兔生产。工厂化养獭兔场由于采用各种先进技术，因而不仅能提高獭兔养殖业的劳动生产率，而且能够降低饲料消耗，缩短饲养周期，提高商品效率。

本书是应广大读者的要求，为发展我国的獭兔业，使之逐渐从传统的养兔业转变为现代化规模经营的獭兔养殖业，以适应当前獭兔养殖业大力发展的需要，这是本书编写的最终要求。科学饲养獭兔既要普及，也要在其发展中不断深化。

本书既有该学科的理论知识，又富有实践技能，旨在普及和推广新理念、新品种、新技术、新成果、新产品、新经验，给读者多介绍一些新信息。

本书具有科学性、先进性、实用性、图文并茂、通俗易懂、

可操作性强的特点，极适于农业院校师生、养殖场家和饲养獭兔爱好者的备用与参考。

谨向本书所引用材料和图片的作者致以谢意。因编著者水平有限，书中不妥之处敬请广大读者指正。

本书养殖篇，第一至第七章由汪志铮编写，第八章（獭兔疾病防治）由吴黎明编写；加工篇第九至第十一章由周峰编写，最后由汪志铮统稿。

书中摄制的獭兔品种等彩照，除注明出处者外，均为潘兴纯同志拍摄，特此致谢。

编　者

2002 年 10 月

目　录

养殖篇

加 工 篇

养殖篇

第一章　獭兔的发展前景

獭兔，学名力克斯兔，是一种典型的皮用型兔。力克斯系英文“Rex rabbit”的译音，即兔中之王的意思。其原法文名称“海狸王”。又因力克斯兔毛绒细密而平整，柔软光滑如丝绸，弹性好，光泽好，华丽美观，故又称为“天鹅绒兔”。由于力克斯兔全身长有短齐、浓密的绒毛，形似水獭毛，故称为獭兔或獭绒兔。

一、起源与发展

（一）分类地位

獭兔是从普通家兔中培育而成的。家兔在动物分类学上属动物界，脊索动物门，脊索动物亚门，哺乳纲，兔形目，兔科，兔亚科，穴兔属，穴兔种，家兔变种。

（二）起源

獭兔原产于法国，是由普通兔的粗毛基因隐性突变发展而成的。1919 年，最早出现在一个名叫卡隆的牧场主的兔群中，在一窝灰色兔中出现一只短毛多绒的兔子，绒毛退换后现出一身漂亮的红棕色短毛；与此同时，在另一窝兔中又出现了一只异性个体。后来一位名叫吉利的神父

买下了全部的突变兔。经过几代的精心选育，扩群繁殖，逐渐形成一个品系。这种兔子绒毛短而整齐，枪毛不露出绒面，显得非常漂亮，故命名为“Rex rabbit。”这就是獭兔的祖先。

（三）发展

獭兔问世以后，得到了养兔界的高度重视。1924 年，獭兔首次在法国巴黎国际家兔博览会上展出，受到养兔界人士的高度评价，成为当时最受人们欢迎的新兔种，从而迅速流传到世界各地。20 世纪 30 年代后，英国、德国、日本、美国等国家相继引入饲养，并培育出各种色型的獭兔。目前，在英国得到认可的獭兔色型有 28 种，在美国有 14 种色型。

二、国外獭兔生产概况

法国是养殖獭兔最早和饲养数量最多的国家之一，是世界上最主要的兔皮生产国，年产兔皮亿张左右，其中 60％的兔皮出口比利时、巴西、美国、西班牙、英国、日本和韩国。在法国的养兔生产中，集约化工厂化养兔正在迅速发展。最高一级有法国养兔业联合会，规定凡参加联合会的农户至少饲养母兔 20 只以上；另外还有法国养兔科学协会，由生产、科技、教学人员组成，主要研究种兔选育、饲养技术及兔病防治等问题。

德国是继法国之后培育出獭兔的另一个国家，从事选育工作的是养兔学家拉贝克。他选用一只黑色公兔与灰色母兔配种，结果获得 2 只褐色獭兔。英国和日本是引养獭兔较早的国家，哈瓦那獭兔就是英国育成的一个著名品系。此后，新西兰相继饲养，培育出了帝王獭兔品系。

美国是目前世界上饲养獭兔数量较多、质量较好的国家之一。目前，美国约有獭兔百万只，各种类型的獭兔场1 500余个，其中商业性兔场200余个。美国獭兔选育多注重色型，主要供观赏，为赛兔夺标，还用于取皮制裘和制作玩具等供应市场。近年来，不少国家和地区已从美国引进獭兔种兔数万只，引种国家主要有韩国、加拿大、墨西哥、秘鲁、新西兰和澳大利亚等。

目前，国外对优质獭兔皮的需求量很大，一直是供不应求。欧洲毛皮加工业加工的毛皮，兔皮占60%以上。欧洲、美洲等市场都很需要。

从发展趋势来看，许多养兔先进国家均已采用颗粒饲料喂兔。在美国，颗粒饲料多按哺乳期、妊娠期、断奶期、配种期分别配制，法国生产的颗粒饲料则分别适用于种兔场、繁殖兔场和商品兔场。

国外仔兔断奶时间，早期断奶在21～28日龄，中期断奶在35～40日龄。法国的大多数兔场，仔兔的哺乳期多在4周以上。研究表明，仔兔在25日龄断奶不仅对幼兔生长无害，而且能促进母兔繁殖和改善营养状况。

三、国内獭兔生产概况

（一）生产现状

我国的獭兔生产已有80年的历史。20世纪50年代初，我国从前苏联引进大批獭兔饲养，北京还成立了獭兔繁育指导站，以后相继推广到河北、河南、山东、黑龙江、吉林等十多个省（市）饲养，但因缺乏科学管理和技

术指导，品种退化严重，兔皮品质下降。1979 年，港商包起昌为支援家乡建设，以补偿贸易形式从美国引进种兔 200 只，在浙江定海金塘建场饲养，由于各地争相引种，不重选育，结果多以中途夭折、失败而告终。

为了发展獭兔生产，1980 年中国土畜产进出口总公司从美国引进獭兔 2 000 余只；1984 年，农业部也从美国引进獭兔 800 只，在北京、浙江、天津、山东、陕西等省（市）饲养。1986 年，中国土畜产进出口总公司又接受美国国泰裘皮公司赠送的獭兔 300 只；此后，浙江、四川等省又陆续引进种兔 600 余只。至此，全国共引进獭兔 4 000 余只，已普及到包括新疆、西藏、内蒙古在内的全国各地。

我国獭兔业发展经历了低迷阶段、黄金阶段和目前的调整阶段，獭兔存栏量 300 万只左右。现在，兔皮市场出现一个新特点：优质皮依然畅销，劣质皮无人问津，即使有人收购，价格也很低。2001 年，獭兔皮价格没有大跌，等内獭兔皮保持在每张 30～40 元，优质皮越来越明显，劣质皮将被淘汰。目前，獭兔皮精品的市场主要在国外，而副产品——兔肉主要市场在国内。

20 世纪 90 年代以来，我国出现的獭兔开发热潮，与过去有着本质的不同，有喜又有忧。可喜的是：①獭兔皮确实打入了国际市场，近年来年出口约 15 万张，虽有波动，但毕竟得到国际认可；②部分城市资金投入獭兔业，如北京有私人投资百万元到农村租地建场的，成为獭兔开发的一支有财有智的新生力量；③多种经济成分并存，国有、个体、集体等多种经济成分互相竞争，提高了管理水平和技术水平；④出现了种、皮、肉一体化的新开发模式，如杭州养兔技术咨询服务中心，河北临漳的产、供、

销、贸、工、农于一体的开发实体，改变了过去要皮不要肉、要肉不要皮（种、皮、肉分块管）的生产经营格局；⑤出现了长期收购獭兔产品的龙头企业，如北京元隆皮革公司；⑥近年来，浙江杭州、临海、宁波、丽水等地已先后办起了一批规模较大的獭兔养殖场，如杭州新兴兔业公司獭兔繁育场、临海浙东獭兔开发公司种兔场，存栏种兔都达 5 000 只以上，每年可提供优良种兔和商品兔数万只；⑦饲养獭兔成为农民致富门路。据《广东科技报》2002 年 6 月 19 日报道：獭兔是一种高效节粮型食草动物，其皮、肉价值极高，皮可用来制作裘皮饰品，肉是集益智、美容、保健于一身的肉食佳品。基于獭兔适合农民家庭小规模养殖，成本低，效益高，便于管理等特点，辽宁省台安县桓洞镇金寰獭兔养殖发展有限公司日前与当地 200 个养殖户签订了獭兔供销合同，并无偿资助 40 户养殖獭兔。该供销合同规定，以每千克 13 元保护价收购，确保农户获得利润。据悉，在正常情况下，一个农户饲养 10 只种兔年可获利 4 000 元。

（二）存在问题

（1）獭兔皮质量欠佳，主要表现在毛稀、毛被欠平、皮张小、等外皮比例大等。据有关部门测定 15 000 张獭兔皮的结果看，达到质量标准的仅 857 张，合格率仅 17%左右。

（2）獭兔生产“重引种，轻培育；重数量，轻质量；重兔种，轻饲养管理”。从 20 世纪 50 年代以来，我国引进不少獭兔，花了大量外汇，但引种之后未能很好选育，致使品种性能退化，兔皮品质下降。最明显的退化现象是毛色混杂，体型小，生产性能低下。如不少兔场的有色种

兔毛色不纯正，黑色獭兔混有白色毛；有的成年兔体重仅为2.5～3 kg；有的种兔繁殖率、成活率低，母兔年均产仔仅2～3胎，年均育成幼兔仅10只左右。造成种兔质量差的原因有以下几点：①盲目宣传误导。有人利用我国獭兔皮进入国际市场缺乏良种的时机，大肆炒种。说什么"一只母兔年产四五十只仔兔，一年成个万元户"，"獭兔繁殖率高，每月可生1窝，一年可产10窝"等。其实平均每只成年母兔年生产15只合格兔，已达到先进水平。本来30元左右的商品兔，一度被炒到150元左右。②引进的良种獭兔，多年来仅靠一些普通的养殖场和养殖户自繁自育，致使品种严重退化。良种粗养，近亲交配，配种过早，产仔过密（有人引入1.5 kg幼兔后即行配种，甚至有产仔的）。幼兔营养与环境不良，幼兔吃奶不足1个月时就断奶，而断奶后又与成年兔同吃一种饲料，甚至只给青草，有时断奶后的生活环境温度过低（高），十分拥挤。缺乏严格的选种选配措施，一些场户缺乏严格的种兔选留制度，既无系谱又无日常生产记录，选种时只注意种兔表型特点，缺乏全面选择搭配，使得种兔的优良性状不能继续遗传给后代，某些缺点却不断遗传造成良种退化。剥皮及皮张保存技术不良，暴晒、虫蛀、拉钉过力、缺乏适龄适季的取皮概念和保存方法。③缺乏质量控制和有效管理。我国至今没有一处（哪怕是初级的）家兔品种检测站。

（3）综合开发利用差。我国是世界上养兔大国，但因风俗习惯不同，加上宣传力度不够，大多数地区对兔肉的认识不足。其实獭兔肉营养丰富，鲜嫩可口，是珍贵的营养食品之一。我国的现状是单一取皮，兔肉效益很低，如果把兔头、兔肝及各种内脏，通过深加工增值，可获得更高效益。

(4) 饲养零星、分散，不能形成优势，是獭兔生产中的又一个突出问题，商品兔出栏少，质量差，又不能进行兔肉、兔皮的加工和销售，不能形成原料优势、产品优势、质量优势和商品优势，严重影响着獭兔生产的发展。

（三）獭兔市场前景诱人

我国是世界上的养兔大国，所产毛、皮、肉在国际贸易市场上占有绝对优势。獭兔饲养业与肉兔、毛兔饲养业相比，属于新兴的朝阳产业，真正发展是近几年的事情。专家们认为：獭兔是一块有待开垦的处女地，一个颇有开发前途的商品。

(1) 獭兔全身都是宝。獭兔产品性能优越。獭兔原名是“兔中之王”。獭兔“贵在其肉，还可供观赏，”总之，獭兔全身都是宝。①獭兔皮独具特色，是家兔皮中的佼佼者，绒毛细而密，短而平，制成女色翻毛大衣、童装、披肩、围巾、手套、帽子以及做服饰镶边，十分俊俏，轻盈美观。②獭兔肉质优味美，是具有三高三低（蛋白质、烟酸含量、消化率高，脂肪、尿酸和胆固醇含量低）的动物食品，被誉为“美容肉”、“长寿肉”、“益智肉”。体重长到2.5～7.5 kg时屠宰最为合适。③獭兔色型多，讨人喜欢。随着人们消费观念的改变，宠物市场的兴起，獭兔在观赏动物中无疑占了一席之地。④獭兔和其他家兔一样，有大量优质有机肥料可以利用；兔下脚是肉食动物的好饲料；兔胆、兔脑等药用价值也比较高。

(2) 饲养獭兔投资少，周转快，效益高。獭兔是草食动物，节粮型家畜，饲料耗粮远比猪、鸡要少。

獭兔出生 5～6 个月，体重达 2.75 kg 左右时就可配种繁殖或宰杀取皮。兔用笼具可就地取材，因地制宜。饲养獭兔劳动强度不大，适应面广，山区、平原都可以饲养。

獭兔饲养效益比较好。一只母兔通常年可繁殖 4～6 胎，育成 20～30 只，商品生产皮肉出售合计收入有500～600 元。一户养上 40 只母兔，年收入就可超过 2 万元，以青饲料为主饲养，扣除成本后净产值也可上万元，在农村养殖业中是有竞争力的。

(3) 獭兔皮肉兼优，国内有市场，国外有销路，出口效益也不错。獭兔属于中型皮用兔，毛皮经济价值高，皮极薄，分量轻，正符合当今国际裘皮市场崇尚天然、讲究色型的需要，每张出口价基本在 3～5 美元之间，日本、韩国、中国香港、中国台湾以及美国客户都比较喜欢。据日本和美国的一些裘皮商估测，目前年可销 100 万～200 万张，3～5 年后完全有可能上千万张。獭兔饲养在经济发达国家，由于工价昂贵，发展困难；近些年，韩国、墨西哥、新西兰和中国台湾等国家和地区，虽有引进，但都还没有批量商品皮出现。我国獭兔存养量相对比较多，但所产皮张质量很多不过关，可供量也仅 15 万张左右。

养殖獭兔有着广阔的市场前景，其经济效益比养肉兔高 1 倍以上，是发展农村经济、农民致富的短、平、快项目之一。行家们预测：只要獭兔品种质量好，真抓实干，3~5 年，獭兔皮也是只嫌其少，不愁其多。因此，就养兔这一行而言，饲养獭兔市场前景要比毛兔好，经济效益要比肉兔高。“入世”后，我国兔产品出口必将有一个大的发展，对兔农将带来更大的经济效益（表 1-1）。

表 1-1　2001 年獭兔皮市场行情　　元/张

采　集　点		5月份	8月份	10月份	11月15日
浙江杭州	特级	40	40	40	40
	一级	30	30	30	30
	二级	20	20	20	20
	三级	10	10	10	10
四川新津	一级	30	30	30	30
	二级	20	20	20	20
	三级	13	15	10～15	10～15
黑龙江	一级	40			20～25
哈尔滨	统货		20～25	20～25	
河北临漳	2 kg 兔				10
	2.5 kg 兔	14～18	12	12	
	兔皮	30～40	20～30	20～25	15～25
江苏太仓	2.5 kg 兔	12～14	12	12	12
	一级兔皮	25	25	25	30

（四）全国五大毛皮市场

我国毛皮专业批发交易市场主要集中在河北省，其次在山东、辽宁、黑龙江等省和广州市，其中大型毛皮专业交易市场有 5 家，交易品种主要有狐、貉、貂、兔、獭兔等皮张；其次为猪、马、牛、羊等皮张，每个交易市场年交易额由几百万元至几亿元不等，并设有专门机构管理市场，提供服务。为便于各地养殖户、毛皮商进行交易，现将全国五大毛皮市场简要介绍如下，供参考。

（1）留史（镇）：在河北省蠡县。主要经营高档裘皮，其次为猪、牛、马、羊皮等。

（2）尚村（镇）：在河北省肃宁县。主要经营獭兔皮，其次为商品活兔和兔皮。国际毛皮会议常在此镇召开。

(3) 辛集（镇）：在河北省辛集市城关镇。主要经营狐、貂、貉等制衣裘皮。

(4) 大营（镇）：在河北省枣强县。主要经营家兔皮、獭兔皮以及一些小细杂皮。

(5) 惠州：在广州市郊区。是我国毛皮交易市场的大门，近年来出口獭兔皮主要从这里集中收购和调运。惠州还是我国港、澳、台地区毛皮商进行交易的主要市场。

四、獭兔商品开发对策

2002年1月9～10日，全国家兔专业委员会和中国畜产品流通协会，在浙江省慈溪市召开“全国獭兔专业会议”。国内外有影响的企业家和专家、教授200多人出席了会议。

与会者围绕如何顺应经济全球化和加入WTO后给我国獭兔产业带来的机遇和挑战等问题，着重就獭兔及其产品的产销形势与前景进行了探讨，同时研究提出全面促进我国獭兔产业健康发展的应对策略和措施。会上公布了全国獭兔皮规格质量标准，针对饲养管理及兔病防治中的关键性技术问题举办专题报告，并组织参观了当地养殖企业。

从会议提供的情况看，提高獭兔皮质量，从技术角度考虑，当前要着重抓好选好种、配好料、取好皮等3个主要环节：①对种兔要重在“选”，贵在“育”，不要单纯追求体型，要重在提高种兔绒毛品质，对种兔场进行质量认证，加强种兔市场监管；②饲料营养是育好种、养好兔的物质基础，要合理饲料配方，保证兔各个时期生长发育需要；③要规范取皮行为。獭兔取皮一要适龄，二要适时。

对獭兔皮的质量评定总的要以中国畜产品流通协会提供的“獭兔皮质量标准”为依据。在办场养兔、提高獭兔皮质量等方面，慈溪市科璇兔业发展公司种兔场提供了不少值得借鉴的经验，受到与会代表的一致赞许。

面对我国加入世贸组织这一现实，要使我国的獭兔业更加适应国际贸易的发展，就需要国内獭兔业界的企业家们去应对国际贸易的挑战和利用好机遇，掌握好自己的命运，将优质皮直接推向北美、欧洲市场，到裘皮拍卖市场、裘皮服装工厂找源头去。如浙江慈溪科璇公司，将獭兔皮制成裘皮服饰，去开发国际、国内市场，成为真正的龙头企业，肥水流入自己的田。裘皮产品开发得越好，獭兔育种潜力就越大，獭兔业就会越来越兴旺；反过来，育种潜力被挖掘得越大，商机也必然会越来越大，这样可促使獭兔业步入良性循环，更能抵挡得住市场风浪、化解市场风险。

此外，会议提出，产业化经营模式要进行多样化探索总结。一头连农户，一头连市场，凡是通过加工、流通企业或中介组织以及其他模式带动的，只要能够做到双赢，有利于我国獭兔业的发展，均值得倡导推广。獭兔制品加工要高起点，做到物美价廉，不能小而全，全面开花。獭兔的最终产品是服饰制品，当前应遵照生产、加工、经营分工协作，利益多赢原则，共同培育我国以加工为龙头的集团，真正以市场需求为导向，开拓市场，提高占有率，促进獭兔业的持续发展。

兔业的市场空间很大，是有发展前景的。我国的兔业也有竞争力。国外的饲料和我国相差不多，美国的玉米比我国的质量好，价钱还相对便宜；法国的全价料每千克1.64元（折人民币），与我国大型兔场价格相近。但是，

我国劳动力低廉，法国、德国、意大利等发达养兔国家，每个养兔技术工人每年工资为20万～30万元（折人民币），而我国为7 000元左右。若每个工人养50只基础母兔，每只母兔年提供15张合格商品兔皮，共生产750张。发达国家每个工人按25万元年薪计，每张合格皮的人工成本为333元，而我国为9.3元（农户劳力成本更低），约为35.8∶1。对此，我们要有信心。

但是，发展生产相对容易，拓展市场显得更难。为了确保我国兔业的健康发展，防止大起大落，我们应该采取下列措施：

1．立足国内，把市场做大　我国兔产品在国际市场具有一定的竞争能力。但是，国际市场的容量毕竟有限。从獭兔皮市场看，据分析，美国、日本两国的市场需求量在1 000万张左右；意大利、韩国、东欧等国需求量逐年在增加，据河北临漳反映，他们与意大利、日本和韩国签订的獭兔皮制品就有5万件。我国实际能提供的只有80万～90万张。似乎缺口很大，但还有其他国家角逐这部分市场。所以，有些媒体甚至一些组织盲目鼓励发展生产，忽视市场的开拓。一味宣扬国际市场如何好，价格如何高，这种做法相当有害。

我们应该把重心放在国内，把国内市场做大。只有立足国内，生产才能稳定。我国有13亿人口，是一个庞大的消费群体，对兔肉、兔毛和兔皮都有潜在的市场需求，特别是对兔肉的市场需求，容量应该更大。我国处于小康型的消费阶段，对肉食的需求量会随着收入水平的提高而逐年增加。加上兔肉本身含蛋白质比较高，脂肪少，属于美容食品、保健食品和益智食品，有着更为广阔的市场空间。

立足国内，也是兔业自身发展的现实要求。据国家海关部署的统计，1999 年我国兔肉出口约 1.4 万 t，鲜冻兔肉约占 2.8%；2000 年出口兔肉约 1.96 万 t，鲜冻兔肉不足 0.4%。而我国一年生产 40 多万 t 兔肉，绝大部分要在国内市场销售。

要做大国内市场，对企业来说，最主要的也是首要的就是提供优质价廉的兔产品。因此，企业必须提高技术，降低成本。比如搞人工授精，一只优秀公兔可配 100 只左右母兔，而自然交配只能配 10 只左右母兔。要推行科学养殖，一定要做到严格选配、严格淘汰。要特别注意建核心群，避免近亲，实行良种良养。养兔协会要加强信息指导，帮助企业提高产品质量，并进行必要的协调，减少流通的中间环节。兔产品价格的变化是有规律可循的，即有一定的周期性，一般为 5 年一个大周期，3 年一个小周期，大周期内价格起伏较大，小周期内价格起伏较小，需要协会予以指导。

2. *积极引导消费，扩大市场需求* 兔产品市场空间虽然很大，但要把潜在市场变为现实市场，需要花大力气进行宣传引导。兔产品的好处，生产者经营者知道，但消费者不一定知道，必须进行引导。而引导消费，需要有大量的广告宣传投入。这笔投入，仅靠企业一家的力量是很难达到的。养兔企业的实力弱，就要联合，成立协会，大家出点钱，通过协会出面，扩大宣传，把市场做大。

要在加工销售上作文章，开发出新的产品。獭兔皮要在服饰上进行创新，开发出适合国内中高收入阶层消费的产品进行宣传，要研究国内中高收入阶层的消费心理，确定合适的营销策略和中高收入阶层比较乐于接受的价位。

3. *加强在加工销售领域的合作* 兔业近几年的大起

大落，很重要的一个原因是产销脱节。养殖场被加工销售企业牵着鼻子转，而常常滞后于加工销售企业，受制于加工销售企业。所以，养殖场必须在加工销售领域进行合作，一则可以往加工销售领域延伸，二则可以提高和加工销售企业的谈判地位，防止压级压价。

此项工作可以由行业协会出面组织，成立兔肉加工销售合作社，以及兔毛、兔皮加工销售合作社，负责兔肉、兔毛、兔皮的加工销售。在合作社内部，实行以销定产，实行配额生产。联合起来搞加工，才能形成规模；联合起来搞销售，才能提高和加工企业谈判地位，真正彻底解除养殖场的后顾之忧。

4. 推行产业化　开发獭兔生产，一家一户难以形成群体优势，最好能在饲草、饲料资源比较丰富的地区选好点，以公司为龙头，种兔场为基地，专业饲养户为骨干，组织就地供种，就地发展，使产、供、加、销各个环节有机结合，这样才能形成规模，发挥优势，增加效益。

在推行产业化的过程中，要抓好以下几点：

(1) 要有龙头企业带动。这个龙头企业可以是种兔场，也可以是兔产品加工厂，还可以是各地的畜牧兽医站和科研技术推广单位。重点要解决小生产与大市场的衔接问题。所以，科研与生产要紧密衔接，生产要与市场衔接，产、供、销和科、工、贸要逐步实现一体化，一批有科技、经济、加工、经贸实力的企业及其专业化集团将应运而生。

(2) 要发挥养兔行业协会的作用。特别是在消费引导、加工销售、出口协调、生产指导等方面的作用。

推行产业化，发展龙头企业，规模一定要适度，并不是越大越好。以前以粗放型零星饲养的传统家庭式为主，现在集约化的大型养兔企业不断出现，超亿元资产的特大型养兔企业、千万元以上的养兔企业在东南沿海地区也开始出现。要树立一个适度规模的概念，每个企业都有一个最佳的生产规模。

(3) 要加强管理。管理的内容极其丰富，除了常说的经营管理外，还有信息管理、技术管理、组织管理、市场管理、法制管理等。管理也是技术，像经营管理本身就是一门综合技术。管理的目的是促进有序和提高质量，最终提高经济效益。加强管理，才能更好地参与竞争。管理出了问题，导致养兔失败的例子也很多，绝不能忽视。

(4) 抓好典型引路的工作。典型具有特别巨大的能动作用。现以四川商品獭兔生产基地建设进度与建设方式为例。

四川獭兔业经过十余年的发展，现已建成拥有笼位7 200个，年生产合格种獭兔 15 000 只的省级獭兔原种场；单班鞣制、染色、加工兔皮成品 30 万张的加工厂；13 个獭兔原种扩繁场及 1 780 户獭兔商品生产户；开发了“力克斯”牌服装、鞋、帽、玩具 4 大类共 23 个系列产品，产品销售到世界 40 多个国家和地区，初步形成了獭兔产、加、销一体化，为四川獭兔产业化奠定了良好基础。其经验是具有良好的产品市场定位、獭兔质量保障体系及基地建设方式。

四川獭兔产业化，是以省草原研究所设立獭兔科技开发中心为龙头进行运作。早在 1998 年，位于成都新津、占地 7.4 hm^2 的省草原研究所獭兔原种场全面建成并通过验收。该场拥有 24 幢、建筑面积 6 000 m^2 的兔舍，共有7 200 个标准笼位，舍内全部安装自动饮水、悬挂食槽、镀锌冷拉丝笼门等设备，同时配有 1 200 m^2 的生活区及

功能齐全的 2 400 m^2 的兔业大厦。饲养有白、黑、灰、蓝、红、花斑、海狸等 7 个毛色（品系）的基础母兔 500 只。全省还以 13 个二级场为依托，发展初级加工。由二级场负责其辖区内种兔供应，实行定期收购商品獭兔，集中宰杀，销售皮、肉。皮张由省草原研究所獭兔科技开发中心统一收购（皮张保护价一级 12～15 元，可随市场价格调升）。从而保证了产销畅通，稳定了养殖户的生产积极性。

省草原研究所獭兔科技开发中心在上级部门的支持下，不断吸收国内外先进技术，逐步完善裘皮加工设施，已形成了獭兔鞣制、染色、皮产品深加工等工艺路线。为不断提高产品科技含量，一方面加强与四川大学、四川农业大学、西南民院等院校合作攻关；另一方面引进外国专家来所传授世界先进裘皮加工技术（1998 年先后聘请了德国裘皮专家及匈牙利皮革专家）。开发出的獭兔产品，已通过多种渠道销往中国的北京、深圳、昆明、成都、香港、台湾以及日本、美国等 40 多个国家和地区。他们认为，兔产品基本上以国际市场为主，这种局面还要维持相当长时间。因此，国内兔产品加工企业定位应是国际市场，产品质量、规格、品种等应与国际接轨。

在獭兔生产基地范围内，他们重点推广“四推一防二皮”技术，即“四推”：推广良种獭兔，推广草粉颗粒饲料，推广种草养獭兔，推广獭兔科学饲养管理技术；“一防”：獭兔疫病综合防治技术；“二皮”：适宜体重适时出栏取皮及皮粗加工技术。

此外，他们还通过建立“中心”、县、乡、村四级服务体系，广泛传播獭兔养殖配套技术，采取举办技术培训班、广播讲座、墙报、实地指导、发放资料及经验交流等多种方式，提高了农户养殖技术水平。3月龄幼兔成活率及商品獭兔皮合格率，分别由1994年的65%，17.4%提高到1998年的82.2%，65%。

5. 加强兽医卫生工作，提高獭兔防疫水平，确保兔业健康发展和兔产品的安全卫生　兔是小动物，对疾病抵抗力较差，兽医工作的重点应该是加强防疫，而养兔者则应注重日常的饲养管理，以减少疾病的发生。饲料中应严格禁止使用禁用药物，不要让受农药严重污染饲料，以减少药物残留。

加入WTO可为我国养兔业带来好运，但也不能盲目乐观，一切按照WTO制订的规则行事。

第二章　獭兔的特征与特性

獭兔比较娇嫩，与其他家兔相比，既有相同的生物学特性，又有其独特的品种特征。了解并熟悉这些特征与特性，对养好獭兔十分重要。

一、品种特征

獭兔是典型的皮用兔种，其毛皮特点、外形结构、生产性能等有其独特之处，现分述如下：

1. *毛皮特点*　獭兔的毛皮特点可用“短、细、密、平、美、牢”6个字来概括。制成裘皮服装后轻柔、美观、华丽，深受广大消费者的青睐。据了解，世界裘皮市场中有85%以上是兔皮制品。

(1) 短。指毛纤维极短。獭兔毛纤维长度1.3～2.2 cm，最理想的毛长为1.6 cm。而普通家兔毛纤维长2.5～3.5 cm，长毛兔毛纤维长6～10 cm。

(2) 细。指毛纤维横断面直径小，枪毛含量少，为4%～7%；绒毛含量多，为93%～96%。绒毛的细度平均为16～19 μm。实践证明，毛皮中枪毛含量多，其品质变差。毛皮中枪毛含量除受遗传因素影响外，主要受外界环境和饲养管理条件的影响，如果忽视选育和饲养管理条件不良，均会引起品种退化，枪毛含量增加。

(3) 密。指皮肤单位面积着生的毛纤维根数多，手感被毛丰满柔软。据测定，獭兔每平方厘米皮肤面积着生的毛纤维根数为16 000～38 000根，而普通家兔为11 000～15 000根，长毛兔为12 000～13 000根。

绒毛密度是獭兔育种的核心。密度越密越好，重点是提高腹毛的密度。

(4) 平。指毛纤维长短一致，整齐均匀，细密平齐。如果枪毛含量多而突出于绒毛表面，则失去了獭兔毛皮的特色。

(5) 美。指獭兔被毛颜色很多，色调美观，而且毛色纯正，富有绢丝光泽，手感柔软而富有弹性，外观绚丽多彩。

(6) 牢。指毛纤维着生在皮板上非常牢固，不易脱落，板质坚韧。

2. 外形结构　獭兔的整个身体可分为头、颈、躯干、尾和四肢5部分（图1-1）。

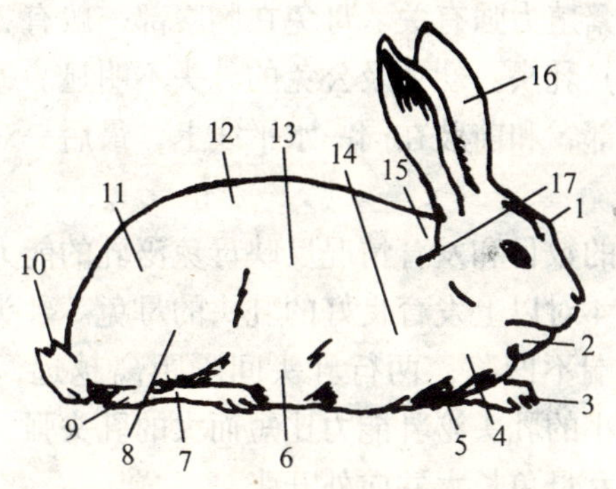

图1-1　獭兔外观各部位名称

1. 头　2. 肉髯　3. 爪　4. 胸　5. 前脚　6. 腹　7. 后脚　8. 股　9. 飞节　10. 尾　11. 臀　12. 背　13. 体侧　14. 肩　15. 后颈　16. 耳　17. 颈

（1）头。獭兔的头型小而偏长，颜面部约占头长的2/3。口较小，围以肌肉质的上唇和下唇，上唇中央有纵裂（俗称豁嘴或兔唇）。门齿外露，口边有长而硬的触须，此须有触角作用。鼻孔大，呈椭圆形，其内缘与上唇纵裂相接。公兔的脑门比同龄母兔的宽、圆和粗。

獭兔的眼球大，近圆形，有光泽。眼球有各种颜色，是不同色型的重要特征之一。如黑色獭兔呈黑褐色，蓝色獭兔呈蓝色或蓝灰色，白色獭兔呈粉红色。

獭兔的耳朵外形中等，血管明显，能自由转动，可随时收集外界环境声音信息。

（2）颈。獭兔的颈粗而短，轮廓明显。颈、喉交界处有明显的皮肤隆起形成的皱褶，即肉髯。肉髯越大，则表明皮肤越松弛，其年龄也越大。

（3）躯干。可分胸、腹、背3部分。胸腔较小，其容积仅为腹腔的1/8～1/7。腹部远大于胸部，这是和兔的草食性、繁殖力强有关。母兔在胸腹部一般有3～6对（4对的居多）乳头。幼兔及公兔的乳头不明显。最前一对乳头位于胸部，和前肢在同一水平线上，最后一对位于腋前方。

乳头的数目和发育情况反映母兔泌乳的能力，选种时要挑选有4对以上发育良好的乳头的母兔。乳头应饱满不干瘪，乳端不凹陷，两行乳头间隔距离越远，泌乳量越多。长而小的乳头泌乳能力比短而大的乳头强。经产母兔乳头比处女母兔长大并向外开张。

选种时应注意挑选腹大、但不松弛而富有弹性的为优。背腰略成弓形。獭兔的臀部发达，肌肉丰满，肉质厚实，出肉率高。臀部宽大的母兔，产仔率高，母性强。

（4）尾。兔尾短，在奔跑时尾向上翘起。尾根下方为肛门。公兔肛门前方有阴茎，头端有尿生殖孔开口。阴茎头被覆于包皮内，成年公兔的阴茎两侧有阴囊，内藏睾丸。母兔的尿生殖孔开口肛门下方的阴道前庭，呈宽缝状。

(5) 四肢。獭兔前肢短后肢长，这与跳跃和卧伏的生活习性有关。前脚5指，后脚仅4趾（第一趾退化），指（趾）端有锐爪。爪有各种颜色，是区别獭兔不同品系的依据之一，如黑色獭兔爪为暗色，白色獭兔爪为白色或玉色。母兔的脚较同龄公兔略细。爪还可以作为兔年龄的一种标志，年龄大的兔，爪粗糙且长，并向趾内侧弯曲。

兔脚着地的方式属于趾—跖行性，即不仅以脚趾（指）着地，脚掌（跖骨、掌骨）也在一定程度上参与着地，特别是后脚脚掌着地的情况更为明显。

3. 生产性能　獭兔体型中等，成年兔体重3.5～4 kg，体长45～50 cm，胸围33～35 cm。繁殖力较强，每年可繁殖4～5胎，每胎产仔6～8只。商品獭兔在5月龄时，体重2.75～3 kg时宰杀取皮，毛皮品质最好，产肉也多。

近年来，国外獭兔的选种方向由皮用逐渐向皮肉兼用为主的方向发展。现在的留种标准是：公母兔体重多为4～4.5 kg。

獭兔对饲养管理条件要求较高，难度较大，因此要比养肉兔更加认真、细心，花大力气和心血，才能取得较为理想的效果。不适宜粗放的饲养管理。獭兔对疾病的抵抗力较弱，受外界应激因素影响较大。在常发病中，尤以疥癣和呼吸道病较突出。因此，疥癣应全年常抓不懈，治疗以虫克星口服结合注射疗法为佳。呼吸道病典型症状为鼻炎，属巴氏杆菌病范畴，虽可用疫苗预防，但实践中巴氏

杆菌苗免疫有效期仅 3 个月。因此，建议一年 4 次注射疫苗，方可防患于未然。

二、色　型

獭兔的色型是区别不同品系的重要标志。獭兔的色型很多，有 20 多种，其中以白色、黑色、红色、青紫蓝色和加利福尼亚（“八点黑”）色较为流行。现将美国已被公认的 14 种獭兔毛色色型略作介绍，供各地饲养者参考。

1. 白色獭兔　全身被毛洁白，没有任何污点或杂色毛，是较珍贵的毛色，是毛皮工业中最受欢迎、最有价值的毛色类型之一。眼睛为粉红色，爪为白色或玉色。

被毛带污色、锈色或黄色，或混有其他杂毛者，均属于缺陷。

2. 黑色獭兔　又称为黑貂色力克斯兔，浓密黑亮的被毛布满全身，每根毛纤维自基部至毛尖均呈炭黑色，并富有光泽，腹部毛色稍浅，是通过杂交分离出的一种纯颜色力克斯兔，是毛皮工业中较受欢迎的毛色类型之一。眼睛呈黑褐色，爪为暗色。

被毛表现褐色、锈色、棕色、白色斑点或杂毛者，均属缺陷。

3. 红色獭兔　全身被毛为深红色，背部颜色略深于体侧部，腹部毛色较浅。全身被毛色泽鲜艳略有光泽，也是力克斯品种兔标准色之一。最为理想的被毛颜色为暗红色，是毛皮工业中较受欢迎的毛色类型之一。眼睛呈褐色或榛子色，爪为暗色。

腹部毛皮过浅或有锈色、杂色或带白斑者，均属缺陷。

4. 蓝色獭兔　全身被毛为纯蓝色，每根毛纤维从基部至毛尖都是蓝色，为最早育成的獭兔色型之一，是各类獭兔中毛绒最柔软的一种，属毛皮工业中较受欢迎的毛色类型之一。眼睛呈蓝色，爪为暗色。

被毛带霜色、锈色、白色、杂色者，均属缺陷。

5. 青紫蓝色獭兔　全身被毛基部为瓦蓝色，中段为珍珠灰色，毛尖部为黑色。颈部毛色略浅于体侧部，背部毛色较深，腹部毛色呈浅蓝或白色，被毛有丝光。眼睛呈棕色、蓝色或灰色。眼圈线条清线条清晰，有浅珍珠灰色狭带，爪为暗色。

被毛带锈色或浅黄色、白色或胡椒色，毛尖部或四肢带斑纹者，均属缺陷。

6. 加利福尼亚色獭兔　又称“八点黑”力克斯兔。全身被毛除鼻端、两耳、四肢下部及尾为黑色外，其余部位均为纯白色。毛色黑白界限明显，色泽协调，布局匀称，毛绒厚密而柔软。眼睛呈粉红色，爪为暗色。

鼻端、两耳、四肢下部及尾无典型黑色毛及黑毛中掺有白色斑点或杂色者，均属缺陷。

7. 海狸色獭兔　背部毛色深棕色，两侧毛色稍浅，腹下为淡黄色或白色。毛纤维的基部为瓦蓝色，中段呈深橙色或黑褐色，毛尖部略带黑色，为力克斯种兔标准颜色之一。这是最早育成的獭兔色型之一，被毛绒密柔软，深受消费者欢迎。眼睛呈棕色，爪为暗色。

被毛呈灰色，毛尖过黑或带白色、胡椒色，前肢杂色斑纹者，均属缺陷。

8. 巧克力色獭兔　背部呈栗色，两侧稍浅，腹下为白色，是从海狸色獭兔中分离出来的一种纯颜色力克斯兔。毛纤维基部多为珍珠灰色，毛尖部呈深褐色。是毛皮

工业中较受欢迎的毛色类型之一。皮肤色泽与被毛颜色基本相似。眼睛为棕褐色或肝褐色，爪为暗色。

被毛带锈色、白色或带有白斑，或出现褪色，枪毛为白色者，均属缺陷。

9. *蛋白石色獭兔* 全身被毛呈蛋白石色，毛纤维的基部为深瓦蓝色，中段为金褐色，毛尖部呈紫蓝色。背部毛色较深，腹部毛色较浅，多呈棕色或白色，体侧部的毛色显示出美丽的金黄色或金褐色。眼睛为蓝色或砖灰石，爪为暗色。

被毛呈锈色或混有白色、杂色斑点，毛尖部或底毛颜色过浅者，均属缺陷。

10. *海豹色獭兔* 被毛与海豹相似，全身被毛呈黑色或深褐色。体侧、胸腹部毛色较浅，毛尖部略呈灰白色，体躯主要部位毛纤维色泽一致，从基部至毛尖均为墨黑色，从颈部至尾部均为暗黑色。眼睛为暗黑色或棕黑色，爪为暗色。

被毛呈锈色或褐色，毛纤维自基部至毛尖部颜色深浅不一或带杂色者，均属缺陷。

11. *紫貂色獭兔* 背部被毛为黑褐色，腹部、四肢呈栗褐色，颈、耳、足等部位为深褐色或黑褐色，胸部与两侧毛色相似，多呈紫褐色。眼睛为深褐色，在暗处可见红宝石色的闪光，爪为暗色，是目前毛皮工业中较受欢迎的毛色类型之一。

被毛呈锈色或带有污点、白斑及其他杂色毛或带色条者，均属缺陷。

12. *花色獭兔* 又称花斑兔、碎花兔或宝石花兔。花斑表现有一定的规律，呈一定的典型图案。花斑面积一般占全身的10%～50%。花斑的要求：两耳毛色相同，鼻部有花斑，背部、体侧、臀部均带有花斑。

花色獭兔最常见的3种类型：棕花型力克斯兔，是通过杂交培育而成的，背部以棕花为主，腹部以白花为主，腹下均为白色；三色碎花型力克斯兔，全身由黑、白、棕三色花型组成，以棕白花为主，其次为黑花，腹下均为白色；黑白花型力克斯兔，是通过杂交培育而成的，全身黑白花相间，背部以黑白花为主，腹部以白花为主。

花色獭兔的被毛色泽大体可分为两种情况：一种是全身被毛以白色为主，混有一种其他不同颜色的斑点，最典型的标志是背部有一条较宽的有色背线、有色嘴环、有色眼圈和体侧有对称斑点，颜色有黑色、蓝色、海狸色等；另一种是全身被毛以白色为主，同时杂有两种其他不同颜色的斑点，颜色有深黑色和橘黄色、蓝紫色和淡黄色、浅灰色和淡黄色等。花斑主要分布于背部、体侧和臀部，鼻端有蝴蝶状色斑。眼睛颜色与花斑色泽一致，爪为暗色。

花斑面积少于全面面积的10%或多于50%，或有色部位出现其他杂色斑点，两耳为白色或鼻端缺少花斑者，均属缺陷。

13. **山猫色獭兔** 又称猞猁色獭兔。全身被毛色泽与山猫颜色相似，毛基部为白色，中段为金黄色，毛尖部略带淡紫色，腹部毛色较浅或略呈白色，毛绒柔软，带有银灰色光泽，是目前毛皮工业中最富吸引力的毛色类型之一。眼睛为淡褐色或棕灰色，爪为暗色。

毛根或毛尖部呈蓝色，或与白色、橙色混杂，或带斑纹者，均属缺陷。

14. **水獭色獭兔** 这是新近育成、较受毛皮工业界欢迎的一种毛色类型。全身被毛呈深棕色，颈、胸部毛色较浅，略带深灰色，腹部毛色呈浅棕色或略带乳黄色。被毛

绒密，富有光泽。眼睛为深棕色，爪为暗色。

被毛呈锈色或暗褐色，体躯主要部位带白斑、污点或其他杂色者，均属缺陷。

以上 14 种毛色色型獭兔遗传性较稳定。其他色型的獭兔还有米色、奶油色、橙色、银灰色、烟灰色和钢灰色等。

三、生活习性

1. 昼伏夜行和嗜眠性　野生穴兔体格弱小，御敌能力差，白天躲在洞中，晚上才出来活动，且举止轻捷，来去无声。獭兔也是一样，白天表现得很安静，除喂食外常静伏笼中；夜晚却十分活跃，采食频繁。据测定，獭兔晚上所采食的日粮占全日粮的 70%左右。因此，合理安排饲养日程，加喂足量夜草、饲料和饮水是很必要的。

獭兔在某种条件下很容易进入困倦或睡眠状态，在此期间痛觉减少或消失，这种特性称为嗜眠性。利用这一特性，可顺利地给獭兔投药、注射或施行简单手术。

2. 胆小怕惊　兔体质弱小，缺乏抗敌的能力。由于长期昼伏夜行，造成视力退化，主要依靠灵敏的听觉去探听。兔耳十分敏锐，任何一种杂音都能使其受惊。分笼饲养的獭兔听到外界响声，会昂首四顾，坐立不安，精神紧张，在笼中乱跳乱撞，易造成损伤。怀孕母兔会造成流产。母兔拒绝哺乳，甚至会发生吃食小兔的严重后果。正在分娩的母兔，也会因突如其来的惊吵而致难产，或者抓死、咬死小兔。因此，在饲养獭兔时动作要轻稳，尽量避免发出响声，同时要避免陌生人和其他动物进入兔舍。

3. 喜欢干燥　獭兔在干燥的环境下，体系疏松，体质健壮，生长迅速。如环境潮湿，体毛会受潮，会打毡结。因此，要采取各种措施，包括通风换气，及时铺垫草木灰或生石灰。同时要经常消毒笼舍和食具，夏季还要防蚊、蝇。

4. 啃咬性　獭兔的门齿为“恒齿”，具有不断生长的特点。据测定，每月可生长0.8～1.5 cm。为保持上下门齿的吻合度，要依靠采食和啃咬硬物不断磨蚀来维持门齿的正常长度。在笼养獭兔时，因这一特性常常造成笼具或其他设备破坏，为此可常在笼内投放一些硬质树枝和木棒，以供其啃咬；在獭兔笼的建造方面，选材上应注意其坚固性和耐用性，尽量做到笼内平整，不留棱角，使獭兔无法啃咬笼具，以延长兔笼的使用年限。另外，根据獭兔的这一习性，最好将粉质混合饲料加工成硬质颗粒饲料，以利门齿的磨蚀，促进饲料的咀嚼和消化。养殖实践还表明，獭兔常爱啃笼，饲喂过迟，啃笼更甚。因此，喂饲要定时、定量。同时，笼门不要用木料制作，以免被其咬断外逃。

5. 嗅觉灵敏　獭兔的嗅觉和味觉特别灵，常以其敏锐的嗅觉选择喜爱吃的食物。被称为小味蕾的味觉感受器，都集中在獭兔的舌部。舌尖部味蕾较多，舌根部较少。总数比其他家畜多，所以味觉很灵敏，喜吃甜食，故有人认为獭兔有“甜牙”，而实际是没有的，只是味觉发达所致。

此外，獭兔在进食饲料时，能分辨出所给饲料是否新鲜，有无霉变，在饲草堆中能自行选择新鲜而无霉变的饲料进食。獭兔还能分辨出仔兔是否系自己所生，因此如欲进行代哺，就要设法使仔兔的气味和代哺母兔的气味相一致。禁止在刚出生的仔兔身上染上色素或沾上其他异味，

以免被母兔衔出窝外饿死或冻死。

6. *群居性差* 在群养条件下，无论是公母兔，或是性别相同的中、成年兔，相互殴斗、撕咬现象时有发生，尤以公兔为甚。新组群混养者，殴斗现象更为严重。对于獭兔的这一特性更应引起注意，因为一旦咬伤皮肤，就会降低毛皮质量，严重影响皮张的利用价值。因此，在日常饲养管理中，性成熟前（3月龄前）的幼兔可以混养，它们之间撕咬争斗现象较少，可以节省笼舍，提高劳动生产效率。3月龄以上的公母獭兔，应及时分笼饲养，一方面可防止撕咬争斗，另一方面可防止早配和乱配。

7. *穴居性* 打地洞，是獭兔的拿手本领。所以，在圈养时，圈底要用砖头铺结实，周围要砌砖墙，以防止獭兔到处打洞穴居并产仔繁殖，给饲养管理带来困难和严重影响毛皮质量，甚至逃跑。在建造獭兔舍、獭兔笼时，也应充分考虑此特性。

8. *耐寒怕热* 獭兔被毛浓密，汗腺不发达，仅在很小的鼻镜和鼠蹊部有少许汗腺，散发的热量很有限，所以其抗寒能力较强，而耐热能力很差，因此防暑工作比防寒工作更为重要。最适宜的温度是15～25 ℃。如果高于32 ℃,则獭兔心跳加快，呼吸频率增加，食欲减退，繁殖能力降低。在长期高温的条件下，不仅其生长、发育和繁殖能力显著下降，而且会发生中暑甚至死亡，所以应采用物理和化学方法来帮助獭兔调节和维持正常体温；相反，在防风、防雨条件下，成年兔能忍受0 ℃以下的低温；但低温对仔兔影响极大，如将仔兔从巢中取出，置于低温下，半小时内仔兔体温大幅度下降至20.5 ℃，随后至18.1 ℃；在寒冷的冬季常常造成仔兔死亡。所以，在管理上要做好夏季防暑和冬季保温的工作。

9. 抗逆性差　獭兔对温、湿度变化较敏感，对外界环境的应激反应大，体温也不如其他家畜稳定。如在黑暗中或饥饿时，呼吸也会减弱。受惊或剧烈活动后，呼吸和脉搏会加快。可见，兔的抗逆性较差，容易死亡。养殖实践表明：断奶前的仔兔死亡率较高，可达 30%～50%；断奶后的幼兔死亡率可达 20%～30%。此外，还有一点要注意，獭兔一旦生病，其恢复较缓慢。总之，养獭兔比养肉兔难度较大，在饲养管理上要特别精细周到，要加强消毒防疫，要早防病，一旦发现可疑兔应及时隔离观察，并对症施治。

四、消化特点

獭兔是单胃草食动物，以采食草料为主，并具有适应于采食草料的消化器官特点。其消化系统包括消化管道和消化腺两大部分。消化管道，主要由唇、口腔、咽、食管、胃、小肠（十二指肠、空肠、回肠）、大肠（盲肠、结肠、直肠）、肛门组成。消化腺包括唾液腺、肝、胰及胃腺、肠腺等。口腔内有 4 对唾液腺（腮腺、颌下腺、舌下腺和眶下腺），分泌的唾液中含有消化酶和水分，由导管通入口腔，具有湿润和消化饲料的功能。胃液的主要成分是水分、无机盐、胃蛋白酶、凝乳酶和盐酸等，具有分解蛋白质、脂肪和淀粉的作用。

獭兔的消化系统和其他单胃草食动物相比，有其特殊的方面。

（一）消化系统的解剖特点

1. 口腔的特殊结构　兔上唇的正中央有一纵裂，形

成豁唇，呈三瓣形，使门齿裸露，便于采食地面的短草和啃咬树皮等。成年兔牙齿共有28枚，门齿3对（上颌2对，下颌1对），缺少犬齿，前臼齿5对（上颌3对，下颌2对），后臼齿6对（上下颌各3对）。臼齿发达，且咀嚼面宽，并且有横嵴，适宜于磨碎饲料。其齿式为：

$$\text{成兔：}2\left(\frac{2\quad 0\quad 3\quad 3}{1\quad 0\quad 2\quad 3}\atop \text{门齿}\ \ \text{犬齿}\ \ \text{前臼齿}\ \ \text{后臼齿}\right)=28$$

$$\text{幼兔：}2\left(\frac{2\quad 0\quad 3}{1\quad 0\quad 2}\atop \text{门齿}\ \ \text{犬齿}\ \ \text{前臼齿}\right)=16$$

2. 发达的胃　成年獭兔胃的容积可达160 cm^3，约为消化道总容积的36%。兔的胃是一个中空的囊状器官。胃壁由4层构成，由外向内为浆膜层、肌层、黏膜下层和黏膜层组成。黏膜存在3个腺区，即贲门区、胃底区和幽门区。当进食和食物进入胃内时，胃壁有着容受性舒张，使胃适应进食而胃内压又没有明显变化。由于食物位于兔胃的主体部分，所以正在采食的兔，胃没有明显的运动。随着胃的消化进行，蠕动波逐渐变强。兔胃的肌层很发达，蠕动收缩能力很强。胃壁黏膜能分泌含有胃蛋白酶和盐酸的胃液，与其他家畜相比具有较强的消化力和较高的酸度（pH值1～2，呈强酸性）。在胃蛋白酶的作用下，饲料的蛋白质发生分解，转化为蛋白脲和蛋白胨。脂肪酶可以消化饲料中的脂肪。食物在胃内主要是接受胃液的化学消化，并由胃的蠕动、糅和作用，使食物或半流体物质的食糜断断续续地进入小肠。

由于兔胃结构特殊，而不能嗳气，也不能呕吐，所以消化道疾病较多。

3. 极为发达的盲肠　兔的小肠和大肠的总长度为5 m，约为体长的10倍。盲肠长50～60 cm，与体长相当，容积约为消化道总容积的42%，是所有家畜中盲肠比例最大的动物。盲肠酷似一个天然的发酵袋，其中繁殖着大量的微生物和原虫，起着反刍动物瘤胃的作用，对粗纤维的消化起着重要的作用。

据近几年的研究，在兔的盲肠有大量的低级脂肪酸（标志着微生物分解纤维素的能力）存在。其中乙酸78.25%，丙酸9.3%，丁酸12.45%。乙酸的相对含量不仅超过马（73.1%）、猪（62.1%）盲肠内的含量，也超过反刍动物牛（69%）、羊（64%）瘤胃中乙酸的含量。足见兔盲肠对粗饲料利用能力是很高的。

兔结肠的前段也有与盲肠同样的消化能力，这样食糜中的纤维素，由于大肠的蠕动和逆蠕动作用，保证了微生物的充分发酵分解，其产物低级脂肪酸由大肠壁吸收入体内。

3月龄以内的幼兔，消化道在发生炎症时，具有可通透性，消化道内的有害物质容易被吸收，因而幼兔易患肠炎，且症状比成年兔严重，死亡率较高，在饲养管理中，要注意肠炎的发生。

4. 异常的“圆小囊”　盲肠中存在的大量微生物，发酵粗纤维，将其分解为挥发性脂肪酸，并在盲肠和近侧结肠被吸收。在盲肠内容物发酵过程中，往往使盲肠酸度增加，从而危及微生物的生存。在回肠和盲肠连接处的膨大部位有一厚壁圆囊称为圆小囊，具有发达的肌肉组织，与盲肠相通。其主要功能是分泌碱性液体（pH值8.1～9.4），中和盲肠中因微生物发酵而产生的过量有机酸，维持盲肠中适宜的酸碱度，创造微生物适宜的生存环境，保

证盲肠消化粗纤维过程的正常进行。

圆小囊由于囊壁较厚，具有压榨作用，有助于粗纤维的消化；此外，圆小囊是一个淋巴球囊，具有防护作用；还具有吸收消化终端产物的作用。

（二）消化生理效应

（1）对低质量、高纤维的饲料中的蛋白质具有很强的利用能力。例如，兔对玉米秸秆制成的颗粒饲料中粗蛋白质的消化率为80.2%，而马只有52%；兔对苜蓿干草粉中蛋白质的消化率为75%，马为74%，猪为50%以下。据研究，兔盲肠蛋白酶活性远远高于牛瘤胃，兔盲肠和其中的微生物都产生蛋白酶，而牛瘤胃蛋白酶仅来自微生物。

（2）能够有效利用低质高纤维饲料。兔依靠盲肠中的微生物和淋巴球囊的协同作用，使其对粗纤维有较高的消化率，分解成挥发性脂肪酸等被吸收利用，对难以消化的粗纤维剩余部分则迅速排除。研究表明，兔对于饲料中粗纤维的消化率为65%～78%，仅次于牛、羊，而高于马和猪（表2-1）。其原因是兔盲肠纤维分解酶的活性比牛瘤胃纤维分解酶的活性低。

表2-1　各种畜禽对纤维素的消化率　　%

畜禽种类	消化纤维素的部位	纤维素的消化率
牛、羊	瘤　胃	50～90
兔	盲　肠	65～78
马	盲　肠	13～40
鸡	盲　肠	20～30
猪	盲　肠	3～25

(3) 盲肠营养物。獭兔的盲肠上有很多皱褶，无形中可增大盲肠的表面积，这是其消化纤维素的主要场所，盲肠中微生物所含的纤维素酶对草料中的纤维素进行消化，整个过程是一个发酵的过程。被分解的物质，经肠壁被吸收，其余内容物排入结肠。兔近侧结肠具有双重功能：盲肠内容物早晨进入结肠时，结肠壁分泌一种黏液并通过肠壁收缩，把内容物逐渐包住，形成球状物，并聚集成串，即所谓“盲肠内容物”或称为软粪。由于结肠的连续收缩并交替变换着方向，含有小颗粒的液体部分大都被挤入盲肠，而含大颗粒的坚硬部分则形成硬粪粒排出体外。结肠利用其特殊的双重功能，制成两种性质不同的软粪粒和硬粪粒。两者成分见表 2-2。

表 2-2 软、硬粪成分比较

种类	软粪	硬粪
干物质（g）	6.9	9.8
粗蛋白质（%）	37.4	18.7
纤维素（%）	27.2	46.6
粗脂肪（%）	3.5	4.3
粗灰分（%）	13.1	13.2
其他碳水化合物（%）	11.3	4.9
烟酸（μg/g）	139.1	39.7
核黄素（μg/g）	30.2	9.4
泛酸（μg/g）	51.6	8.4
维生素 B_{12}（μg/g）	2.9	0.9

(4) 粗纤维对獭兔必不可少。獭兔草料中含有适量的纤维素是十分必要的。纤维素不仅是维持消化道正常运动的充填物，而且具有消化酶活化剂的作用，它的存在可维

持兔正常的消化功能，可保持消化物的稠度，有助于形成硬粪，并在正常消化运转过程中起着一种物理作用。因此，粗纤维在日粮中应占有一定的比例。当饲料中缺乏粗纤维（低于5%）时，胃内容物通过消化道的时间为正常的2倍。营养物质消化率降低，引起消化紊乱，采食量下降，盲肠内容物缺少供给盲肠微生物所需的养料，使一部分有害细菌大量繁殖，引起肠炎、腹泻，甚至死亡。如果饲料中粗纤维含量过高，则可利用的营养物质减少，日粮中所有成分的消化率均下降。日粮中粗纤维的适宜比例应为12%～14%。

试验表明，不同类型的饲料在獭兔胃肠道中的消化、运转时间不尽相同：块根饲料2～3 h，青绿饲料3～4 h，子实饲料5～8 h，粗饲料8～12 h。饲料调制方式对消化运转时间也有一定影响，一般是液体快于固体，粉料快于粒料。在獭兔养殖实践中，要合理安排饲养日程和喂料顺序，特别是夜间因间隔时间较长，应添加夜草。在饲料调制上，以颗粒料最为理想。

（三）食性特点

1. 草食性　兔是食草性动物，饲料中草占70%～80%，用粮很少，可以充分利用野菜、野草或农副产物。兔每日采食的青草量为体重的15%～30%。一年四季都可以以野菜、野草、树叶、嫩枝或根茎类饲料为主。兔不喜欢吃鱼粉、肉粉、骨肉粉等动物性饲料。若日粮中必须补充动物性饲料时，其比例不宜超过5%。

2. 选择性　兔喜欢吃多叶类饲草如苜蓿、三叶草、黑麦草、麦苗等；多汁饲料中喜欢吃胡萝卜、萝卜等；在谷类饲料中，喜欢吃整粒的大麦、燕麦和稻谷等，不喜欢吃整粒的玉米；喜欢吃由各种饲料加工成的颗粒饲料，不喜欢吃粉料。

3. 喜吃有甜味的饲料　国外常在兔的日粮中加入2%～3%糖蜜，以改善饲料的适口性并减少粉尘。制糖副产品甜菜渣、胡萝卜、甘薯等都是兔喜欢吃的饲料，但不宜过量。

4. 适当的脂肪水平　研究表明，獭兔日粮中的脂肪水平在5%～8%时，采食量随脂肪水平的提高而增加，超过10%时则采食量下降。国外常在兔的日粮中添加5%玉米油，以改善饲料的适口性，提高兔的采食量和生长速度。

（四）食粪特性

一种是兔在白天排出椭圆形干粪；另一种是在拂晓时排出富含B族维生素与蛋白质的软粪，这样的粪一经排出（一到肛门处）就被兔直接吃掉。

兔的食粪性是随着它初次采食饲料后逐步形成的，仔兔多从4周龄开始食粪。研究表明，兔白天排出硬的球状粪（干粪），占总排粪量的80%～90%；而软的黏粪，呈暗色串状，长度可达40 cm，多在夜间至黎明时分排出，占总排粪量的10%～20%。从表2-2可以看出，兔排出的软粪中所含粗蛋白质及某些维生素如烟酸、核黄素、泛酸、维生素B_{12}等的含量要高于正常排出硬粪中的含量，这对于补充维生素无疑大有益处。

兔通过吞食软粪，可以得到附加的大量微生物，每克软粪中的微生物为95.6亿个，而每克硬粪中的微生物仅有27亿个。微生物合成的B族维生素和维生素K随软粪进入兔体内。这些微生物借助于微生物酶的作用将饲料中

的营养物质、纤维素进行消化。

据观察，兔食粪姿势多呈坐立式，两前肢离地竖起，两后肢呈“八”字形，口对肛门，边排边吃，并有咀嚼动作。一般每吞一次软粪后，需咀嚼 15～60 s，咀嚼次数达 40～150 次，但不吃落到地板上的粪便。当营养过剩时，在笼底可见到软粪。兔一旦患病也将停止食粪。

对兔食粪的特性，在科技界普遍予以关注。在浙江大学动物科学学院陶岳荣等同志编者的《獭兔高效益饲养技术》（金盾出版社 2001 年 7 月修订版）一书中介绍如下：

据作者细心观察，有些獭兔不仅有食软粪的习性，还食硬粪；不仅夜间食粪，白天有时也食粪，一般每昼夜食粪 2 或 3 次，每次持续时间为 2～3 min。

对食粪的次数，在由南京农业大学动物科学学院徐汉涛同志主编的《种草养兔》（中国农业出版社 2002 年 3 月版本）一书中介绍如下：

对家兔食粪行为的研究，可以追溯到 1602 年，自那以来，陆续有文献报道，但引用较多的是 Morot 于 1882 年在科学文献中的首次论述。后来的文献资料，普遍认为家兔排泄两种粪便，即白天排硬粪，夜间排软粪，食粪就是食夜间排的软粪。但据作者等的观察（1986），食粪行为并非完全发生于夜间，白天也食粪，其次数两者并无明显的差异，有时白天食粪次数还多于夜间（表 2-3）。

表 2-3　家兔昼夜食粪次数*

时间	空怀母兔自由采食	哺乳母兔	妊娠母兔	空怀母兔
白天	6.3	28	24	29.5
夜间	5.6	44.5	22	26
昼夜	11.9	72.5	46	55.5

*除自由采食外均为限制饲喂。

兔食粪对营养物质的消化吸收有着重要的意义。由于食粪，使饲料多次通过消化道，从而得到比较充分的消化。有人做了以下试验：当兔食粪时食入的 50 mg 硫酸铜，35 天内随粪便排出；若禁止兔食粪，90％的硫酸铜将在 5 天内被排出。同样，兔的食粪性也有利于对营养物质的吸收，在食粪的情况下，兔口服一种硫的同位素，除被大量吸收到血液中外，还有一部分积聚在肾、肝中。在肝中这种硫的同位素有 79％以胱氨酸和蛋氨酸的形式存在；当禁止兔食粪时，这种积聚在肝中硫的同位素仅有 15％以胱氨酸和蛋氨酸的形式存在。

此外，兔食粪时食料通过其消化道的时间有所延长。据报道：早晨 8 时随饲料被兔食入的染色微粒，在食粪情况下经过 7.3 h 排出；在禁止食粪的情况下，食料仅用 6.6 h 即可排出。由此可知，禁止兔吞食它自己排出的软黏粪会导致兔增重减少、消瘦。

兔排软黏粪时，其嘴对着肛门，边排边吞食。有资料介绍：这是由于软粪在直肠聚积刺激该处的机械感受器，而后通过中枢神经系统传递所致。若切断直肠这条通道，兔将因不能及时获得“信号”而损失很多软粪。有人在兔的结肠末端和直肠始端之间人工引出肛门后发生的损失软粪的现象证实了上述诊断。

食粪是獭兔的正常行为。据测定，一般每日吞食粪便占总量的 50％～80％。如果獭兔突然停止食粪，则应视为患病的前兆。此外，食粪必须在一个没有干扰的时期，而且大部分发生在黑暗中，因此应创造安静的环境，满足其生理要求。

当然，食粪本身无形中会增加寄生虫、细菌、病毒的传播机会，从培育健康兔群的角度出发，这些不利之处已

开始引起人们的重视。

五、生长发育特点

（一）生长发育特点

仔兔出生时全身裸露，眼睛紧闭，耳闭塞无孔，趾间相互连接在一起，不能自由活动。3～4 日龄开始长毛，30 日龄左右被毛形成；4～8 日龄脚趾开始分开；6～8 日龄耳朵根出现小孔，与外界相通；10～12 日龄眼睛睁开，出巢活动；18 日龄开始吃料。初生仔兔由于被毛未形成，缺少保温层，体温调节能力差，耐热不耐寒，寒冷常常造成仔兔死亡，应注意保暖。

仔兔初生体重 50 g 左右，1 周龄时体重增长 1 倍，1 月龄时体重相当于初生时的 10 倍。哺乳期间生长发育主要受母乳的影响，且与母兔体况、饲料种类和带仔的多少相关。12 日龄至断奶，仔兔能活动并从试吃料至正式吃料，生长发育加快，母乳已不能满足仔兔生长的需要，应提早开食（18～21 日龄），及时补饲营养丰富、易于消化的食物。

幼兔断奶后的增重速度，受遗传因素（如不同品种）和环境因素（如饲喂强度、管理条件）的影响。喂专用颗粒饲料的兔比以草为基础饲料的兔增重速度快得多。从断奶（一般为 30～40 日龄）至 3 月龄前这个时期的兔，生产速度最快，消化力增强，食量加大。应适当控制青绿饲料用量，以防腹泻及胃肠炎的发生。

实验表明，在相同的饲养管理条件下，外界温度条件对獭兔的增重有明显的影响（表 2-4）。

表 2-4　外界温度条件对獭兔日增重的影响　g

月　龄	0～9 ℃	10～25 ℃	26～32 ℃
1～2	29.7	31.2	27.6
3～4	27.8	30.2	24.9
5～6	22.8	24.8	20.3
7～8	12.6	14.8	10.2

表2-4中数字说明，在10～25 ℃的环境条件下，不同年龄组的獭兔日增重最大，高温对其增重速度有着明显的不良影响。

（二）换毛特点

兔的换毛是个复杂的生物学过程。换毛期毛囊的结构发生明显的变化。旧毛的毛乳头开始萎缩，血液供应停止，毛球细胞开始角化，与此同时，在旧毛的下面，发育着新的毛乳头，并形成新的毛球，随着新毛球细胞的不断增殖，形成新毛。

1．年龄性换毛　獭兔一生中有2次年龄性换毛，第一次在30～100日龄，第二次在130～180日龄。

养殖实践表明，獭兔的年龄性换毛，对于确定取皮年龄和提高毛皮的品质具有十分重要的意义。在良好的饲养管理条件下，獭兔的第一次年龄性换毛可于3～3.5月龄时结束，此时已形成完好的毛被，为了使毛皮完全成熟和足够大的体型，到第二次年龄性换毛结束即5月龄左右取皮为最佳，经济效益也较高。

2．季节性换毛　亦称周期性换毛，是指春秋两季换毛。当獭兔完成2次年龄性换毛之后，即进入了成年兔行列，以后的换毛按季节进行。春季换毛在3—4月份，秋

季换毛在 9—11 月份。这种季节性换毛与光照、温度、营养以及遗传等因素有关。具体来说：春季，光照由短日照向长日照过渡，气温则由寒冷、温暖向炎夏转变，而饲料中的干草逐渐被青绿饲料所代替，所以被毛生长较快，换毛期较短。夏毛被毛枪毛多，绒毛少，较稀疏易于散热。秋季，由于长日照向短日照过渡，气温则由炎热、凉爽向寒冷转变，青绿饲料逐渐变为粗老，加之皮肤毛囊代谢机能减弱，所以被毛生长较慢，换毛时间拉长。秋季脱毛往往对母兔的正常发情有影响，有时不发情，或交配不受孕；公兔性欲不强，配种能力差。

据试验，獭兔换毛期的长短，虽然与季节的温度有关，但不是主要的条件。主要决定饲料的品质和兔的健康状况。假如在换毛时给以富含蛋白质的饲料，特别是胱氨酸的供给，则换毛期可以缩短；反之就要相对延长。在换毛期间，为了形成新的被毛，獭兔需要更多的营养物质，并对外界温度变化的适应能力较差，比平时较易感冒患病，因此在换毛时，加强饲养管理是非常必要的。

换毛期间，獭兔周身的毛细血管充血，皮肤松软湿润。有色兔换毛时，皮肤沉积浅蓝色等的色素。在新毛刚刚长出时，全身被毛质量参差不齐，皮毛质量低劣，对于皮用兔或皮肉兼用兔，从皮毛价值来看，换毛期不宜宰杀。应等换毛完毕，绒毛丰满齐整之后再宰杀。

换毛顺序：一般从头部的鼻端开始，由前躯体侧往下腹部至臀部周围，最后由背部中央开始，在体侧部终了。换毛往往是在局部各个对称的部位同时进行的，惟颈部毛在夏季不断地脱换。

3. 不定期换毛和病理性换毛　在病理状况下及长期营养不良、新陈代谢发生障碍，或者皮肤发生营养不良，而发生全身或局部脱毛现象。例如，由于某种原因连续采食量下降，或出现非季节性突然高热以及其他应激，都可能发生脱毛。据报道，幼兔饲喂过多饲料容易导致过早脱毛。

六、繁殖特性

（一）多胎高产

獭兔具有很强的繁殖力，常年繁殖，不受季节限制，其排卵力的变化相当大，通常在一个发情期内能排出17~20 枚卵子，但能使卵子正常受精并发育成胚胎的，只有6~12 枚。这说明母兔的繁殖潜力是很大的。

母兔性成熟早（3~6 月龄），妊娠期短（30~31 天），在工厂化生产条件下，1 只母兔一年可繁殖 8~9 胎（一般一年可繁殖 4~6 胎），每胎产仔 6~9 只，高者达 15 只，一年可育成 50 只仔兔，发达国家可达 60~70 只。其配套措施为：营养全价，母兔体况良好，仔兔早断奶和早补料等。

（二）刺激排卵

母兔在达到性成熟以后，虽每隔一定时间（发情周期10~14 天）出现发情征候，但并不伴随着排卵，只有在公兔交配以后，或相互爬跨，或注射外源激素以后才发生排卵，称为刺激排卵。这种有条件的排卵，其主要原因是在母兔脑下垂体中，不会自发释放出足够引起成熟卵泡破裂的黄体生成素（LH）的量。因为，只有在血液中 LH 含量达到一定的浓度，即所谓排卵波峰时，才能起到刺激

排卵的作用。其具体时间为：一般在经过公兔交配或注射激素（如绒毛膜促性腺激素 HCG、孕马血清等）后，隔 10～12 h 才能排出卵子。母兔如不与公兔交配，则成熟的卵子经 10～16 天在雌激素与孕激素的协同作用下，逐渐萎缩、退化，并被周围的组织所吸收，新的卵子又开始成熟。兔的卵子在输卵管内的受精时间很短，为 6～8 h，超过 8 h 以上就不能再受精。

刺激兔排卵的特性对人类是极其有益的，人们可以根据这种特性安排生产，取得产品。同时也可以利用这一特性，使不处于发情期的母兔与性欲高的公兔接触时可以接受交配，并能受胎。在生产实践中，人们常常采取强制交配的方法使之受胎，获得正常的产仔。

（三）假孕现象

母兔虽经交配，但未受精，排卵后形成的黄体仍在分泌激素，刺激生殖系统某些部位，如子宫上皮细胞增殖，子宫增大，乳腺激活，乳房肿大，表现出与妊娠期相同症状，此现象称为假孕。

在正常妊娠时，妊娠第 16 天后，黄体得到胎盘分泌的激素而继续存在下去，抑制母兔发情，维持妊娠“安全”。但假妊娠时，由于没有胎盘，假孕 16 天左右黄体退化，于是母兔表现出临产行为。衔草、拉毛营巢，乳腺甚至分泌出一点乳汁。假孕一般持续 16～18 天。假孕后，配种极易受胎，应抓紧时机，搞好配种工作。

母兔假孕多发生于群养者。群养母兔间相互追逐爬跨而引起发情母兔的排卵，这种未经交配引起母兔的自发排卵，是由于母兔间相互爬跨、戏逗和其他物理性接触刺激，导致促黄体素（即黄体生成素 LH）释放的结果，其自发排卵的出现率为1%～5%，个别品系可高达50%。

并非配种后不受胎就造成假孕，只有在母兔排卵后，而卵子未能受精的情况下，才出现假孕。但在某些场合，有1/3左右假孕是配后不孕引起的。母兔卵巢有病，严重子宫疾患等都可以继发假孕。配后16～17天，兔有做巢行为，则可以判定是假孕。

促使母兔排卵，除公兔爬跨、性交行为能刺激排卵外，上面谈到的母兔间相互调情、爬跨也能引起排卵，因此母兔配后3周内不要集群饲养。

为了防止假孕，可在第一次配种5 h以内，进行复配或双重交配（双重交配只能在商品场采用）。

（四）双子宫型

獭兔是双子宫动物，两个子宫颈共同开口于阴道，没有明显的子宫体，有利于分娩产仔，产程短。另外，不会发生如其他家畜那样，在受精后结合子由一个子宫角向另一个子宫角移行的情况。因母兔阴道较长，而公兔的阴茎很短，在自然交配时，公兔射精于阴道，则两侧子宫受孕。人工授精时，应注意输精管不可插入过深至一侧子宫颈口内，避免导致一侧子宫受孕。

第三章 獭兔的遗传育种

一、毛色遗传

(一) 獭兔毛型遗传

兔按其毛纤维长度可分为3种类型，即长毛型，毛纤维长度6～10 cm，如安哥拉长毛兔；普通毛型（或称标准毛型），毛纤维长度2.5～3 cm，主要指肉用兔和肉皮兼用兔，如新西兰白兔、加利福尼亚兔、青紫蓝兔、日本大耳兔和中国白兔等；短毛型的毛纤维长度为1.3～2.2 cm，其代表品种是獭兔。

实验表明，獭兔的短毛型对普通毛型而言，是隐性遗传。如果用普通毛型兔和短毛型的獭兔交配，子一代杂种全部出现普通毛型兔（图3-1）；而子一代公母兔互相交配

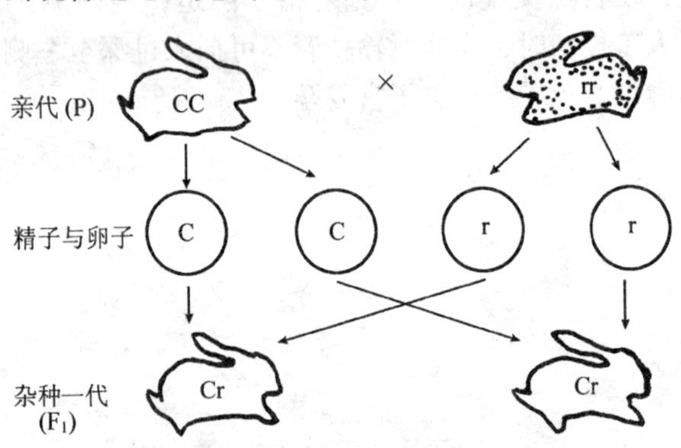

图3-1 普通毛型兔×獭兔产生杂种一代普通毛型兔
（C对r呈显性）

所得的子二代杂种（F_2）中，既有普通毛型，又有极短的獭兔毛型，其比例为3∶1（图3-2）。

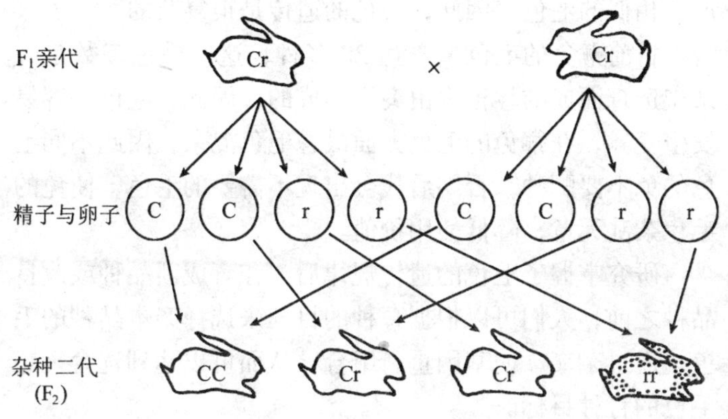

图3-2　杂种一代（F_1）普通毛型兔互配产生比例（普通毛型兔）3比1（獭兔）

獭兔被毛是由长约1.6 cm的短绒毛构成的，其中也夹杂着极少量的短粗毛（枪毛）。由于獭兔毛型是隐性遗传，只有当隐性基因纯合时才表现为短毛。

獭兔的毛型遗传还会出现与前述不同的情况，用不同系的纯种公母獭兔交配，所产生的子一代竟然都是标准毛，而让子一代公母兔交配所产生的子二代中，既有标准毛，也有短毛，两者的比数约为9∶7。

（二）獭兔毛色遗传

獭兔不同毛色代表着不同品系，有咖啡色、黑色、蓝色、白色等，这些多种多样的毛色是由各种基因所控制的，有的属于同一位点但作用不同的基因，有的不属于同一个位点。已知控制家兔毛色的基因至少有8个系统，包

括 A、B、C、D、E、E_N、D_u 和 V 系统，而每个系统中等位基因间的作用各不相同，有些基因虽然作用不同，却产生相似的毛色。因此，毛色的遗传是很复杂的。

目前獭兔的毛色型多达 20 多种，这些毛色多数是经杂交选育而成的，很少由突变形成的，因此，毛色很容易发生变异，在獭兔的毛色方面最忌毛色混杂。因此不同毛色的兔不要配种，否则后代会出现不需要的毛色，使兔的毛色杂乱无章，降低使用价值。

研究掌握了毛色的遗传规律后，在育成新品种或改良品种之前，人们可以根据育种的目的来选择亲本品种的毛色。通过杂交，使基因重新组合，从而可以达到选育理想毛色的育种目标。

（三）色素形成

色素的存在，使不同色型獭兔的毛纤维表现出各种颜色。

獭兔毛纤维的色素可分为两类：一类为黑色素，另一类为叶黄素。黑色素又可分为褐色素和常黑色素。褐色素为易溶于碱性溶液的圆形红色颗粒；常黑色素包括黑色和棕色两种色素类型，两者的可溶性均小于褐色素。叶黄素则是直接由饲料中摄取的。獭兔被毛的黑色素细胞主要存在于毛纤维的皮质层中。

研究表明，不论何种色素，都是由酪氨酸和苯丙氨酸在不同氧化酶的影响下形成的，而这种酶系统的氧化过程对温度特别敏感，有些酶在低温条件下才有活性。例如，加利福尼亚色獭兔全身被毛为纯白色，但鼻端、两耳、四肢下部及尾等部位因温度低于其他部位，所以呈现黑色，而且这些部位被毛的色泽深浅也因气候变化而略有不同。

冬季因气候寒冷，色泽较深，多呈深黑色；夏季因气温较高，氧化酶的活性下降，所以色泽变淡，多呈深灰色。

遗传学大量实验证实，不同毛色由不同基因控制。獭兔所以会有各色各样的毛色类型，主要原因是由于色素的性质、数量、颗粒形状、分布方式以及酶的作用等因素互不相同，而这些因素大多由基因控制。遗传学实验还进一步证实，一个基因的差别可导致性状明显变异，它受环境条件的影响较小。

二、选种技术

（一）选种的概念与重要性

选种就是根据育种的目标（品种理想型的综合指标），把种质特性好、育种价值高、有发展前途的优良公母獭兔选出做种繁殖，同时限制不良个体的繁殖，借以改进后代群体的遗传品质。选种是提高兔群生产力和培育新品种的基本方法。

上面谈到的种质特性好，是指个体的适应性、生长发育、生产性能和外形体质等表现均好；育种价值高是指：不在于其本身各方面表现都好，更重要的是要求种兔能产生大量品质优良的后代，个体本身具有优良的遗传型。

近数十年来，随着数量遗传学和家畜育种学的进展，给家兔的选种工作增添了新的内容，选种的着重点已不再是根据外貌特征，而是根据内在的遗传因素。即已经发展到应用测交鉴定质量性状的遗传型，用数量遗传学原理进行育种值估计鉴定数量性状的遗传型，特别是育种值的估计，不仅可以根据本身资料，而且还可以应用直系亲属

（祖先和后裔）的资料，也能根据旁系亲属（同胞或半同胞）的资料，以至来自各方面的资料，做复合育种值、合并育种值或综合育种值的估计，充分利用所有的遗传信息，使鉴定的结果更加可靠和准确。但在我国目前靠千家万户发展养兔的情况下，根据獭兔外貌特征、生长发育和生产性能进行选种仍有较大的意义。

（二）选种依据

1．毛色标准　毛色是区别不同品系的重要标志，也是评定商品价值的重要依据。从商品生产考虑，宜提倡多选养一些白色獭兔，因为其遗传性能较为稳定，白色绒毛不经脱色即可印染成人们喜爱的各种颜色。白色獭兔应该全身毛色洁白，无杂毛和杂色斑点，相应的眼睛颜色一定是粉红色的，脚爪一定是白色的，假如脚爪或眼睛表现出其他颜色，就不能认为是纯种獭兔。

目前獭兔的色型已多达数十种,就选种要求而言,无论何种色型,都要求毛色纯正,色泽光亮,具有该品系特定的色型要求,最忌讳毛色混杂,即在一张皮上混有异色斑块或异色毛。因为毛色混杂,会降低毛皮质量和商品价值。

2．被毛标准　饲养獭兔的主要目的是为了取皮，皮张的被毛和皮板质量，直接影响獭兔的商品价值和经济效益。所以在选种时，被毛和皮板品质都作为选种的重点，一般在对獭兔的种用价值评定中，绒毛品质的评分标准占总分数的 40％～50％。

优良品质的被毛，主要标志是绒毛丰厚平整，毛纤维直立而富有弹性，绒毛长短适中，基本在 1.3～2.2 cm 之间，尤以 1.6 cm 为最佳，枪毛极少且不超出绒毛面。

鉴定被毛密度可以采用手感和肉眼观察来初步测定。

手感测定就是手抓臀部被毛，如果感觉紧密厚实，说明密度大；如果手感空、松、稀、薄，则说明密度小。肉眼观察就是用双手轻轻分开被毛，观察露出皮缝的大小，如果缝隙宽而明显，说明被毛很稀，密度很差；如果露出皮缝很不明显，则说明密度良好。

养殖獭兔的实践表明，绒毛的丰厚度常与气候条件有关，在北方养殖的獭兔，绒毛厚度比南方好些，冬皮比夏皮好，良好的饲养管理比粗放的饲养管理好。良好的被毛则皮板质量相应坚韧、牢固。就獭兔被毛而言，最忌讳的是被毛空疏，长短不齐，枪毛含量高，而且缺少光泽和弹性。所以，在选种和鉴定种兔时要特别注意这些。

3. 体型大小和体重标准　目前，对獭兔的选种要求趋向大型化，近年从德国和法国引进的獭兔，体型都较大。因为体型大则皮张面积大，可以利用的裘皮面积也大，商品价值也高。国外獭兔选种的评分标准，已由重视毛色转向重视体型，这是在选种过程中应该重视的动向。

在体重方面，要求成年母兔3.4～4.3 kg，平均3.6 kg；成年公兔3.6～4.8 kg，平均4.1 kg。体重大，毛皮的面积就大，商品价值高。

4. 体质标准　种兔要体质健壮，生长发育良好。只有体质健壮才能表现出正常的生产性能和较高的利用价值。种兔行动要灵活，眼睛明亮，各部位发育匀称，肌肉丰满，臀部发达，腰部肥壮，肩宽广，与体躯结合良好，无缺陷。

5. 头型标准　种兔头要求宽大，与体躯各部位比例相称。两耳厚薄适中，直立挺拔不下垂。眼睛明亮有神，眼球颜色应与本品系的标准色型相一致。凡头部狭长、鼻部尖细、耳过大或过薄、竖立无力或出现下垂现象，眼无

神、迟钝、有眼屎，眼球颜色与标准色型不相一致者，均属严重缺陷，不宜留做种用。

6. 腿爪标准　优良的种兔要求四肢强壮有力，肌肉发达，前后肢毛色与体躯主要部位基本一致。红色、蓝色、黑色、青紫蓝色、海狸色、巧克力色、蛋白石色、猞猁色、紫貂色、海豹色、水獭色等獭兔的爪应为暗色；加利福尼亚色獭兔的爪最好为暗色或黑色；白色獭兔的爪应为白色或玉色。趾爪的弯曲度随年龄的增长而变化，年龄越老则弯曲度越大。

7. 其他标准　公兔要求睾丸对称，隐睾或单睾均不能留作种用。母兔要求乳头在 4 对以上，无食仔、咬斗等恶癖。尾大小要求与体驱比例适当，颜色与全身毛色一致。公母兔的外生殖器若有炎症，肛门附近有粪尿污染，爪、鼻、耳内有疥癣者，均不应留做种用。

目前，我国尚未制订出具体的獭兔评分标准，但优良种兔的选种标准则要求：毛绒品质优良，色泽纯正；体型较大，结构匀称，生长发育良好；体质健康结实，抗病能力强；繁殖力高，遗传性能稳定等。

现将英国、美国、德国等国家制订的獭兔评分标准介绍如下（表 3-1）。

表 3-1　国外獭兔评分标准

国别	品　系	毛色	被毛	体型	四肢	眼睛	耳朵	体重	体质	合计
英国	海狸色獭兔	25	40	12	11	7	5	—	—	100
	青紫蓝獭兔	35	30	5	5	5	5	—	15	100
	其他獭兔	25	30	25	5	5	5	5	—	100
美国	海狸色獭兔	20	50	5	—	3	2	10	10	100
	其他獭兔	10	40	35	5	2	3	—	5	100
德国	海狸色獭兔	20	40	20	5	—	—	5	10	100

由表 3-1 可见，国外獭兔评分标准的重点是毛色类型、被毛品质、体型结构和体质健康状态等。

（三）选种方法

1. 个体选择　主要依据獭兔本身的质量性状或数量性状在一个兔群内个体表型值差异，选择优秀个体，淘汰低劣个体。这是一种最普通的简易选种形式，这种选择的效果大小与被选性状遗传力的关系极为密切。只有对遗传力高的性状，个体选择才能得到好的效果。因为遗传力高的性状，在兔群中个体间表现型的差异，主要是遗传上的差异所造成的。因此，选择出好的个体，就能比较准确地选出遗传上优秀的个体。如 70 日龄前的生长速度和饲料报酬，这两个性状的遗传力都在 40% 以上。采用个体选择法就能获得较好的选择效果。

獭兔要选择体型大、生长发育快、饲料转化率高、被毛品质好、毛色纯正、符合该品系特征的种兔，以期把这些优良性状特征遗传给子代。

个体选择法常用的有以下 4 种方法：

（1）剔除法。即对选择的每个性状都限定一个最低标准，只要有一个性状低于该标准，即予以淘汰。

（2）最优法。即兔群中的任何个体，只要有一个性状的表型值优于其他个性，则该个体即留做种用。

（3）总分法。根据兔群质量、生产水平，对每个性状按优劣进行评分，将几个性状评分累计，其总分最高的个体留做种用。一般分 3 步进行。

第一步，依据兔群生产水平，制订出各项经济性状的评分标准，各项满分之和为 100 分。

第二步，利用这种评分标准，在兔群中逐只进行鉴定

和评分。

第三步，根据每只兔各项经济性状评定总分，选择最优者做种兔。

(4) 指数选择法。将所选性状，依据其重要程度，各自乘以一定的系数，再综合起来，按其数值的大小进行选种，称之为指数选择法。目前，在生产实践中，一些技术力量较强的规模兔场，多采用指数选择法。其计算公式为：

$$I = a_1P_1 + a_2P_2 + \cdots\cdots, \ + a_nP_n$$

式中：I——选择指数；

a——各项性状的系数；

P——各项性状的具体数值。

此外，对不同性别的獭兔，选择对应有不同的要求。

种母兔：要求繁殖力高，有效乳头必须在 4 对以上，母性强，泌乳力要高。母兔的泌乳力一般用仔兔 21 日龄的窝重来衡量，21 日龄窝重大，说明母兔泌乳力高。另外，初生仔兔要求大小均匀，防止出现矮小兔。一般不能在第一胎就选留种兔，而是在良种母兔所生的第 3～5 胎的幼兔中选留，还应从多产的窝中选留母兔。如果连续 7 次拒配，连续空怀 2 或 3 次，连续 4 胎产活仔兔少于 4 只的母兔，应予以淘汰。

种公兔：要求健康、活泼，性欲旺盛，精液品质好，被毛品质优良，体型大，肌肉丰满。凡懒惰，行动迟钝，性欲不强，隐睾、单睾或睾丸一大一小的个体，都不能留做种用。

2. 家系选择　又称亲缘选择。就是以整个家系作为一个单位，选出家系均值较高的个体留做种用。这种方法适用于一些遗传力较低的性状，如繁殖力、泌乳力和成活率等。具体选种时应在高产兔群中选择高产个体做种兔。在现代家兔选育工作中，比较广泛采用的是通过全同胞（同父同母）、半同胞（同父异母或同母异父）测验进行家系选择。

（1）全同胞、半同胞测验。这种家系选择法所需要的时间短，效果好。例如对种公兔进行产仔数的后裔测验，要等到它的女儿成年配种后 1 个月生了仔兔才有结果，但这时公兔已有 16～17 个月龄，家兔的利用年限很短，即使测验完了，优良的种公兔也不能大量繁殖后代了。而采用同胞、半同胞测验，就能在短期内得出结果，这样既缩短了世代间隔，也加快了育种工作的进程。进行同胞测验时，一般对遗传力较低的性状，同胞数越多，则测定效果就越好，最好提供 5～7 只以上的全同胞数和 30～40 只以上的半同胞数才比较可靠。

（2）后裔鉴定。这是通过对大量后代性能的评定来判断种兔遗传性能的一种选择方法。一般多用于公兔，因为公兔的后代数量、育种影响都大于母兔。具体做法是：选择一批外形、生产性能、系谱结构基本一致的母兔，饲养在相同的饲养管理条件下，每只公兔至少选配 10～20 只母兔，然后根据生长发育、饲料报酬、毛皮品质等性能进行综合评定，如果被鉴定公兔所产后代的各项指标均高于同期同龄的其他兔，则表明该公兔的种用品质较好。

（3）系谱选择。系谱是一个体各代祖先的记录资料。作为种兔，不仅要看个体本身性状是否优良，更重要的是看是否有优良的遗传基础，这就要根据祖先、同胞和后裔的品质来估测。根据祖先品质估测，就称为后裔鉴定。

根据遗传规律，以父母代对子代的影响最大，其次是祖代。祖先越远，对后代的影响越小，通常只要检查 2 或 3 代的情况就可以了。

在实际选种中，一般不单独使用系谱选择，而是与其他方法（如个体选择法）结合使用。系谱选择适于早期选种，它可根据祖先的品质估测当代的遗传基础，对于遗传力较高的性状，有较大的参考价值，特别是在判断是否有害基因携带者方面效果很好。系谱选择需要有祖先完整的生产性能记录资料及较全面的信息。

目前，常用的系谱为横式系谱，其格式如下：

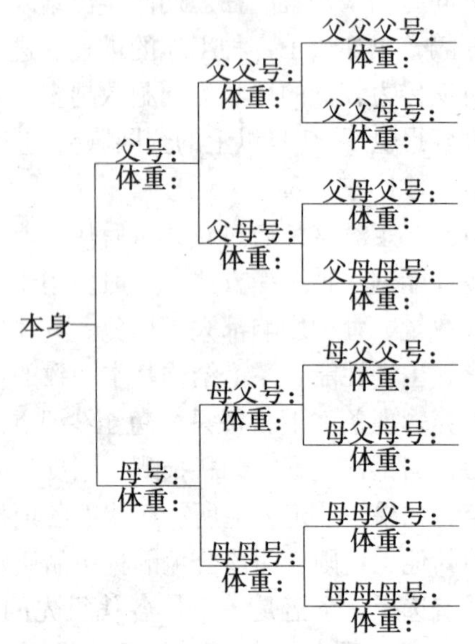

代数：　当代　亲代　祖代　曾祖代

3．综合选择　在育种工作实践中，要求所选出的种兔各种经济性状都要好，或者至少几个主要性状一定要好

才行，单纯采用上述某种选种方法是很不够的，必须采用多种性状同时选择的措施。因此，必须对种兔的个体品质(外貌、体质、生长发育和生产性能)、祖先和后代进行全面鉴定，即综合鉴定。在选择后备种兔时，一定要从良种母兔所生的第3～5胎的幼兔中选留，选留的数量要比需要数量多1～2倍。而后备公兔最好要达到10∶1或5∶1的选择强度。具体方法如下：

第一次选择，在仔兔断奶时进行，主要以系谱和断奶体重作为选择依据。系谱选择的重点是注意系谱中优良祖先的数量，优良祖先数量越多，则后代获得优良基因的机会就越多；断奶体重则对以后的生长速度有较大的影响(相关系数 $r=0.56$)。此外，还要配合同窝仔兔生长发育的均匀度进行选择。把符合育种要求的列入育种群，不符合育种要求的列入生产群。

第二次选择，一般在3月龄时进行。鉴定的重点是3月龄体重、断奶至3月龄的日增重和被毛品质等。应选留生长发育快、毛品质好、抗病力强、生殖系统无异常的个体留做种用。淘汰生长慢、毛品质差、有病的个体。

第三次选择，一般在5～6月龄时进行。这是獭兔一生中毛质、毛色表现最标准的时期，又正值种兔初配和商品兔取皮时期。所以，可以生产性能和外貌鉴定为主，逐一筛选，合格者进入后备种兔群，不合格者做商品兔取皮。

第四次选择，一般在1年龄时进行，主要鉴定母兔的繁殖性能，对多次配种不孕的母兔应予淘汰。等到母兔第二胎仔兔断奶后，根据产仔数、泌乳力等进行综合评定，淘汰母性差、泌乳能力差、产仔数少、有食仔恶癖的母兔和性欲差、精液品质不理想的公兔。

第五次选择，当种兔的后代有生产记录时，则可根据后代品质对种兔再做一次遗传性能的鉴定，把真正优秀者列入核心群，优良者列入育种群，较差者转入生产群。

凡留做种用的成年兔或后备兔，包括它们的后代，都应做全面的记录，以便衡量其遗传性能，从而不断提高种兔的质量。

（四）引种技术

引种是养兔生产中经常遇到的一项工作，也是獭兔育种工作中的重要技术措施。实践证明，引进种兔的好坏，不仅关系到产品的数量和质量，而且对獭兔生产产生深远的影响，关系到未来兔群的质量和生产效益。

为了正确判断一个品种能否适应新引进地区的饲养管理条件等，最好的办法是先引进少量种兔，进行引种试验，如引进的品种能较好地适应新引进地区的自然条件和饲养管理条件等，表现出良好的经济价值和种用价值，方可大量引种。或者在同一时期引进多个品种试验，选择适应性及生产性能等方面表现最佳的品种。

引种前应了解种兔场的情况，要选择建场时间较长的正规种兔场，除有完整的档案资料保证血统纯正外，还要认真进行选择鉴定。

1. *注重种兔质量* 真正优秀的种兔必须具备两条：一条是种兔本身有良好的生产和繁殖性能；另一条是能将这些优良性状稳定地遗传给后代。因此，必须具体抓好以下5个方面。

（1）详查系谱，细看特征。优良种兔应具备完整的系谱档案资料。系谱应记载至少3代（即亲代、祖代、曾祖代）的耳号、产地、出生日期、毛色特征、体重、生长及繁殖性能等。所购种兔应为优秀祖先的后代，有明显的本品种特征。种公兔要来自不同的血统，种公兔、种母兔之间亲缘系数要小。引种年龄以 3～4 月龄的青年兔为好，体重在 1.25～2.5 kg。切忌引进老年兔、病弱兔和低产兔。老年兔的种用价值、生产价值较低，刚断奶的仔兔则适应性和抗病力较差，均不宜引种。

(2) 通过“前查七窍，后看两孔”，看该兔是否为健康兔。健康兔眼睛明亮有神，眼睑红润，眼角无眼屎；鼻孔干净，呼吸正常，无鼻液；口腔黏膜色泽正常，无溃疡和烂斑，无畸齿；耳朵直立，转动灵活，耳穴干净，无癣痂和污物；肛门干净，无稀粪黏着；外阴干净，无水肿、溃疡及脓性分泌物等。此外，还应无遗传性疾病，如斜眼、八字腿等。

(3) 看繁殖性能。公母兔的生殖器官都应发育良好。公兔睾丸匀称，阴囊干净，红润，性欲强。要防止成年兔单睾或隐睾。母兔乳头数在 8 对以上，母性强。

(4) 外貌特性。形态适中，结构匀称，肌体丰满，臀部发达。成年兔长到 3 kg 左右时，体表面积超过 1 000 cm^2（躯干长×胸围），绒毛生长良好，细密，富有光泽和弹性，毛纤维长度 1.3～2.2 cm，毛色纯正，色泽光润。幼兔爪应隐于脚毛之中，短而直。

(5) 引进成年种兔时，还要看后代品质。兔生长繁殖快，只需 1 年时间就可通过所产后代对其种用价值做出鉴定。引进成年公兔时，更要选择经后裔鉴定，其种用价值高的进行引种。

2. 引种季节　以春秋为宜，气温在 15～25 ℃ 比较合适。春季引种，气候温和，青绿饲料充足，且引进种兔多为冬季所产，被毛品质较好，一到秋季即可配种繁殖；秋

季引种，秋高气爽，饲料充足，种兔运回后经一个冬季的饲养，到翌年春季即可配种繁殖，有利于提高引种后的经济效益和社会效益。而獭兔怕热，应激反应严重，所以暑天不宜引种。冬天寒冷刺激，饲料条件差，特别是刚断奶的仔兔，由于饲养管理条件的改变，极易造成病害，甚至死亡，带来不必要的损失。

3. 引种前准备工作　做好兔笼舍和饲料的储备，搞好清洁卫生和消毒工作，饲养人员还要经过适当培训或跟班实习，一切有条不紊，既要为引进的种兔创造一个舒适安静良好的环境，又要让兔吃饱吃好，以更快适应新的环境条件，防止造成一些不必要的损失。

4. 注意运输安全　运兔笼具以铁丝网分隔笼为好，笼高以不让公兔跳上母兔爬跨为度，笼底间隙或笼眼以兔脚插不进去为宜。也可采用竹、木、纸箱作为运输工具，但必须通风良好，笼内不能拥挤，有一定活动范围。每个笼具应有一个标签，注明品种（系）名称、性别、年龄、体重和只数，以利于途中管理和到达目的地后分发方便。冬天则要注意保暖。在装笼之前，应认真全面地进行健康检查和检疫，确认无病时，向当地兽医部门领取检疫、运载证明。

在运输时，应适当控制喂饮。运输在 24 h 以内可到达目的地的，途中可以不饲喂；若运输需 2～3 天时间，可喂些干草和少量胡萝卜、薯类，并注意饮水，绝不能大量喂青菜和精料，否则造成消化紊乱，易使兔发病。

5. 抓好引种后的管理

(1) 种兔引进后要单独隔离饲养。单独饲养可随时观察健康情况，发现异常或病兔应及时隔离，加强护理和治疗。经过 20～30 天，待采食正常，经检查证明确实无病，身体健康后，方能混群饲养。同时，还要做好防鼠、防兽害等工作。

(2) 到达目的地之后，应先让兔休息2~4 h，然后再给予清洁的饮水，最好在饮水中放一些葡萄糖，或饮用0.01%高锰酸钾水，或0.01%~0.02%痢特灵水，要严禁暴饮暴食。因为经过长途运输的兔易上火、感冒、腹泻，亦易暴发巴氏标菌病等。若饲养不当，易造成大批发病死亡。

(3) 饲养管理方面要耐心细致，喂量一定要控制。第1天喂量占平时喂量的1/2左右，3天后恢复到正常喂量。前3~5天饲料中拌入磺胺类药物、土霉素、喹乙醇，以预防消化道和呼吸道疾病。为防疥癣，可逐只以1.5%敌百虫水溶液浸脚。

(4) 对运输用的垫草、粪便进行深埋或焚烧。兔笼消毒后备用。

6. **购种时应签订好书面合同** 合同中写明所购种兔的耳号、种兔在途中死亡的经济责任、购入第1周内死亡的经济责任、种兔进入配种期连续2或3次配不上种时的经济责任等。

三、选 配

选配是选种的继续。选配的实质，就是对公母兔的配对，加以人为的控制，使优良的个体获得更多的交配机会，促进优良的性状更好地组合，以巩固和发展优良的性状，达到加速改良和提高兔群品质的目的。选配是否能达到预期的效果，这不仅取决于种兔本身品质和遗传能力，还要看公母兔的配合力是否合适。

（一）选配原则

为使獭兔配种后能产生优良的后代，必须进行优配，优配应遵循以下 7 个原则：

（1）选配前必须对要配种的公母种兔作全面了解，确定要利用什么优点，克服什么缺点，再结合外貌要求，经过数代选配，以逐步达到预定的目标（体型大、皮毛优的獭兔）。

（2）采取优配优，即优秀母兔必须和品质高于母兔等级的优秀公兔配种。

（3）以壮年公兔配壮年母兔（年龄 1.5～2.5 岁）最为理想，其次是壮年公兔配青年母兔和壮年公兔配老年母兔较好。年龄悬殊的公母兔不配种，如青年公兔配老年母兔或老年公兔配青年母兔则较差，老年公兔配老年母兔效果最差。在我国饲养管理条件下，种兔一般使用 3～4 年。

（4）用来交配的公母兔在 3 代内不应有相同的血缘关系。因为近亲交配的后代体质弱，抗病力差，生长发育缓慢，适应性差，而且会造成先天不足或引起品种退化。所以，养兔专业户和专业兔场既要坚持“自繁、自育、自养”的原则，又要有计划地与外地交换或引进一部分种兔，更新兔群。

（5）避免早配。留种的后备兔 3 月龄时应公母兔分开饲养，以防早配。后备兔年龄、体重没有达到标准体重和年龄要求时不予配种。

（6）有相同缺点不配种，如毛稀与毛稀不配种，应该用优秀个体来矫正。

（7）有明显遗传缺陷的种兔（如单睾、牛眼、“八”

字形腿）不能参加配种，以免在后代中产生有遗传缺陷的个体，在纯种繁殖场应该淘汰，商品生产兔场应避免重复结合。

（二）选配方法

选配着眼于个体为对象，主要考虑配对双方在个体品质上的对比，或者考虑个体间配对时亲缘关系上的有无和远近。因为它们的作用不同，使用的目的不一样，故把个体选配又分成两种：一种是品质选配，另一种是亲缘选配。生产上常使用的还有一种是等级选配。

1. **品质选配** 亦称表型选配，这种选配方法是根据表型上的异同来选择与配公母兔，又分为同质选配和异质选配。

（1）同质选配。选择性状相同、性能表现一致的公母兔来配种，以期获得与双亲相似的后代，并使这些优良性状在后代中得到巩固和提高。如獭兔选择体型大、生长速度快、毛皮品质优良的公母兔进行交配，使所选性状的遗传性能在后代中能稳定下来，也有可能把个体品质转化为群体的品质，使优秀个体数量增加。因此，这种选配方法适合于优秀公母兔之间，或者在兔群中已有了合乎理想型种兔时使用。

同质选配的优点：①使公母兔的优良性状稳定地遗传给下一代，并使所选性状能得到进一步巩固和提高；②可以保持种兔的优良性状，或在杂交育种的一定阶段出现理想类型后代。

同质选配的缺点：会使种兔的缺点更加严重，生活力和适应性下降等。因此，须严格淘汰后代中体质衰弱和有遗传缺陷的个体。

（2）异质选配。性状不同、生产性能不一致的种兔间的选配称做异质选配。按用途不同可分为以下两种情况：

①综合优点的异质优配。将具有不同优异性状的公母兔配对，以期将两者的优异性状结合在一起，从而获得兼具双亲不同优点的后代。如有的獭兔体型虽属中等，但毛密度大，有的毛密度虽不突出，但体型较大，如果选择这两个具有不同特点的公母兔配种，使毛密、体大的优良性状集中在一起，则可以提高毛皮品质。

②以优改良的异质选配。即使同一性状优劣程度不同的公母兔交配，使后代在此性状上获得较大的改进与提高。这种异质选配，实际上是一种“改良选配”。例如，獭兔普遍存在体型小的缺点，若向大型方向发展，就必须选择体型大的性状来进行改良和提高，以增大体型。异质选配经常是在杂交繁育或育成新品种时使用。

2. 亲缘选配　就是考虑到公母兔之间是否有血缘关系的一种选配方式。畜牧学上所谓近交，其确切定义是指父母双方到共同祖先的总代数在6代以内的个体间互相交配，即其所生子女的近交系数在0.78%以上者。包括自身在内，则为7代以内有血缘关系。因为7代以外的血缘关系，因祖先对后代的影响极为微弱，可以忽略不计。

（2）亲缘选配的应用。在生产实践中，应用亲缘选配需注意以下问题：

①亲交的目的必须明确。亲交只能在培育新品种或品系繁育中，为了固定优良遗传性状时才可采用，不能滥用，更不能长期连续使用。例如，为了巩固獭兔的某一优良色型或毛皮品质，以及保持獭兔优良特征和特性等方面，适时、适度地运用亲缘交配，并及时分析亲交效果，妥善安排，适可而止。据报道，近交可使皮肉兔皮板面积

增大，可供毛兔产毛量提高，效果确实。

②灵活运用亲交形式。亲缘选配的形式很多，有嫡亲交配、近亲交配、中亲交配等，要通过科学实验，反复实践，找出最理想、最满意的亲交方式。一般来说，要使优良公兔的遗传性能尽快固定下来，多采用父—女，祖父—孙女或叔—侄女交配等亲交形式；要使优良母兔的遗传性能尽快固定下来，多采用母—子，祖母—孙子或姑—侄交配等形式。

③控制亲交的速度和时间。亲子配或兄妹配是亲交的极端形式，运用得当，收效最快，此即所谓“急骤近交”；如用半兄妹或堂兄妹配，则基因纯合的速度要慢些，但少担风险，可连续继代进行；中亲交配虽也有固定遗传性的作用，但功效不大。

近交究竟可连续进行多长时间，速度是慢些好还是快些好？这和育种群的质量以及种兔的遗传品质有关，不能一概而论。原则是达到目的，适可而止。如长期连续使用，则可能造成严重损失。

④严格选择。近交必须与选择密切配合，才能有所成就。单纯的近交，不但不能收到预期的效果，而且往往是危险的。首先，必须选择优秀健壮的个体进行近交。如能利用后裔测验证明是优秀的公母兔来进行近交，其效果当然更好。有的地方“舍不得”用好的母兔来近交，而只拿品质中等或中等以下的母兔来与优秀公兔近交。这种近交，实际是不会有好效果的。要知道，用优秀公兔来进行这种异质选配，是没有必要采用近交的，“顶交”也并不是近交。只有在母兔与公兔基本同质的情况下，近交才能发挥它固有的作用。

这里附带说明一下，顶交是指用同一品种内的亲交公

兔与同一品种内的非亲交母兔进行交配。所生的杂种叫"顶交种"。顶交种的生活力比亲交的个体强，生产力也比较高。由于顶交有许多优点，已应用于生产中。

(3) 近交衰退的防止。为了防止近交衰退的出现，除了正确运用近交，严格掌握近交程度和时间外。根据国内外的经验，在近交过程中应注意采取以下措施。

①控制近交使用。在育种过程中，为了迅速巩固獭兔的某些优良性状，严格控制使用亲缘选配。据报道，如果每代近交系数的增量维持在3%～4%，即使继续若干代，也不至出现明显的有害后果。此外，在种兔群内，最好以公兔为中心，建立一些亲缘关系较远的"系"，以便有计划地利用这些"系"间交配，避免不恰当的亲交。

②严格淘汰，是近交中公认的一条必须坚决遵循的原则。无数实践证明，近交中的淘汰率，应该比非近交时大得多。据一些材料报道，猪的近交后代的淘汰率一般达80%～90%。兔的淘汰率也大体如此。

所谓淘汰，就是将那些不合理想要求的、生产力低、体质衰弱、繁殖力差、表现出有衰退迹象的个体，从近交群中坚决清除出去。其实质就是及时将分化出来的不良隐性纯合子淘汰掉（否则这些缺陷就会在较多个体身上被固定下来），而将含有较多优良显性基因的个体留做种用。这种方法已被证明是行之有效的。实验亦已指出，只要实行严格淘汰，猪、鸡虽连续近交10代，兔连续近交20代，白鼠连续近交90多代，也不至出现明显衰退。我国新淮猪选育过程中，对近交后代只选留4%～5%的个体做种用，其他不够理想的全部淘汰，也都获得较好效果。

③加强饲养管理。近交所生个体，种用价值一般是高的，遗传性也较稳定，但生活力较差，表现为对饲养管理

条件要求较高。如果能创造条件，适当满足它们的要求，就可使衰退现象得到缓解，不表现或少表现；相反，饲养管理条件不良，衰退就可能在各种性状上相继表现出来。如果饲养管理条件过于恶劣，直接影响正常生长发育，那么后代在遗传和环境的双重不良影响下，必将导致更严重的衰退。

④血缘更新。在有意识进行几代近交后，为防止不良影响的过多积累，此时即可考虑从外地引进一些同品种、同类型，但无亲缘关系的种公兔或冷冻精液，来进行血缘更新。进行血缘更新时，一定要注意同质性，即应引入有类似特征特性的种兔。因为如引入不同质的种兔来进行异质选配，将会使近交的作用受到抵消，造成前功尽弃。对商品兔场或繁殖兔群来讲，血缘更新尤为重要，“3 年一换种”，“异地选公，本地选母”，都是强调了这个意思。

⑤保持一定数量的基础群。为了避免被迫采用近亲交配，在种兔场内必须保持一定数量的基础群，特别是种公兔的数量。在稍具规模的种兔场内，优秀的种公兔至少在 10只以上，而且这些种公兔应保持有较远的亲缘关系。

综合上面论述，从本质上说，同质选配只是从生产性能和体质外形上去要求同质。而亲缘选配所要求的同质，则是从遗传结构上的同质。因此，从性状的遗传稳定性和纯化基因的角度来看，亲缘选配的效果要比同质选配来得快。獭兔育种，特别是品系繁育中，在建系时广泛采用亲缘选配。但是，亲缘交配在一般性的养兔生产中应该避免使用。

3. **等级选配**　等级选配是将来源、生产力、体质外形以及其他指标大体相同的，即相同等级的母兔编为一群，然后选择适当等级的公兔与它们相配。这种方法曾广泛在养兔业中使用。例如，二级加利福尼亚母獭兔群，应选择一级公兔与它们相配。等级选配，从表面上看，不如个体选配效果好，但它简便易行，只要公兔挑选得当，也能取得良好的效果。

四、繁育方式

（一）繁育体系

繁育体系是指配套的繁育组织和制度。良种繁育体系是现代家兔育种思想的体现和保证，它不仅技术性很强，而且还需要进行周密的组织工作。要建立一套健全的良种繁育体系，应在各级政府主管部门、各种技术及行政部门以及担负不同任务的生产部门合作下组成。根据育种工作的任务和性质，良种繁育体系应包括 3 种类型的兔场。

1. 育种场（原种场）　其任务在于从根本上改良现有品种以及培育新品种，并繁殖和培育出大量优良种兔，供应其他各兔场使用。它是育种工作的核心，应以最优秀的纯种个体组成，场内全部种兔都应定期进行全面鉴定，一般采用品系繁育，特别要着重培育新的更高产的品系，开展杂交组合试验等。

育种场要求设备齐全，条件优厚，要求有坚强的领导、良好的经营管理和可靠的饲料来源，特别要求技术力量配备齐全，并有一套完整的技术措施和组织措施，才能保证进行细致深入的选育工作，建立系统完整的系谱、档案，使育种场真正起到整个繁育体系的核心作用。像四川省，以省草原研究所为核心，设立獭兔科技开发中心，现已建成拥有笼位 7 200 个，年生产合格种獭兔 15 000 只的省级獭兔原种场，发挥了积极的核心作用。

育种场还应积极开展科学实验，在饲养管理选育等工作上要起典型模范作用，并且要培育新生力量，做到既出成果，又出人才。

2. **繁殖场**　其任务在于繁殖大量种兔，特别是母兔，扩大推广，以满足商品场等单位对种兔的需要。有条件时，繁殖场应分两级：一级繁殖场或称种兔繁殖场，进行纯繁，以提供纯种种兔为主要任务，母兔大多数是从育种场获得，而公兔则全部从育种场选调；二级繁殖场多采用同品种的品系间杂交，向商品场提供系间杂种，称为系间杂交繁殖场，是以提供系间杂种母兔为主要任务，一般繁殖 2 个以上的品系，进行杂交繁育。

如果本地区采用三元杂交时，则二级繁殖场所养纯种母兔可以用另一个品种的公兔杂交，以产生一代杂种，供应商品场作为三元杂交的母本，再同商品场养的父本公兔进行杂交，由此产生的三元杂交的杂种兔作为商品利用，这种杂交体系称为三元配套系，已广泛应用于生产中。系间杂交繁殖场的种兔来源应该从育种场调入。

3. **商品场**　其任务在于最经济地生产最大量的优质兔产品。因此，商品场一般都采用杂交以充分利用杂种优势提高生产性能，场内没有必要同时保持几个品种的纯种，可以直接购进杂种兔或从繁殖场获得母兔，从育种场获得公兔进行杂交，自繁自养商品兔，这是规模最大的一级生产组织。

一般来说，繁育体系像一个正放着的三角形（图 3-3），顶端部分表示育种场的核心群獭兔，中间部门是繁殖场的繁殖群獭兔，基层绝大多数是生产场和专业户饲养

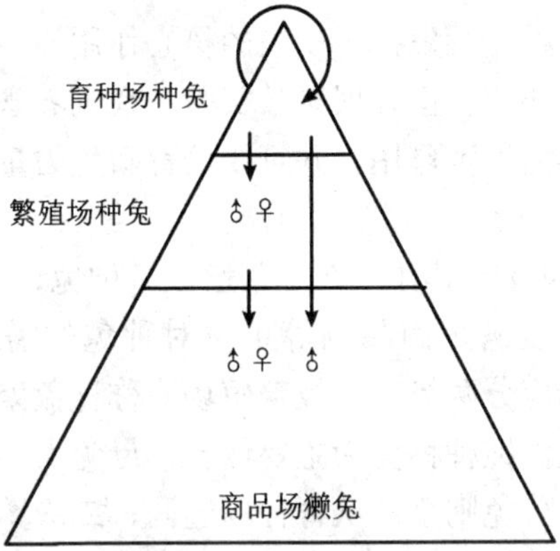

图 3-3　獭兔繁育体系示意图

箭头，表示种兔输送途径

的商品獭兔。

在育种场中，用现代育种技术对种獭兔不断进行选育提高，但由于种獭兔数量少，不宜直接推广，除了作为育种场种獭兔的更新外，主要是进入繁殖场进行繁殖扩群，再由繁殖提供种獭兔或配套的杂交组合，为生产场提供商品獭兔。

（二）繁育方法

1. 纯种繁育　是指同一品种或品系内的公母兔进行配种与选育，目的在于保留和提高与亲本相似的优良性状，淘汰、减少不良性状的基因频率。

纯种繁育在以下情况运用：①优良品种的繁育，包括引进优良品种的驯化和繁育，以其保持与发展其优良性能和特点；②地方良种的选育和提高，因为它通常既有较好的生产性能，又能适应本地区的环境，抗病力也较强，因此都应有一定规模的保种场，进行以纯种繁育为主的本品种选育；③新品种产生以后，为稳定其性状的遗传，必然要采取相当长时间的纯繁。

在引入品种的选育中，应采取以下措施：

第一，集中饲养。对从国外或国内其他地区引进的种兔，应集中饲养，精细管理，以期更快适应当地气候、水土、饲料等各种条件，开展选育工作。同时要严格执行选种选配制度，控制近交系数的过快增长（一般在良种群中需经常保持 50 只以上母兔和 3 只以上公兔，才能做到）。

第二，慎重过渡。对引入品种的饲养管理，包括饲料类型、饲料组合、饲喂次序、饲喂和管理制度等，应采取慎重过渡的办法，使之逐步适应新环境。同时还应逐渐加强适应性锻炼，提高其耐粗饲、耐热、耐寒性和抗病能力。

第三，逐步推广。引入品种经过一段时间的风土驯化之后，优良性状得到保持，高的生产性能得到恢复，体质得到加强，适应性和抗病力大大提高，就可逐渐推广到商品兔场或专业养兔户饲养。育种兔场、繁殖兔场应做好推广良种的技术指导工作。

2. **品系繁殖** 品系，是以某个优秀种公兔为共同祖先，通过不同程度亲交培育而成的一个具有共同特征特性、完整性、遗传性稳定和高产的理想类群。

(1) 品系繁育方法。

①系祖建系。首先要从品种中准确地选出或者培育出系祖。只有突出的优秀个体，既不仅有独特的遗传性稳定的性状，而且其他性状也达到一定水平的个体，才能作为系祖。如果系祖没有独特优点，或者独特优点不甚突出，那么将来即使建成品系，也没有什么意义；如果只有突出

的个别优点，而其他性状表现较差，这样建立的品系当然也没有价值。具体做法如下：

选出系祖后，然后选择没有亲缘关系、具有共同特点的优良母兔10～15只与之交配（同质交配，避免过度亲交），在后代中继续通过选种选配，使之得到具有系祖优点的大量后代，以扩大高产基因频率，巩固优良性状，并使之变为群体特点的过程。

②近交建系。近交建系的特点是利用亲缘关系极亲密的个体，如亲子、全同胞或半同胞交配，使加性效应基因累积和非加性效应基因纯合。然后在此基础上，通过选种选配，培育成近交系。近交建系的优点是时间短、效果显著，但缺点是可能使有害基因纯合，引起生活力下降。

建立近交系，基础母兔数越多越好，因近交中需大量淘汰，如果基础群数量不足，就可能半途而废。通常认为其近交系数在37.5%以上的，才称为近交系，否则就不是近交系。

③表型建系。就是根据生产性能、体型外貌、血统来源等，选出基础群（公兔5只，母兔30只），然后进行闭锁繁育，经4～6代严格选育，近交系数达到10%～15%，就可培育出1个新品系。这种方法简单易行，容易推广，如果是养兔专业户，一家就可承担建系育种任务，而且环境条件一致，选育效果更好。

④正反交反复选择。国外家兔品系繁育常采用此法。根据两个品系或品种正反交杂种后代的生产性能、繁殖性能和生活力等进行选育。例如要选择兔的多胎性，先将品系A的公兔与品系B的母兔交配，根据后代AB的产仔数选择A系最好的公兔与本品系的母兔繁殖，如此往复循环，就能得到一个特性已经加强而且与B系的配合力已

经过考验的A系。同样，把B系的公兔用A系的母兔进行检验，使B系也得到进一步的改进。

通过正反交反复选择不但能获得杂种优势，而且还能提高纯种的生产性能。它不需要建立昂贵的近交系，比较经济实用，优越于近交系杂交。其简要的示意图见图3-4和图3-5。

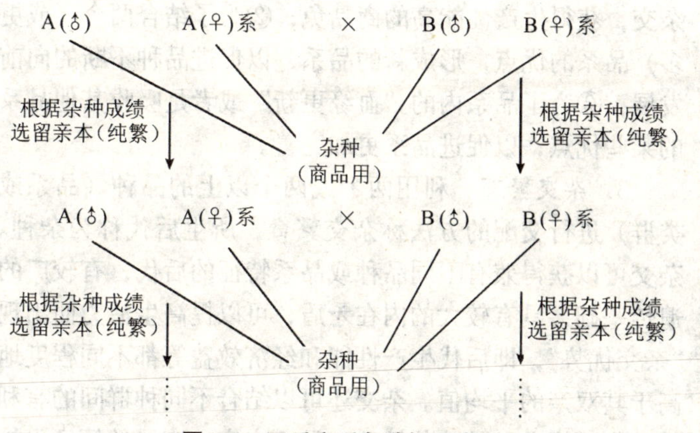

图3-4　正反交反复选择示意图

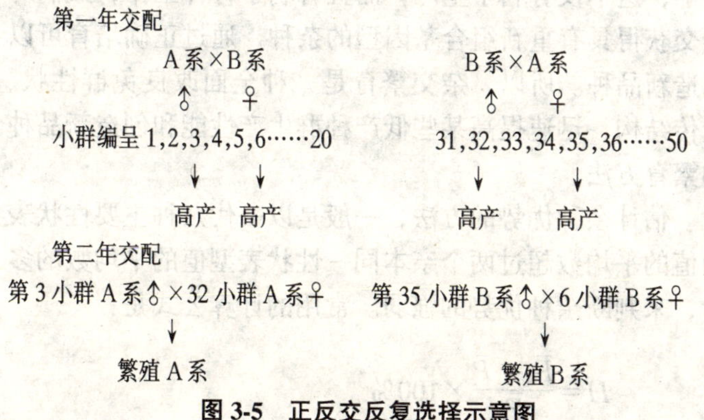

图3-5　正反交反复选择示意图

具体做法：首先育成若干优秀品系，然后进行品系间配合力测定，选出2个配合力好的品系，第1年用选出的2个品系相互进行正反交；第2年通过后代鉴定选杂交效果较好的公母个体进行本品系纯繁；第3年再进行品系间的正反交，而后逐代均按同样程序反复进行工作。

(2) 品系结合。当一个个品系建成以后，就应该进行品系间的“杂交”组合试验，其目的有3个：①用于经济杂交，获得生产性能高的商品兔；②为了结合两个（或更多）品系的优点，形成新的品系，以促进品种不断的向前发展；③为了品系内的“血缘更新”或者是吸收其他品系的某些优点，以促进品系更加完善。

3. 杂交繁育　利用两个或两个以上的品种（品系或类群）进行交配的方法称杂交繁育，所生后代称为杂种。杂交可以获得兼有不同品种或品系特征的后代，有较广的遗传基础，具有较大的内在矛盾，可以提高生活力而出现“杂交优势”，即后代生产性能和经济效益等都不同程度地高于其双亲的平均值。杂交还可以结合不同种群间的有利性状，因为杂种的遗传性比纯种更丰富，变异的幅度也扩大了，这不仅有利于生产，而且有利于育种工作，人们对杂交获得具有重新组合基因型的杂种，通过正确培育可以创造新品种。所以，杂交繁育是一种全面改良兔群性状、遗传结构，迅速提高某些低产种群生产性能和创造新品种的繁育方法。

估计杂种优势的方法，一般是以一代杂种主要性状表型值的平均数超过两个亲本同一性状表型值的平均数的多少，来判断杂种优势的强弱。常用的计算公式是：

$$H=\frac{\overline{F}_1-\overline{P}}{\overline{P}}\times 100\%$$

式中：H——杂种优势率；

$\bar{F}_1$——杂种一代的性状平均值；

$\bar{P}$——亲本的性状平均值。

度量杂种优势率时应该注意，杂种和双亲品种必须是在相同的饲养条件下的同性别、同龄的个体间才能比较；亲本平均值应按杂交的方式，根据各亲本品种的贡献计算。

（1）杂交亲本的选优与提纯。它是杂种优势利用最基本的环节。亲本好坏和纯度如何，直接影响杂种优势利用的效果。因为杂种必须从亲本获得优良的、高产的基因，杂种的基因组合能产生较大非加性效应，才能取得优异的生产性能。

“选优”就是通过选择使亲本群体的高产基因的频率尽可能增加。“提纯”就是通过选择和近交使得亲本群体在主要性状上纯合基因型频率尽可能扩大，个体间的差异尽可能缩小。亲本群体越纯，杂交双方基因频率之差也越大，使杂种一代群体杂合体频率也越大，杂种优势就越明显。选优与提纯同步进行，能有效地提高杂种优势的效果。

杂交亲本的选优提纯，主要是实行品系繁育、近交、正反交反复选择等方法。

（2）选择最佳杂交组合。有了优良的杂交亲本群体，还要通过杂交试验，即配合力测定，选出品种和品系间的最佳杂交组合，以便确定本地区杂种优势利用的主要配套品种或品系。因为不是任何两个种群杂交都能获得优势的。

为了获得最佳杂交组合，应考虑选择那些在分布地区上距离较远、来源差别较大、类型特点不同的品种或类群做杂交亲本。杂交母本以选择繁殖性能良好的本地品种为主，父本应选择生长速度快、饲料利用率高、胴体品质好的品种。

杂交试验方法可采用两品种的杂交试验，也可采用三元杂交试验。

生产实践表明，在人们还没有找到可以精确预测杂种优势捷径以前，通过杂交组合试验进行配合力测定，是选择最佳杂交组合的理想方法。

配合力测定，主要通过杂交组合试验来实现的，而配合力优劣则是以杂种优势率来表示的。杂种优势率越高，说明配合力越好，其计算公式已如前述。

(3) 杂交繁育方法。

①经济杂交。又称简单杂交。采用两个或两个以上品种（品系）的公母兔交配，目的是利用杂种优势，使后代的生产性能和繁殖能力等都可以不同程度地高于双亲的平均值，以提高生产兔群的经济效益（图 3-6 和图 3-7）。

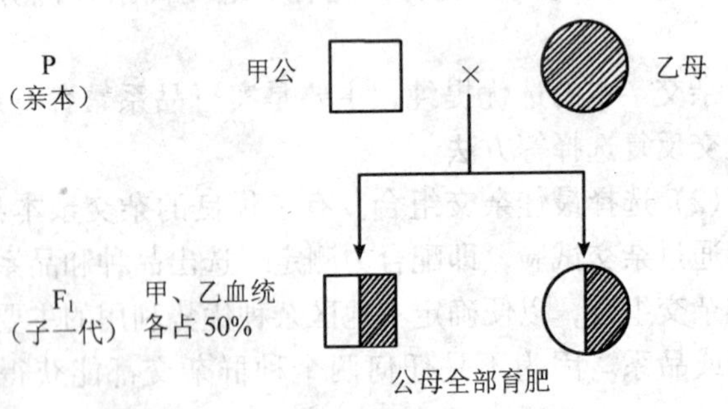

图 3-6　两品种经济杂交图解

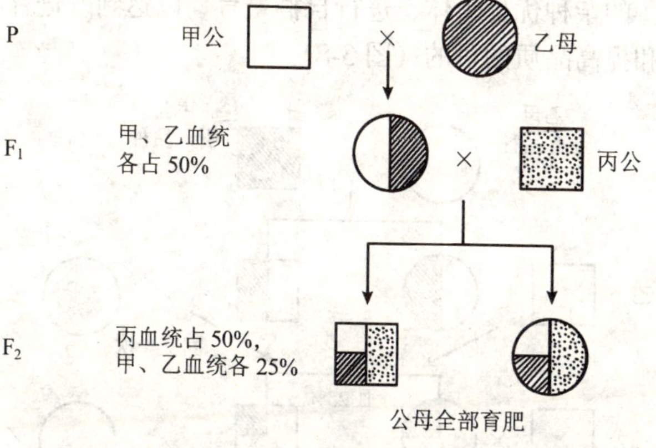

图 3-7　三品种经济杂交图解

在经济杂交中，如果用两个品种杂交也叫二元杂交或简单的经济杂交；如果是用三个品种间进行杂交，也叫三元杂交或复杂的经济杂交。据国外报道，两品种杂交总效果为 6.4%，回交为 7.5%，三交为 11.7%。

在獭兔生产中，采用经济杂交这种方式时，应认真考虑杂交亲本的选择。杂交亲本必须是纯合个体。另外，要根据毛色遗传规律，掌握毛色的显性基因对隐性基因的作用关系，切忌无目的和不按毛色遗传规律进行杂交。

②导入杂交。又叫引入杂交。当一个品种基本符合国民经济的需要，但还存在一些缺点需要改良（往往是主要经济性状），而采用本品种选育短期内又不易见效时，为了迅速改良这些缺点所采用的一种有限杂交方法。

导入杂交的特点是，根据品种存在的缺点，选择具有同一育种方向、能够克服缺点的另一品种公兔杂交一次，然后再从第一代杂种里选出最好的公母兔与被改良品种的母兔或公兔回交，产生含有 1/4 改良品种血统或“遗传组

成”的杂种优良个体，进行自群繁育，以达到改进存在缺点和提高品质的目的（图 3-8）。

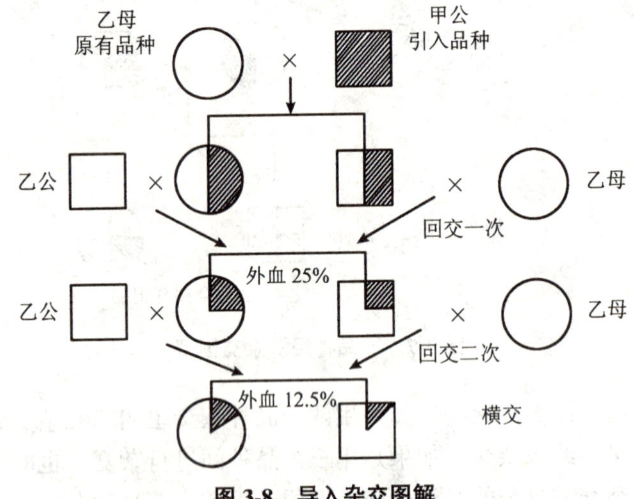

图 3-8　导入杂交图解

如果担心含有 1/4 导入品种血统或“遗传组成”的杂种，对被改良品种影响过大时，还可再用被改良品种回交一次，选出含有 1/8 改良品种血统或“遗传组成”的杂种优良个体进行自群繁育，横交固定，使原品种更趋完善。

应用导入杂交应注意的问题是：

第一，导入品种要适当。对导入品种要有针对性，要求在体质类型和生产方向方面与原品种基本相似，同时还具有针对原品种缺点的显著优点。这样育成的品种才能保持原有类型和结构，又使生产性能得到提高，缺点得到纠正。导入品种的公兔只有遗传性强，才能通过一次杂交，达到育种目标的要求。

第二，应先进行小规模杂交试验。采用导入杂交是否能得到预期的育种效果，应先进行小规模杂交试验。如果取得明显效果，就可以全面开展导入杂交育种工作；否则，应重新引进其他品种，再进行杂交试验工作。

第三，加强对杂种的选择与培育。导入杂交育种成功的关键在于对杂种后代的细致选择和合理培育。否则，导入品种的优点会随着回交代数的增加而逐渐消失，后代又会恢复原状，起不到改良提高的目的。

③级进杂交。又称改造杂交。当某一品种的生产性能不能满足国民经济的要求，或者生产类型需要根本改变时，可以采用级进杂交的方法育成适应当地条件的新品种。

级进杂交的具体做法是：利用改良品种的公兔与被改良品种的母兔杂交，所生后代的杂种母兔连续与改良品种公兔交配，直到杂种接近改良品种的水平时，即获得理想畜群后，进行自群繁育，固定优良性状，培育出新的品种(图 3-9)。

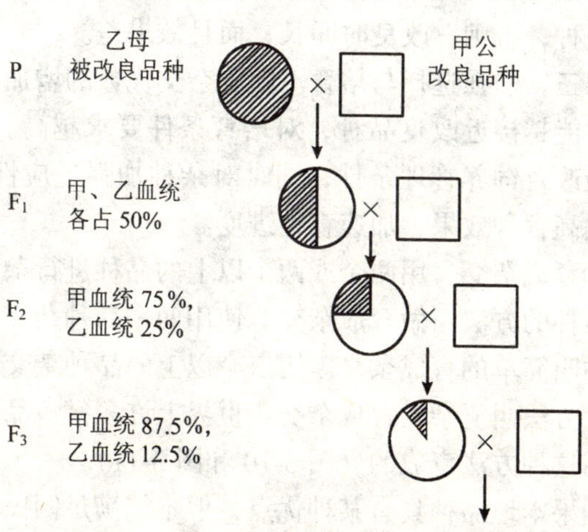

图 3-9　级进杂交图解

实践证明，级进杂交是改造生产力低、成熟晚的品种最有效的育种方法之一。

使用级进杂交应注意以下问题：

第一，杂交代数要适当。采用级进杂交的目的是要育成一个既有改良品种的优点，又保留被改良品种的适应性、耐粗饲性和抗病能力等特点的新品种。因此，当杂种主要性状达到育种要求后，就应自群繁育，一般级进杂交到 3 或 4 代即可。此时可选择优秀公母兔进行横交，以固定其高产优良性状的遗传特性。如果级进代数过少，过早横交自繁，则效果不好；但级进代数过高，适应性能往往降低，杂种体质下降，反而会降低生产性能。所以，必须及时分析杂交效果，不失时机地将理想类型进行横交自繁。

第二，选择适合的品种。级进杂交的结果与选用的改良品种的遗传特性直接相关。必须选择符合育种要求，具有高产性能，适应当地自然经济条件，而且遗传性稳定的优良品种；否则，改良时间长，而且效果差。

第三，加强选择与培育。随着杂交代数的增加，杂种生产性能越接近改良品种，对培育条件要求越高。因此，要积极改善饲养管理条件，同时对杂种加强适应性选择，才能提高育种效果，加速育种进度。

④育成杂交。用两个或两个以上的品种进行杂交以育成新品种的方法叫做育成杂交。使用两个品种杂交来培育新品种叫简单的育成杂交。用三个以上的品种杂交培育新品种的方法叫复杂的育成杂交。世界上许多獭兔品系几乎都是用这种方法育成的（图 3-10 和图 3-11）。

如果本地品种具有某种优点，但不能满足国民经济的需要，而且又无别的品种可以代替；或者需要把几个品种的优点结合起来育成新品种，便可采用育成杂交的方法。育成杂交没有固定的杂交模式，它可以根据育种目标的要求，采用级进杂交，或者多品种交叉杂交，或者正反杂交相互结合等方法，以达到育成新品种的目的。

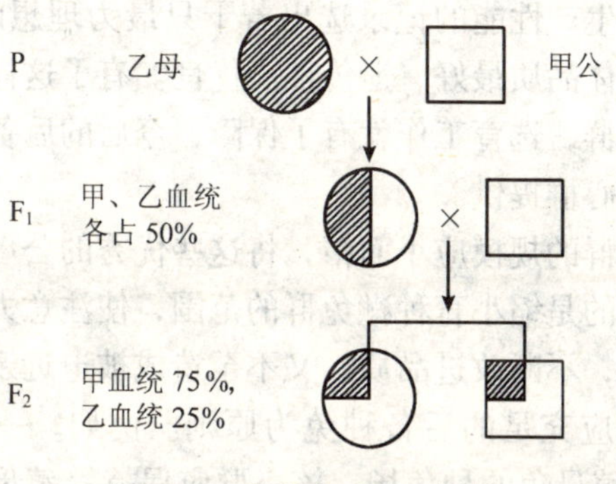

图 3-10　简单育成杂交图解

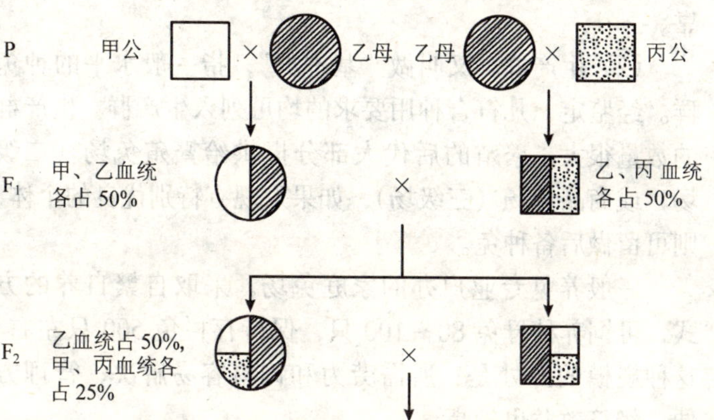

图 3-11　复杂育成杂交图解

（三）兔群整顿和合理的兔群结构

1. 兔群整顿　兔群是发展獭兔生产的重要基础。一

个新建兔场，要有计划、有目的地开展选育工作，就应该制订种兔的鉴定标准，根据品质将兔群分为核心群、生产群和淘汰群。

（1）核心群。核心群是指在一个培育的獭兔群中通过血统表和生产性能的记录选出若干只最为理想的种獭兔，它们的个体品质最好、遗传性能优良。有了这样优秀的核心种獭兔群，选育工作就有了保障，今后的后备种兔大多数均由核心群提供。

核心群的规模应小而精，将这些优秀的公母獭兔相互交配，目的是缩小育种獭兔群的范围，使注意力集中在少数种獭兔，不断改进品质，又不至造成被迫近亲交配，并能保证供应充足的后备种兔为原则。例如，一个规模为500只繁殖母兔的种兔场，核心群应保持繁殖母兔50只，种公兔8～10只。这里最最重要的是种公獭兔必须确实可靠。

（2）生产群。又叫做“基本群”，指一般水平的种兔群。经鉴定，凡符合种用要求的均可列入生产群。生产群的数量很大，繁殖的后代大部分提供给繁殖兔场（二级场）或商品兔场（三级场），如果发现有特别优良的个体，则可留做后备种兔。

一般养兔专业户办的家庭兔场，采取自繁自养的方式，可饲养种母兔80～100只，保持存栏兔500只左右。这种规模的好处是：所需劳力和饲料容易解决，管理方便，经济效益也较高。

（3）淘汰群。指育种价值最低的獭兔群。经鉴定品质极差、没有繁殖价值的兔，一律转入淘汰群或做商品兔生产。

2．合理的兔群结构　兔群结构对兔的生长发育、繁殖和产品质量的影响极大，同时也影响兔场和饲养者的经济效益和家庭收入。

组织合理的兔群结构，要以科学技术为前提，以经济效益为中心，要充分体现技术和经济的统一。因此，经营者不应单纯追求饲养的数量，而应是保证兔群质量的最佳兔群结构，符合专业兔场的饲养标准要求，并获得专业化生产和商品率较高、较好的经济收入。根据獭兔断奶后的生长发育、繁殖和各生理阶段兔的生长发育特点，兔群结构应有一定数量和比例的种母兔、种公兔和后备公母兔组成。繁殖公母兔的比例，生产群以1∶（8～10）为宜；种兔繁殖群以1∶（6～8）为宜。集约化兔场，采用人工授精为主者，则以1∶（16～20）为宜。种母兔年产4或5胎，最佳利用年限一般为2～3年。青年兔（第一次配种到12月龄）生产性能较低，1～2岁生产性能最佳，3岁以上显著降低，必须坚持兔群经常性的淘汰更新制度，使兔群结构始终保持最佳生产水平。

兔群结构应是：7～12月龄占20%～30%，1～2岁占50%～60%，2～3岁占20%～30%。组织的兔群必须保持高产，通过不断选育和改善饲养管理等逐步提高。

生产实践中，普遍存在没有严格选择的种用公兔过多，严重影响兔群的品质，值得重视。随着专业化生产的发展，兔的数量必须达到相对稳定。要重视年龄结构对产品和经济效益的影响。

五、育种措施

獭兔育种工作，包括的范围广，涉及的部门多，所需的时间长。因此，要全面而有效地做好育种工作，除应掌

握和运用先进的畜牧科学理论和技术外，还需要一整套相应的育种组织措施，如方针政策、组织机械、育种规划、具体安排和保证条件等。

（一）育种方向

育种工作是畜牧生产中一项重要的基本建设，是一项比较长期的工作。因此，必须有一个正确的育种方向。我国家兔分布比较广泛，今后发展要以裘皮和皮肉兼用兔为主。

獭兔育种，必须有明确的方向。确定獭兔育种方向应该遵循的基本原则是："獭兔是典型的皮用兔种"这个前提。育种工作中必须考虑獭兔的毛皮品质要求，包括獭兔体型大小、被毛长度、密度、毛颜色和质地类型等。

体重要求：獭兔体型大小直接影响到獭兔皮张的经济效益，皮张越大，经济价值越高，一般獭兔在 2.5 kg 即可屠宰，如达到 4.5 kg 最佳。

被毛密度：通常用嘴吹开被毛后可见皮肤越少越好。

长度和均匀性：指被毛长度在 1.6～1.8 cm，密度、长度、细度均匀，被毛表面平直，整齐一致。

被毛颜色和质地类型：被毛颜色必须符合毛色色型的标准颜色特征。被毛质地细软而不失抗力，富有弹性，压倒后很快复原，色泽光亮协调一致。

此外，还要求獭兔耐粗饲，生长快，产仔多。

（二）育种组织

1982 年，我国成立了全国家兔育种委员会，首次创办了我国养兔专业刊物《中国养兔杂志》，对我国养兔业的发展起着指导作用。在养兔发达的地区为了适应养兔生产迅速发展的需要，也纷纷成立了家兔育种委员会、养兔协会、养兔研究会等一些家兔育种协作组织，一般由农业院校、科学研究机关、技术行政部门和育种兔场等单位组成，主要任务是研究育种工作中的技术问题，提出改进意见，总结交流各地育种经验，定期派人检查育种工作，鉴定新品种（品系）等。

（三）育种计划

育种计划是保证和指导育种工作正常、顺利进行的一种计划。选育和改良现有品种（品系）和不断培育新品种（品系）都要求有育种计划。内容包括：基本情况（现有兔群数量和质量、饲养管理条件等），育种目标（预期要达到的各项指标——毛色、体型、体重、繁殖性能、适应性能等）、育种措施（育种方法、选种方法、选配方法、培育制度、防疫措施、鉴定办法等）。

（四）育种记载

在獭兔的育种和生产过程中，必须做好编号、称重、体尺测量等记载工作。

1. 编号　凡留做种用的獭兔，在断奶时都应编号。獭兔编号最适宜的部位是在耳内侧部。一般公兔编单数号，母兔编双数号。总之，獭兔的编号应根据兔场的性质、育种要求统一设计，不要轻易变更。常用的编号方法有3种：

（1）钳刺。用一特制的耳号钳，配有10枚可以拆换的刺号（0~9），根据需要排成所要编的号码（图3-12）。打号前，先以碘酊消毒，号码要求穿透皮肉，每打好一只

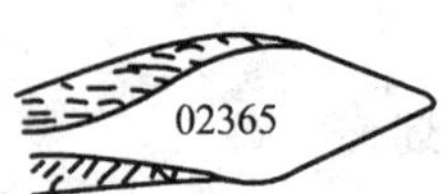

图 3-12　耳号钳和耳上编号

耳号，立即用醋墨或墨汁涂擦，经数日后变成永不褪色的蓝黑色号码。

(2) 针刺。在兔耳血管少的地方用蘸水笔尖蘸上醋墨(用醋研的墨汁) 刺字。(也可用 2∶8 的醋和墨汁混匀浓缩后使用)。

(3) 耳标。用铝质耳标压在兔耳上。

2. 称重

初生窝重：产后 12 h 称测产活仔兔的全窝重量。

称测 3 周龄窝重或个体重。

称测 4 周龄或 6 周龄断奶窝重和断奶个体重。

幼兔（断奶至 3 月龄）、青年兔（断奶至初配）均在各自期末称重 1 次。

满 1 年后每年称重 1 次。

所有称重均应在早晨空腹时进行，均以 g 为单位。

3. 体尺测量　种兔体尺通常只测定体长和胸围，必要时再测耳长和耳宽。单位以厘米计，测量时间是青年兔在育成期末进行（图 3-13）。

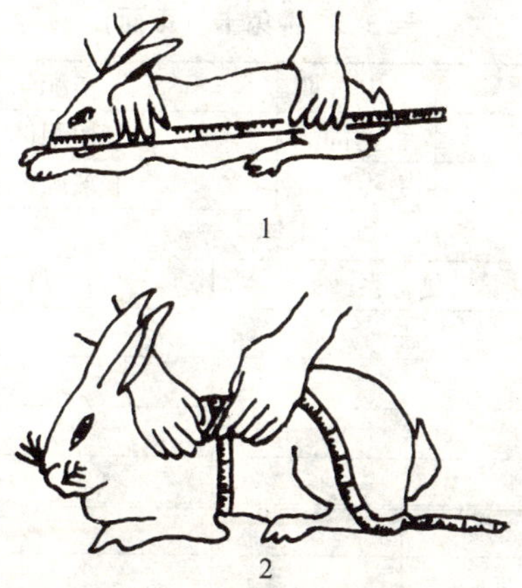

图 3-13　獭兔的体尺测量

1. 体长　2. 胸围

（1）体长。从鼻端到坐骨端之间的直线距离，用直尺测量。

（2）胸围。指肩胛后缘绕胸廓一周的长度，用卷尺测量。

（3）耳长。指耳根到耳尖的距离。

（4）耳宽。测量耳的最大宽度。

（五）种兔档案

建立种兔档案制度，是搞好育种、繁殖和饲养管理工作不可缺少的科学依据。种兔的档案资料，主要由日常的记载来提供。常用的有种兔卡片、种兔配种繁殖记录、种兔生长发育记录等。

1. 种兔卡片　凡成年公母兔，均应有记载详细的种兔卡片。主要记录兔号、系谱、生长发育和生产性能等资料（表 3-2）。

表 3-2　种兔卡（正面）

品　种		出生日期		初配年龄	
耳　号		毛色特征		初配体重	
性　别		奶头数		来源	

一、系　谱

项　目	父　系				母　系			
耳　号								
品　种								
体　重								
等　级								
耳　号								
品　种								
体　重								
等　级								
耳　号								
品　种								
体　重								
等　级								

种兔卡(背面)

二、生长发育及鉴定记录

年度	月龄	体重(kg)	体长(cm)	胸围(cm)	鉴定等级

三、产仔哺乳记录

年度	胎次	与配公兔		产仔日期	产仔				断奶		留种仔兔	
		耳号	毛色		总数	死胎	活仔		尺数	窝重	公兔	母兔
							只数	窝重				

2．种兔配种繁殖记录　母兔主要记载配种胎次、配种日期、分娩日期、产仔数、初生重、断奶重等；公兔主要记载初配年龄、体重、配种日期、配种效果等（表 3-3

和表 3-4）。

表 3-3　母兔配种繁殖记录

耳号	胎次	配种日期	与配公兔		分娩				断奶			留种	
			耳号	毛色	日期	产仔数	活仔数	窝重(g)	日期	只数	体重(kg)	耳号	体重(kg)

表 3-4　公兔配种繁殖记录

年度	与配母兔		怀孕母兔		产仔		断奶		备注
	毛色	耳号	毛色	耳号	总数	窝重(kg)	总数	体重(kg)	

3. 种兔生长发育记录　主要记载种兔的初生重、断奶重及 3 月龄体重、6 月龄体重、体尺和胸围及成年体重、体长、胸围等（表 3-5）。

表 3-5　种兔生长发育记录

毛色	耳号	性别	出生		断奶重(kg)	3月龄重(kg)	6月龄			成年		
			日期	体重(kg)			体重(kg)	体长(cm)	胸围(cm)	体重(kg)	体长(cm)	胸围(cm)

第四章　獭兔的繁殖技术

一、生殖器官

（一）公兔的生殖器官

公兔的生殖器官包括睾丸、附睾、输精管、副性腺、阴茎和阴囊（图 4-1）。

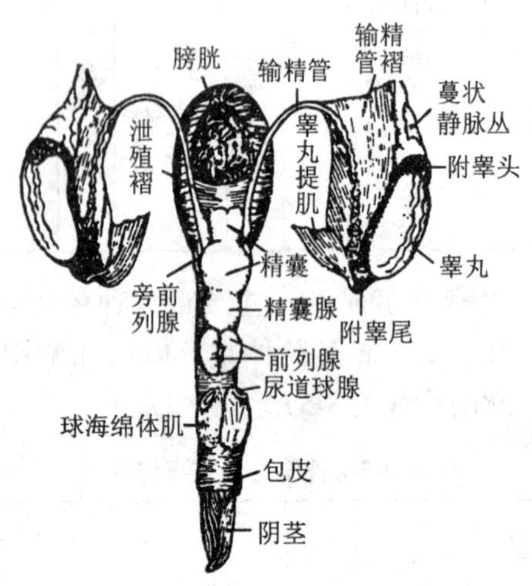

图 4-1　公兔生殖器官（背侧面）

（二）母兔的生殖器官

母兔的生殖器官包括卵巢、输卵管、子宫、阴道——内生殖器；尿生殖前庭、阴唇、阴蒂为外生殖器(图4-2)。

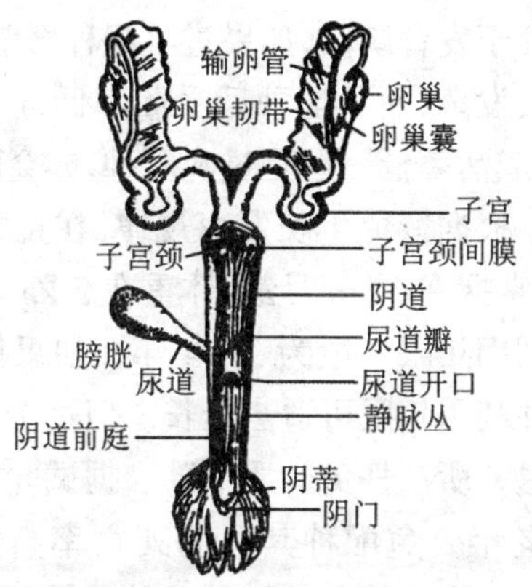

图 4-2 母兔生殖器官（背侧面）

二、繁殖生理

（一）性成熟

仔兔出生后，生长发育到一定年龄，公兔睾丸能产生具有受精能力的精子，母兔卵巢能产生成熟的卵子，并能正常产生性激素，如果让公母兔交配，能够受精妊娠和完成胚胎发育过程，则表明獭兔已达到性成熟。

一般獭兔的性成熟时间为 3.5～4 月龄。獭兔性成熟年龄随品种、性别、饲养管理水平、季节以及遗传等因素的不同而有差别。一般白色獭兔的性成熟时间略早于有色獭兔，母兔早于公兔，饲养条件优越、营养状况好的早于营养状况差的，早春出生的仔兔早于晚秋或冬季出生的仔兔。

（二）初配年龄

刚达到性成熟的公母兔，虽然能够配种繁殖，但此时身

体的器官仍处于发育阶段,如果过早配种繁殖,不仅会影响其本身的生长发育,而且配种后受胎率低,产仔数少,仔兔初生体重小,成活率低。但是过晚配种,亦会降低公母兔的终生繁殖力。根据獭兔生长发育规律,在正常饲养管理条件下,初配应掌握在5~6月龄,体重在3 kg左右。

獭兔的利用年限一般为3~4年，如果体质健壮，使用合理，配种利用年限可适当延长。但过于衰老的种兔性活动机能衰退，所产仔兔品质下降。据试验，老年亲本所产的母兔与老年公兔配种其胚胎死亡率高达38%左右，老年公兔与中、青年母兔的配种受胎率低于2岁公兔的配种受胎率。

(三) 性细胞与性行为

1. 精子　公兔的生殖细胞。精子产生于睾丸，成熟于附睾丸。精子很小，肉眼看不见，要用显微镜看。獭兔的精子形状像蝌蚪，分头、颈、尾（包括中段、主段和尾段）3部份，尾部特别长（为头长的5~8倍）。

精子全长平均为56.4 μm，比牛、羊的精子要短（表4-1），其中头长8.4 μm，尾长48 μm。

表4-1　各种家畜精子长度比较表　　μm

畜种	全长	其中			
		头	中段	主段	末段
牛	73.1	9.5	14.1	47.5	2~3
水牛	65.1	7.4	12.1	43.6	
马	52.0	5~7	8~9.8	30~43	
绵羊	64.2~69.2	8.2	14.0	40~45	
猪	50.5	8.5	10.0	30	
家兔	56.4	8.4	8.0	38	

精子在精液中主要靠尾部的摆动来运动（图 4-3）。

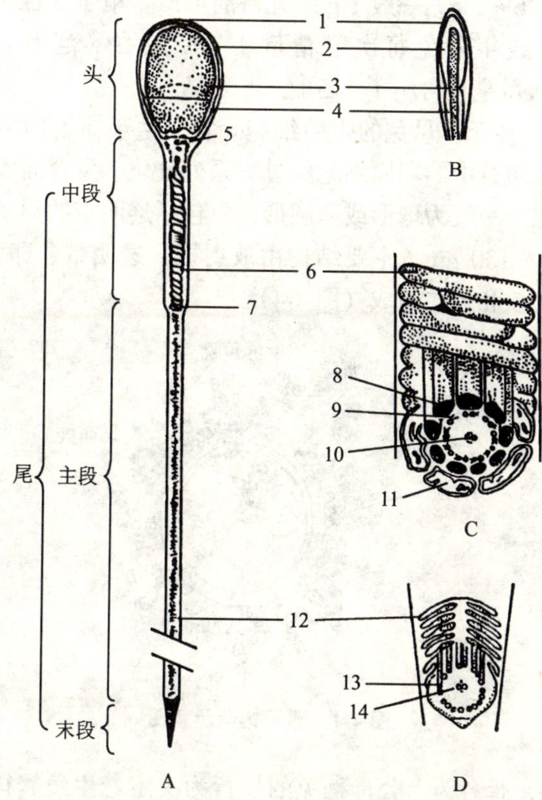

图 4-3　一个典型的有蹄类精子结构图

A. 整个精子的概观　B. 精子头部的纵断侧面观

C. 中段外周的线粒体鞘和横断面所示的纤丝

D. 主段切面，所示的纤丝和尾鞘

1. 细胞质膜　2. 顶体　3. 核　4. 核后帽　5. 近端中心小体　6. 线粒体鞘　7. 远端中心小体或环　8. 9 条粗的外圈纤丝　9. 9 对内圈纤丝　10. 2 条中心纤丝　11. 线粒体　12. 尾鞘　13. 9 对内圈纤丝　14. 2 条中心纤丝

睾丸生成精子的能力与睾丸重量呈正相关。獭兔2个睾丸重6～7 g，一般1 g睾丸每周可产生精子5 000万个左右。成年公兔每次射精量1 mL左右（范围0.5～2 mL），每毫升含精子1.5亿～5.6亿。

2. 卵子　母兔的生殖细胞。它产生于卵巢的生殖上皮，是卵巢中的卵原细胞经过一系列分化、发育而成的特殊细胞，一般为球形或卵圆形，不包括透明带的卵子直径为120～130 μm。主要结构由放射冠、透明带、卵黄膜、卵黄、核和核仁组成（图4-4）。

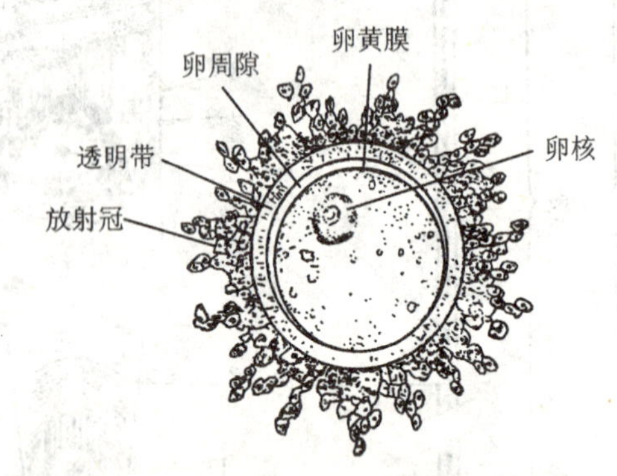

图4-4　卵子构造示意图

3. 性行为　公母獭兔的性行为决定着生殖繁衍的成败，它本身是一个复杂的生理生化反应。比如，在人工辅助交配时，将母兔放入公兔笼内后，即可见到公兔嗅闻母兔的尿液和外阴部，做出嬉弄姿态和发出特异呼声等求偶行为。然后公兔即追逐母兔，并试伏母兔背上，或以前足揉弄母兔腰部乳房，同时做交配动作。如果母兔正在发情，则略逃数步，即卧下让公兔爬在背上，待公兔做交配动作时，即抬高臀部举尾迎合。当公兔将阴茎插入母兔阴道后，公兔臀部屈弓，迅速射精。此时，公兔常伴随射精动作，“咕咕”尖叫一声，后肢蜷缩，臀部滑落，倒向一侧，至此交配完毕。数秒钟之后，公兔爬起，再三顿足，表明已顺利射精，即可将母兔送回原笼。

（四）发情

母兔生长发育到一定年龄后，在垂体促性腺激素的作用下，卵巢上的卵泡发育并分泌雌激素，引起生殖器官和行为的一系列变化，并产生性欲，此即为母兔的发情。

1. 发情征状　完整的发情有3个方面的生理变化：

(1) 卵巢的变化。在发情前2～3天，卵泡发育迅速，卵泡内膜增生，卵泡液分泌增多，卵泡壁变薄并突出于卵巢表面。

(2) 生殖道的变化。外阴部充血肿胀，阴蒂充血和勃起；阴道上皮充血，来自子宫颈及前庭大腺分泌的黏液增多；子宫颈松弛，子宫充血，输卵管蠕动和纤毛颤动加强。阴道黏膜在发情初期呈粉红色，松软；黏膜潮红、湿润，则为发情盛期；黏膜紫红、皱缩，则为发情后期。生产实践中，群众掌握母兔配种适宜时间有“粉红早，黑紫迟，老红正当时”之说。不发情时阴道黏膜苍白。

(3) 行为的变化。发情时表现为兴奋不安，对周围外界刺激反应敏感，食欲下降，常以前肢乱刨地、蹬足，频频排尿。性欲强的母兔主动接近公兔，并爬跨公兔或其他母兔。当公兔追逐爬跨时，母兔后肢支起，表现出愿意接受交配的姿态。

母兔从发情开始到发情结束，一般持续3～4天，此即为发情持续期。

2. 发情周期　是指生殖机能正常的母兔，在未妊娠

的情况下，其生殖器官及整个机体，以特有的节律发生一系列周期性的变化和发情表现，这种周期性的性活动称为发情周期或性周期。发情周期的计算，一般是指由一个发情期开始至下一个发情期开始的间隔时间。母兔的发情周期为8～15天（少者6天，最长29天，一般为14天左右）。

3. 排卵　大多数哺乳动物排卵是周期性的，根据卵巢排卵的特点和黄体的功能，哺乳动物可分为两种类型：即自发性排卵（如绝大多数哺乳动物）和诱发性排卵（如兔、猫、貂、骆驼等），诱发性排卵又称刺激排卵。

獭兔属刺激性排卵动物，存在着发情不一定排卵，排卵不一定发情的现象，任何时期都可以配种繁殖。但据实际观察，在没有任何发情表现而采用强制交配时，其受胎率极低；一般在发情盛期，于外阴部可视黏膜潮红、湿润时配种，其受胎率最高。

（五）妊娠

妊娠是哺乳动物所特有的生理现象，是从卵子受精开始到发育成熟的胎儿出生为止。

1. 妊娠期　是从卵子受精开始到发育成熟的胎儿出生为止的一段时间。但准确的受精时间很难断定，通常均以最后一次交配或有效配种之日算起。母兔的妊娠期为27～33天，平均30天。

不同品种的母兔，其妊娠期有一定的差异。通常体型大、年老、胎儿数少、营养及健康状况好的妊娠期稍长。

2. 妊娠检查　配种后及早了解母兔是否受胎，这对于加强饲养管理以保证胎儿正常发育，维持母兔的健康，防止流产，减少空怀和提高母兔的繁殖力是很重要的。妊娠检查有以下 3 种方法：

（1）孕酮水平测定法。母兔怀孕后，由于妊娠黄体的存在，血液孕酮含量显著增加，其含量可用放射免疫法来测定。据黄夺先等（1982）对德系安哥拉长毛兔的试验，在配种后第 6 天，血浆孕酮标准浓度为 7×10^{-9} g/mL，大于此值即为妊娠，确诊率为 100%。由于这一方法需有一定的仪器设备和严格的操作技术，因此仅限于教学和试验研究时采用。

（2）血小板数下降率测定法。此法是以母兔配种前和配种后 48 h 的血小板数下降率超过 30% 为判断标准（黄夺先等，1986）。据试验，阳性确诊率为 86%（49/56），阴性确诊率为 85%（41/48），但不同品种间略有差异。这种方法对于收集早期胚胎、进行胚胎移植和早期胚胎发育的研究具有一定的意义。

（3）摸胎法。摸胎检查比较实用可靠。具体做法是：母兔配种后 10～12 天，胎儿约有花生米大小，位于腹部两侧，隔着腹壁即可摸到。摸胎者一手抓住兔的耳朵，将母兔固定在桌面（地面）上，另一手将拇指和其他四指分开作“八”字形，自前向后沿兔的腹壁后部两侧轻轻地抚摸。如果摸之柔软如棉，表明没有受孕；若摸到有花生米大小的肉球（直径 8～10 mm）若干个，并且软有弹性和滑动感，明明已受胎。

摸胎检查应注意以下事项：

①摸胎应在母兔空腹时进行；要熟悉兔腹腔各脏器的位置，尤其是子宫。

②摸胎动作要轻而缓慢，切勿用手捏胚胎或数胚胎数，以免引起流产。

③注意区别胚胎与粪球。兔的粪球多为扁圆形，没有弹性，表面较粗糙，在腹腔分布面较广，无一定位置；胚胎的位置比较固定，呈球形，多数均匀地排列在母兔腹部后侧两旁（两侧子宫内），轻轻指压时富有弹性且表现光滑。15天以后，可摸到似鸡蛋黄大小的胎儿，腹围也渐渐增加。

④复配法。一般在第一次配种后5～7天，将母兔送入公兔笼中，若母兔已经妊娠，就会发出警惕性的“咕咕”叫声，或卧地掩盖臀部，拒绝配种。

⑤称重法。一般母兔在配种前称重1次，配种后15天左右复称1次，如果复称体重明显增加，表明母兔受孕。两次称重均应在早晨空腹时进行。

⑥外观法。母兔妊娠后，可见食欲增强，采食量增加。配种后15天左右，妊娠母兔体重明显增加，毛色光润，腹围增大，下腹突出。外观法的最大缺点是不能早期确诊母兔是否妊娠。

（六）分娩

胎儿在母体内发育成熟后，由母体排出体外的生理过程。

1. 分娩预兆　母兔在分娩前数天乳房开始肿胀，并可挤出少量乳汁；外阴部肿胀充血，黏膜潮红湿润，黏液稀薄滑润；行动不安，食欲下降，甚至绝食。分娩前5～6天即有衔草做窝现象。临产前8 h（也有在产前1～2天）用嘴将胸腹部毛拉下絮窝。母兔的拉毛与泌乳有直接关系，母兔拉毛多则泌乳多，拉毛早则泌乳早。对不会拉毛的母兔，需在产前人工拉毛放在产箱内并铺好，以启发母兔自己拉毛，并促进其乳腺发育和泌乳。临产前数小时，母兔表现情绪不安，频繁出入产箱，并有四肢刨地、顿足、弓背努责和阵痛表现。

2. 分娩控制　母兔产仔，50%是在夜间进行，如管理不当，会影响成活率。采用定时分娩技术，可人工控制母兔的分娩时间，做到有备无患。为使母兔尽量在白天产仔，便于接产和护理，可采用下列办法：

（1）安排母兔在上午10时以前配种,则多数在白天产仔。据某兔场试验,安排在上午10时以前配种74只,结果有65只母兔在下午17时以前分娩,白天分娩率为87.7%。

（2）对妊娠期已到，并有拉毛做征候，而白天未产仔的母兔，可注射缩宫素催产。经试验，13只妊娠兔，每只母兔肌肉注射缩宫素1～2 IU（上海生物化学制药厂，每支1 mL含5 IU），注射后10～20 min，母兔全部顺利分娩，所产仔兔全部存活。

（3）用脑垂体后叶激素（人用催产素），每只母兔肌肉注射0.25 mL，注射后10 min内分娩完。

（4）颈部肌肉注射氯前列烯醇注射液0.05～0.1 mL，时间是在临产前1～2天的上午8～9时，可使绝大部分母兔在次日白天分娩，还可降低母兔产后疾病，提高仔兔成活率。

（5）采用诱导分娩法，即先把母兔腹部毛拔掉，再用热毛巾按摩腹部及乳房0.5～1 min，随后让其他母兔所产仔兔（以7～8天仔兔5或6只为宜）吮吸母兔乳汁3～5 min，取出后再按摩腹部0.5～1 min。多数母兔在15 min之内分娩，有的在仔兔吮吸时分娩。

诱导分娩注意事项：①仔兔吮吸时间不宜过长（超过5 min），也不宜过短（不足3 min）；②仔兔吮吸日龄不宜过长，以防对乳头的刺激太强；③诱导分娩见效很快，产

程比自然分娩的时间短，必须加强护理，以免发生意外。

3．*分娩过程*　开始分娩时在孕兔的阴道内流出鲜红色的少量血液。孕兔呈犬坐姿势，半蹲于笼底板上。当第一只胎儿即将问世时孕兔一后肢拉起，头向后腹部（两后腿间的跨部）勾下，外阴出血。第一只仔兔降生。母兔边产仔边将仔兔脐带咬断，吃掉胎衣，同时舔干仔兔身上的血迹和黏液。紧接着第二、第三只仔兔相继出生。从始至终只需20～30 min。分娩结束后，跳出产箱找水喝。此时要事先准备好清洁的温水加少许食糖（或食盐），或麸皮汤，或米汤、豆浆等，让母兔喝足，以防因口渴找不到水喝而吃掉仔兔，母性强的会回产仔箱内哺乳仔兔。应当注意有个别母兔产出一两只仔兔后，间隔数小时，甚至10 h之多再行分娩。所以，若发现母兔产仔过少，要检查母兔是否产完。

母兔分娩时常出现死胎、化胎现象。产死胎的原因有以下几种：胎儿数少，胎儿发育过大，使分娩时间延长，仔兔在产道挤压时间过长窒息而死亡；母兔妊娠期营养供应不足，胎儿发育不良，母兔组织分解而造成酮血症，使胎儿死亡；母兔在妊娠期间受到高温刺激；母兔过胖，营养水平太高；饲喂有毒饲料或发霉变质饲料及大量青贮饲料；近亲交配；种兔年龄过大，也会使死胎增多；母兔妊娠期间患病或大量服药；机械性损伤胎儿等。产生化胎的原因，除上述外，饲料中缺乏维生素A、维生素E及微量元素等，都会产生化胎现象。

4．*产后护理*　母兔产完仔后，会自动跳出产箱，找水喝或休息。这时应及时取出产箱，清点仔兔，取出死仔兔，称重记数，并清除箱内污物换上干净垫草，放回母兔拉下的兔毛，盖好仔兔。有条件的可将产仔箱放在能防鼠和保温的产仔室里，让母兔好好休息。根据生产实践，每只健康母兔以哺育仔兔6～8只为宜，多余者可交其他产仔少的母兔代养，对体重过小或体弱的仔兔，应予以淘汰。最后应做好记录，作为选种选配的参考。

另外,在饲养管理方面,对母兔要饲喂适口性好、容易消化的饲草,勤观察母兔的精神、吃食及排粪、尿是否正常。检查仔兔有无吃不上乳汁的情况,如因母兔乳头不够,可进行寄养或人工哺乳,母兔如患有乳房炎症,则要及时治疗。

三、配种方法

（一）自然交配

在散养情况下，公母兔常年混群饲养，自由交配，这是一种原始的配种方法。此方法的优点是配种及时、方法简便、节省人力等。但缺点很多，主要是无计划配种，极易造成近亲繁殖，使品种退化，兔群质量下降；易使公母兔早配、早孕，影响幼兔的生长发育，仔兔弱小，体质差，死亡率高；公兔多次追配母兔，体力消耗过大，配种次数频繁，精液质量低下，会严重影响受胎率和产仔数，也容易引起早衰，缩短利用年限；母兔的预产期无法掌握；公母兔混群饲养，容易引起同性好斗，轻者伤及皮毛，重者影响配种。此外，还容易传播疾病，引起胚胎早期死亡或流产。总之，自然交配利少弊多，应尽量避免使用。

（二）人工控制交配

在公母兔分笼饲养的情况下，将发情母兔放到公兔笼

的内配种，必要时人工辅助交配，这种方法称为人工控制交配。它可有计划地选种选配，避免近亲繁殖和早配、乱配，以保持獭兔的优良性状，不断提高兔群质量；可提高公兔的利用率，有利于保持种公兔的性机能和合理安排配种次数，延长种兔的使用年限；能避免疾病的传播，保持种兔的体质健康。因此，人工控制交配在养兔专业户和规模化养兔场中被广泛采用。

在进行控制配种工作中应注意的 5 个方面：

（1）配种前的检查。毛色相同、体质健康、无疥癣和梅毒、性欲旺盛的公母兔方可进行交配，患有疾病或恶癖的公母兔一律不能交配。配种前公兔笼内应无粪便、无污物，笼内的食盆、水槽都要移至笼外；配种前还要检修好笼底板，防止配种时发生外伤。

（2）做好人工辅助交配。若发现发情母兔的尾巴和后肢不抬起，应进行人工辅助配种，其方法是：一手抓住母兔耳朵及后颈部用以固定，另一手伸向母兔腹下托起臀部，以食指夹住尾巴，露出阴部让公兔爬跨交配。这种辅助工作，在实践中效果很好。

（3）掌握配种时间。1 只公兔可承担 8～10 只母兔的配种任务。春秋季最好安排在上午 8～10 时配种，夏季利用清晨和傍晚配种，冬季安排在中午气温暖和时进行。喂料前后 1 h 内不要配种，这样可提高配种的受胎率和产仔数。公兔的配种频率最好是 2 天 1 次，倘若母兔发情集中，也可适当增加配种次数，但应加以控制，不可滥交，以免影响公兔健康和精液品质。

（4）配种时不要把公兔捉到与配母兔笼内，否则公兔因环境的改变而容易影响性欲活动，甚至不爬跨母兔。在正常的情况下，体质健康、性欲旺盛的公兔和发情正常的母兔，从将母兔放入公兔笼中到交配成功，一般仅需 3～5 min。

(5) 人工辅助配种结束后，应立即将母兔从公兔笼中取出，并将母兔臀部高举，轻拍其后躯，母兔受到突然刺激一紧张全身体收缩，使精液深深吸入阴道及子宫颈内，可防止精液外流。交配完毕后，有的公兔仍会继续追赶母兔，甚至还会爬跨，这是不允许的。最后要细查在交配过程中是否有外伤（如咬伤、脚伤等），如有应及时处理。此外，应及时做好配种登记工作。

（三）人工授精

人工授精就是用器械人工采集公兔精液，以一定的方式处理原精液（如稀释、常温、低温、冷冻保存等），再将处理后的精液用器械输入发情母兔的生殖道内，受胎率可达 80%～90%。人工授精是獭兔繁殖改良工作中最经济和最科学的一种配种方法。

人工授精最大的优点是，能够充分利用优良种公兔，提高配种效能，种公兔的配种效能一般可比自然交配提高 10～20 倍，甚至上百倍（每只公兔可担负 80～200 只母兔）的配种任务。这样可迅速提高兔群质量，加快育种进程；可减少公兔的饲养量，节省饲料消耗和人工，降低生产成本，增加经济效益；还可减少疾病的传染，尤其是生殖器官疾病的传染。

人工授精公母比例一般可按 1:（80～100），为防止近亲交配，一个有繁殖母兔 100 只左右的兔场，需饲养公兔4～6 只。

人工授精是当今养兔业的重要繁殖手段之一，方法简便易行，有条件的地方应尽量采用。

1. 器械准备

(1) 采精器。由假阴道外壳、内胎、调节扭（或活塞)、集精杯等组成（图 4-5)。

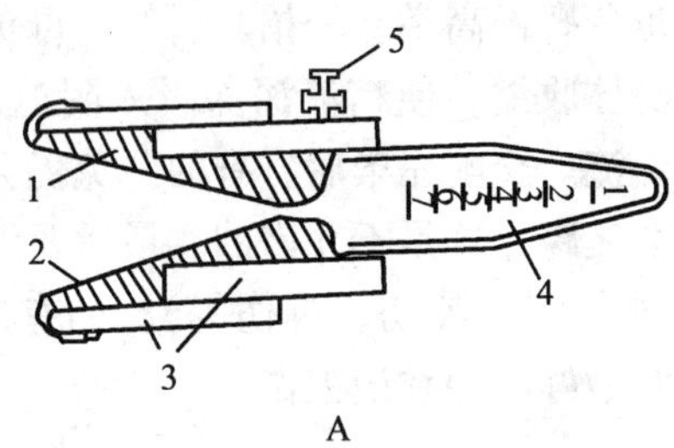

A

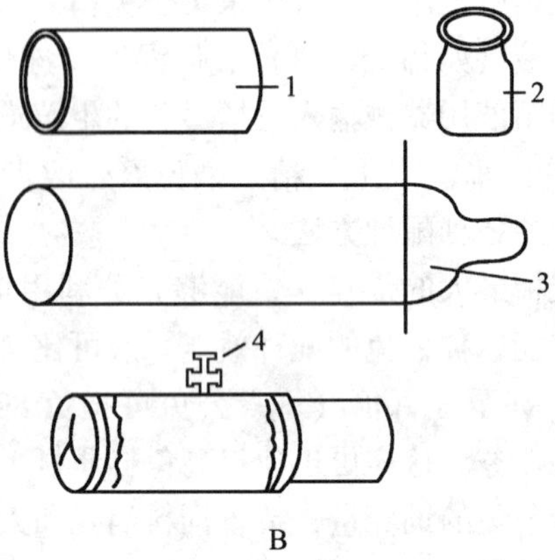

B

图 4-5 采精器

A. 套管式采精器

1. 温水 2. 内胎 3. 外壳 4. 集精杯 5. 活塞

B. 直管式采精器

1. 橡胶管 2. 集精杯 3. 避孕套 4. 活塞

①假阴道外壳。可用硬质塑料管、橡胶管或竹筒制成，长 6～10 cm，内径 3～4 cm，外壳中间钻一个 0.5～

0.7 cm的小孔，以便灌水和调节压力(安装调节扭或活塞)。

②内胎。可用直径 3.3～3.5 cm，长 14～16 cm 的乳胶避孕套代替，将封闭端剪掉即可。

③集精杯。可用直径 1 cm 翻口玻璃小试管、刻度离心管，也可用青霉素瓶。

(2) 输精器。常用 1 mL 卡介苗注射器接一小号人用导尿管（截成长为 12～14 cm）作为输精器；或用 5 mL 连续注射器代用，下段接上人用的导尿管；也可用羊的输精器代替（图 4-6)。

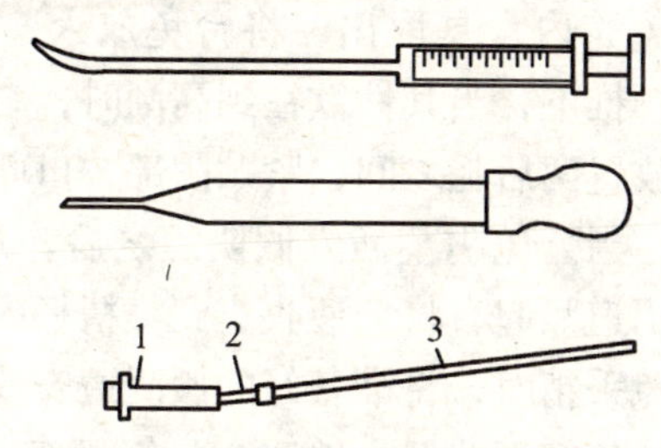

图 4-6　输精器

1. 注射器　2. 胶管　3. 输精管

(3) 台兔。可用木板制作，表面蒙上兔皮（图 4-7)。

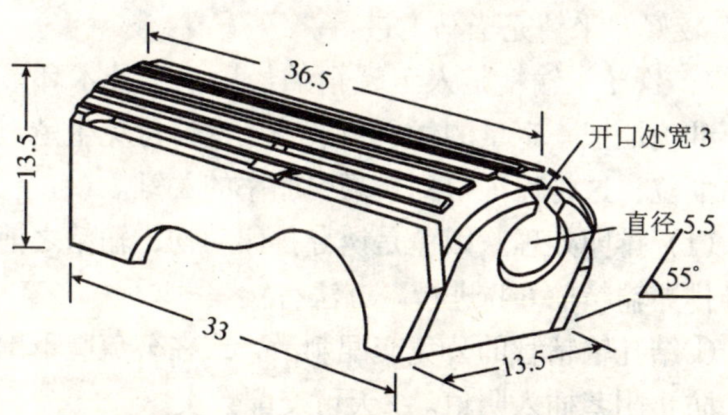

图 4-7　假台兔构造示意图（单位：cm)

一般选择健康发情母兔作为采精用台兔。

2. 采精　将内胎安装到外壳上，安上集精杯，以橡皮圈固定两端。先用70%酒精消毒，再用生理盐水冲洗，然后干燥待用。采精前向假阴道内灌入43～45 ℃温水（冬天50 ℃），水量以占空腔的1/2～2/3为宜，并用双链球向里打气（如果没有双链球，可通过活塞往里吹气），使两端呈“Y”形，插入温度计测温，当达到39～40 ℃时即可采精，采精前假阴道入口处稍涂凡士林或石蜡油。

先将公兔笼内食具取出，将台兔放入，诱导公兔爬跨，但要频频推下，当其性欲在到高潮时，右手持假阴道从母兔腹下放置两后腿之间，紧贴阴部，口朝向公兔阴茎挺出的方向。当公兔阴茎插入假阴道之后，片刻即射精。此时应将假阴道竖起，将精液收集到集精杯内。

用假台兔采精时，将准备好的假阴道安放在假台兔的后臀孔内，使集精端略低，然后令公兔爬跨或将公兔直接放在假台兔上任其交配。经多次调教训练，一般性欲旺盛的公兔均能爬跨假台兔达到采精目的。

3. 精液品质检查　进行精液品质检查，室温在18～25 ℃较好，采精完毕马上进行。

4. 输精　输精是人工授精的最后一个技术环节。适时而准确地把一定量的优质精液输到发情母兔生殖道内的适当部位，这是保证得到较高受胎率的关键。

(1) 排卵处理。因兔是诱导排卵动物，输精之前必须诱导排卵输精前6 h进行。方法有：

①结扎输精管的公兔交配刺激，或在公兔腹下围一兜布，防止阴茎插入阴道。1天可交配数次。

据日本学者山根和江头用结扎输精管的公兔预先和母

兔交配，即所谓人工刺激排卵，实行人工授精，24 只中有 15 只，即有 62.5%受胎，而不进行刺激排卵的 36 只母兔中，实行人工授精后仅有 3 只，即 8.3%怀孕。可见此法效果较好，简便易行。

结扎输精管的方法：首先要选择性欲旺盛的公兔，在腹下鼠蹊部的左右两侧开口，从精索中分离出输精管进行结扎，但要注意不要误扎血管造成不良影响。还要注意的一点是：在采用之前，应在手术后首先排除前一两次射出的含有受精能力的精液，才能达到预想的目的。

②目前多采用肌肉注射促排卵素 3 号 2～5 μg，在促排卵处理后 2～5 h 输精，便可取得满意的结果。

③耳静脉或肌肉注射绒毛膜促性腺激素（HCG）50 IU;或促黄体素（LH）50 IU；或脑下垂体前叶促性腺激素（GnRH）5 IU；在注射后 2～6 h 输精，都可得到满意的效果。若注射孕妇尿（妊娠 2～3 个月孕妇尿），以不超过 10 mL 为佳（孕妇尿主要含 HCG，所以又称孕妇尿促性腺激素）。

④静脉注射 1%浓度的硫酸铜溶液 10～15 mg，做母兔的刺激排卵，其排卵现象、排卵数、排卵时间等，与交配刺激、注射促性腺激素类似物等，效果也基本相同，均可得到正常的受胎率。

⑤国外还有用弱电流刺激腰部脊髓达到刺激排卵的目的。

（2）输精方法。母兔为双子宫，两个子宫颈分别开口于阴道。阴道较长（8～12 cm），阴道中部 5 cm 左右腹侧有尿道开口。输精部位应在阴道深部 7～8 cm 处。输精方法有：

①仰卧式。由助手或操作者左手抓住母兔颈皮，并翻

转兔体，将腹面向上，右手持准备好的输精器，弯头向背部方向轻轻插入阴道 7～8 cm 处，慢慢将精液注入，然后再以右手轻轻捏其阴部，增加母兔快感，从而加速阴道及子宫的收缩。这样可以避免精液外流。

②爬卧式。将母兔由助手保定在输精台上，操作者左手提起兔尾，右手将输精器弯头向背部方向插入阴道，然后将精液注入阴道深部。

③倒提式。操作者坐在高低适中的凳子上，倒提母兔两后肢，使其臀部夹在两腿之间，左手提起尾巴，暴露阴门，右手持输精器，从阴门插入，注入精液。

(3) 注意事项。为了提高母兔的受胎率和产仔数，在输精操作时，应注意以下 4 点：

①要严格消毒，无菌操作。输精器在吸取精液之前，先用 35～38 ℃的稀释液或冲洗液，冲洗两三次，然后再吸入定量的精液为母兔输精（每只 0.3～0.5 mL，输入有效精子数 1 000 万～3 000 万）。母兔外阴部用 70%酒精消毒，再用生理盐水药棉擦洗。每输一兔，换一输精器。

②输精部位要准确。母兔膀胱在阴道内 5～6 cm 深处的腹面开口，几乎有阴道腔孔径之大，而且在阴道下面与阴道平行，故在插入输精管时，极易插入尿道口中，误将精液输入膀胱。因此，在给母兔输精时，不论采取何种输精方式，均须使输精器前端沿阴道壁的背侧面插入 6 cm 深，再转向腹侧，以防误入膀胱。插入 7～8 cm 时，来回抽动数次，再注入精液在两子宫颈口附近，使其自行流入两子宫开口中。若插入过深，易使输精器前端进入一侧子宫颈口，造成一侧子宫怀孕的现象。

③器械要清洗。凡采精、输精及有关器皿，用后要立

即冲洗消毒，并分别置入通风、干燥处，或存放于橱窗、干燥箱中备用。各种化学消毒药剂对精子都有杀害作用，用于消毒器械后，必须冲洗干净。

④输精动作要轻缓，以防将阴道黏膜擦破或插入膀胱。注入精液时不宜太快，以免精液外溢。输精完毕慢慢抽出输精管，并将母兔臀部轻拍一下，使其阴道收缩，防止精液倒流。

四、繁殖季节

獭兔的繁殖没有明显的季节性，但不同的季节、温度、光照、营养水平等环境差异，对母兔的发情、受胎、产仔数和仔兔成活率均有一定影响。

1. 春季　气候温和，饲料丰富，母兔体况好，发情旺盛，配种受胎率高，产仔数多，是獭兔配种繁殖的最好季节。如抓紧早春配种，可力争一季配上2胎。养兔实践表明，春季母兔的发情率可达85%～90%，受胎率高达80%～90%，平均每胎产仔数达7～8只，最高达14只。抓好春配要做到以下4条：

(1) 公兔应多放笼活动，母兔可聚居，互相爬跨，可增强活力，提高受胎率。

(2) 为了使种兔产生量多质优的精子和卵子，配种期及配种准备期都要加喂一些精料，给吃“小灶”。每日日粮中除青绿饲料不可缺少外，公兔可喂些鱼粉、麦粉、黄豆（煮熟喂好）；母兔增喂马铃薯（含钾多，可促进发情）、白菜、发芽小麦（含维生素E，即生育酚多）等，以增强生殖力。

(3) 春季气温不稳定，早中晚温差悬殊，要做好仔兔

的防冻保暖工作，以提高成活率。仔兔可用2%～3%大蒜汁滴鼻，每日早晚各1次。

(4) 从冬季吃干草过渡到春季吃青草，应逐步改变，以防止胃肠机能不适应，而导致拉稀。在南方春季多阴雨，湿度大，适于细菌繁殖，对养兔是最不利的季节，兔病多，死亡率最高（尤其是幼兔）。因此，一定要做好防湿、防病等工作。

2. 夏季　气温高，湿度大，兔因汗腺不发达，常受炎热影响而导致食欲减少，体质瘦弱，性机能不强，配种受胎率低，产仔数少。据观察，夏季公兔性欲不强，精子活力下降，密度降低，畸形精子数增加；母兔发情率为20%～40%，受胎率为30%～40%，平均窝产仔数3～5只，即使产仔，因哺乳母兔天热减食，泌乳量减少，仔兔瘦弱多病，成活率很低。但如果母兔体格健壮，又有遮阳防暑条件，仍可适当安排配种繁殖。

3. 秋季　天高气爽，饲料丰富，是饲养獭兔的好季节，尤其是晚秋季节，母兔发情旺盛，受胎率高，产仔数多。据观察，9—11月份公兔性欲旺盛，精子活力增强，密度增大；母兔发情率高达75%～80%，受胎率可达60%～65%，平均每窝产仔6～7只。但秋季又是兔子的换毛季节，营养消耗大，对配种繁殖的影响较大，所以必须加强饲料营养管理。要提高饲料营养水平，应药物催情，对做繁殖用的公母兔应增喂一些蛋白质含量高的饲料，如煮熟的黄豆、豆饼等。在配种技术上还要掌握复配等技术措施。

4. 冬季　气温低，青绿饲料缺乏，营养水平下降，种兔体质瘦弱，配种受胎率较低，所产仔兔如无保暖设备，极易冻死。冬季公兔性欲不强，但精子活力、密度尚

正常；母兔发情率为60%～70%，配种受胎率为50%～60%，平均每窝产仔6～7只。因此，冬季如有较多青绿饲料，营养良好，又有保温设施，仍可获得较好的繁殖效果。冬季配种繁殖的仔兔，体质较为健壮，毛绒茂密，抗病力强。

实践表明：一年中以3—6月份公母兔的性活动最旺盛，配种受胎率最高，10月份至翌年2月份次之，7—9月份受胎率最低。所以，一般南方的家庭兔场，每年7月1日至8月10日应停止配种繁殖40天。

五、繁殖能力

（一）繁殖力指标

繁殖力是兔维持正常繁殖机能、生育后代的能力。繁殖力就是生产力，繁殖力的高低直接影响兔的数量增加和质量提高，同时影响到生产的发展和兔场的经济效益。表示獭兔繁殖力的主要指标有以下6种：

1.情期受胎率　指一个发情期配种受胎数占参加配种母兔数的百分率。

$$情期受胎率=\frac{一个发情期配种受胎数}{参加配种母兔数}\times100\%$$

这一指标可正确反映在一定饲养管理条件下，对参加繁殖母兔的配种效果。从情期受胎率的高低，可进一步分析人工授精技术、饲养管理，以及繁殖母兔的兔群组成等各方面存在的问题。但它不包括适龄繁殖，因种种原因而未参加配种的母兔，如久配不孕的母兔、病残丧失生育能力的母兔。

2. 产仔数　包括总产仔数和产活仔数。总产仔数是指母兔的实际产仔数，除活仔数外，还包括死胎、畸形胎等，在一定程度上体现了母兔产仔的潜在能力；产活仔数则仅计算产下的活仔数。从生产角度出发，产活仔数是比较实际的数字，因而常用其来表示母兔的产仔能力。

3. 产仔窝数　指母兔一年内产仔窝数。獭兔属多胎多产动物，不仅要求某一窝仔兔多而好，而且要求一年中的产仔窝数要多。国外在獭兔的选种工作中，很重视整年的繁殖力表现。

4. 窝重　又分为初生窝重和断奶窝重。初生窝重是指整窝仔兔出生后、哺乳前的体重，以 g 为单位，主要表明整窝仔兔在胚胎期的生长发育情况。断奶窝重是指断奶时全窝仔兔的体重，包括寄养仔兔在内。断奶窝重不仅与仔兔成活多少有关，还与哺乳期仔兔生长快慢及初生重大小有密切的关系。初生仔兔数越多，整个哺乳期存活越多，初生仔兔体重越大，哺乳期仔兔生长发育越快，这 4 方面的因素、效果加起来，可使整个断奶窝重越大。

5. 泌乳力　常用 21 日龄仔兔窝重表示。泌乳性能优劣可以通过 21 日龄仔兔反映出来，同时 21 日龄窝重也是预测仔兔生长速度的重要指标。

6. 成活率　一般指断奶成活率，即断奶时成活仔兔数与产活仔数之比，用以评定母兔的产仔和哺育性能。

$$成活率=\frac{断奶时成活仔兔数}{出生时活仔数}\times 100\%$$

獭兔的繁殖力受多种因素的影响，在正常情况下，母兔的繁殖参数见表 4-2。

表 4-2 獭兔母兔繁殖参数

生产指标	最低水平	最佳水平
母兔配种受胎率(%)	70	85
配种母兔分娩率(%)	55	85
平均每胎产仔数(只)	6	8
每只母兔年提供断奶兔总数(只)	25	40
每只母兔笼年提供断奶兔总数(只)	30	35
每只母兔年产仔窝数(胎)	5	6.5
两次产仔间隔时间(天)	60	50
仔兔出生至断奶死亡率(%)	25	18
每胎平均断奶仔兔数(只)	6	7
30 日龄断奶仔兔体重(g/只)	500	600

注:加方框的为最重要的指标。

(二) 影响繁殖力的因素

1. 遗传　母兔的繁殖力受遗传的影响。据报道，繁殖力的遗传力为0.21～0.3，属中等遗传力性状。一般白色獭兔的遗传力高于有色獭兔。所以，獭兔生产中一定要挑选遗传力强的个体留做种用，严格淘汰机能性不育的个体，特别是有遗传缺陷的个体。

2. 年龄和胎次　一般来讲，母兔在前 11 胎卵子释放数和受精率、着床率变化不大，胎儿死亡数前 3 胎完全相同，以后开始迅速下降。

3. 季节　季节对母兔的发情、排卵影响不明显,但对公兔的性欲、射精量和精液品质影响较大。公兔的射精量和精液品质,以 3—4 月份最高,7—8 月份最低。据观察,繁殖力主要受季节变化和光照长短、气温高低及饲料状况等因素影响。一般春秋两季母兔的受胎率最高,产仔数最多。

4．营养　营养水平是影响獭兔繁殖力的重要因素。如果长期饲喂单一饲料或缺乏某些营养特质，如蛋白质、维生素和钙、磷、铜、锰、硒等，均会降低公母兔的繁殖力；但如果营养过剩，导致公母兔过肥，也会降低其繁殖力。因营养引起的繁殖损害，往往是可逆的，只要科学合理地饲养，大多可恢复正常的繁殖机能。

5．饲料质量　饲用霉败变质或有毒的饲料，会直接影响母兔的受胎，引起流产或使胎儿死亡。尤其长期饲用霉变的玉米、花生饼、黑小麦等，后果更为严重。

6．管理　管理不当，不仅会明显降低獭兔的繁殖力，甚至引起严重的不育现象。例如，公母兔混群饲养，任其自由交配或使用过度，均可导致公兔的精液品质下降，甚至无活精子、不射精或拒配。在日常管理中突然的动作或声响，均可使全群兔产生惊吓而“炸群”，造成怀孕母兔流产或公母兔性欲下降。采精操作不当，也会引起性行为障碍。

7．疾病或缺陷　公兔单睾或隐睾、睾丸炎或附睾炎等都会影响正常精子形成和精液品质；母兔的卵巢或子宫发育不全、卵巢囊肿、子宫炎、梅毒等都能影响繁殖力，甚至引起不育；公母兔四肢脚癣、脚皮炎或四肢擦伤等疾病也会导致交配困难，影响性欲或配种。

（三）提高繁殖力的措施

兔的繁殖力，首先决定于它本身的繁殖潜力，其次是人类采取有效的技术措施，充分发挥其繁殖潜力。只有正确掌握繁殖规律，采取先进的技术措施，才能提高其繁殖力。

1．加强选种工作　选择繁殖力高的公母兔做种兔。同一品种内个体之间的繁殖力有较大的差异，因此在留种时必须选留繁殖力高的做种用。选留性欲强、射精量大、活力好、密度大的公兔的后代做种公兔。选留排卵数量多、产仔数多、哺育能力强的母兔后代做种母兔。留种仔兔最好从优良母兔的第3～5胎中选留，乳头应在4对以上。对种兔应定期进行健康检查，淘汰有生殖疾病和生产性能低下的种兔，以使整个兔群的繁殖力水平不断提高。

2. 科学的饲养管理　加强种兔的饲养管理是保证正常繁殖的基础。按照种兔的营养需要，特别是注意抓好配种前后的饲养管理，要供给全价日粮和适当补充优质动物蛋白饲料，适当运动，搞好环境卫生，加强妊娠母兔和仔兔的护理工作，减少胚胎死亡和流产，提高产仔成活率，为其创造良好的繁殖条件。

3. 注意适时配种，改进配种方法　实践证明，最佳的配种时间是发情中后期。此时，母兔阴户湿润、肿大，多呈现潮红色，交配后容易妊娠。此外，可采用混精输精或复配方法，以提高母兔的受胎率。

混精输精就是利用2或3只（甚至更多数量）公兔的精液混合输精，这样可弥补单只公兔精液某些方面的不足之处。复配就是在配种后间隔4～6 h，用同一公兔或其他公兔（生产场用）再配1次。据报道，采用复配法可提高母兔受胎率10%。

4. 缩短哺乳期，提高繁殖密度　实行仔兔早期断奶，采取并窝和控制哺乳时间，以尽可能缩短母兔的哺乳期；规模较小的兔场，还可实行母仔隔离定时哺乳的办法，促进母兔迅速恢复体况，正常发情排卵。

如果饲养管理条件较好，还可实行频密繁殖或半频密繁殖法。所谓频密繁殖，就是在母兔产后1～3天进行配种，这种方法又称“血配”、“热配”。采用血配法，一年可产7～9窝仔兔，繁殖间隔可缩短近1个月（表4-3）。

半频密繁殖，是指母兔在产后12～15天进行配种，可使繁殖间隔缩短8～10天，同样也可多产3～4窝仔兔。现在国内一些兔场和国外大部分工厂化兔场都普遍采用频密繁殖，收到很好的效果。

表4-3 母兔交配繁殖情况表

项 目	产后1～2天配种		哺乳期28天配种	
	本交	人工授精	本交	人工授精
受胎率(%)	50	75	70	80
年繁殖胎数	6	8.5	4	5
繁殖间隔(天)	61	43	91	73

采用频密繁殖法或半频密繁殖法，应给母兔足够的优质饲料，以满足母兔的营养需要，保证胎儿的生长发育和自身的生理需要。如果母兔身体健壮，又能给予正确的饲养管理，采用上述两种方法，对母兔的受胎率、产仔数、仔兔的生长发育及母兔本身均无不良影响。但在青粗饲料为主的饲养条件下，一般不宜采用这种密集繁殖法。

5. *推广应用繁殖新技术* 随着科学技术的发展，一些经生产验证成功的繁殖新技术应及时应用，以提高兔的繁殖潜力。

繁殖控制技术是有效地干预獭兔繁殖过程，提高繁殖率的一种手段，一系列的繁殖技术是为了提高畜牧业（包括獭兔业）的生产水平而发展起来的。如同期发情—发情控制，同期分娩—分娩控制，胚胎移植—妊娠控制，以及前面提到的人工授精、配种控制等都是近代适应畜牧业生产发展的需要而出现的繁殖控制技术。

发情控制是通过人为的方法控制母兔的发情和排卵来提高母兔繁殖率的方法。发情控制包括同期发情、诱发发情和排卵控制等技术措施。

(1) 同期发情。是指用人工的方法对母兔的发情周期进行同期化处理叫做同期发情，也有的人称其为同步发情。即利用外源激素人为地控制并调整某一群母兔发情周期的进程，使在要预定的时间内（一般为 1～3 天）集中发情，便于组织集中配种。

①同期发情在养兔生产中的意义。首先，采用同期发情技术可使母兔在同一时间内集中发情，便于集中或定时对一群母兔进行输精，免去对母兔发情鉴定的繁琐工作。

②在大型的现代化养兔生产中应用同期发情技术，可做到同期配种，从而可使母兔的妊娠、分娩和幼兔的培育相对集中，为兔产品的成批工业化生产和有效地进行饲养管理，提高生产效率提供可能的条件。

另外，在家兔胚胎移植中，供体和受体之间往往需要进行同期发情处理，以便提供供体、受体母兔相同的生态环境。

③用于兔同期发情的激素和施用方法。

孕马血清促性腺激素（PMSG）　每只母兔皮下注射 20～30 IU，注射后 60 h 耳静脉注射 5 μg 促排卵 2 号（$LRH\text{-}A_2$）或 50 IU 的人绒毛膜促性腺激素（HCG），同时施行人工授精。经试验，母兔受胎率与产仔数接近自然发情受胎的水平。采用本方案时，应注意孕马血清促性腺激素用量不能过大，否则会诱发超数排卵。

促排卵 2 号（$LRH\text{-}A_2$）　每只母兔视其体重大小，耳静脉注射 5～10 μg 促排卵 2 号（用 0.2 mL 生理盐水溶解），同时施行人工授精。此法母兔受胎率可超过 50%，虽然低于自然发情配种，但在生产上仍有应用价值。

(2) 诱发发情。是指利用人工的方法，通过某些刺激（如激素处理、性刺激及环境的改变等）诱发乏情的母兔

发情配种的一种技术措施。同时，也是缩短母兔繁殖周期（缩短产仔间隔）、提高繁殖率的方法之一。

母兔因生理或病理性的乏情，垂体促性腺激素活动低下，促卵泡素（FSH）、促黄体素（LH）分泌量不足以维持卵泡的发育，卵巢机能处于静止状态，卵巢上即无卵泡发育，也无黄体存在。此时利用外源激素、性刺激等，通过内分泌和神经作用，激发卵巢从相对静止状态转变为性活跃状态，从而促使卵泡的正常生长发育，使母兔恢复正常的发情排卵。具体做法如下：

①肌肉注射孕马血清促性腺激素（PMSG），小型兔30～50 IU，注射后2～3天即可发情配种。为保证排卵，可在配种后肌肉注射人绒毛膜促性腺激素（HCG）50～60 IU。

②将公兔放入母兔笼中，让其挑逗、追逐母兔，一般经8 h左右出现发情，此时再交配易受胎。在生产上，一般早上催情，傍晚配种。

③在配种前，一手提起尾巴，另一手快速轻轻拍打其外阴部，使母兔产生交配感，待其自愿举臀时，即放入公兔笼中配种。

④用手指轻轻按摸母兔外阴蒂2～3 min，诱导其发情，然后送入公兔笼中配种。

（3）超数排卵。是指在母兔发情周期的适当时间，注射促性腺激素，使卵巢中比在一般情况下有更多的卵泡发育并排卵。超数排卵技术的应用，可以充分发挥优良种母兔的繁殖力，是加速獭兔群改良的又一重要手段，同时是胚胎移植的又一重要环节。

兔超数排卵的处理办法：

①FSH＋HCG。每日皮下注射2次FSH，连续3天，

总剂量 30～60 IU，第 4 天上午进行人工授精，并静脉注射 100 IU HCG 诱导排卵。

②PMSG＋HCG。一次静脉注射 60 IU PMSG,第 4 天上午进行人工授精,随即静脉注射 100 IU HCG 诱导排卵。

上述两种超数排卵的效果，第一种效果较好，平均每只母兔可获得 60 个以上的胚胎。

6. 做好繁殖管理工作　对母兔的发情应仔细观察，及时配种，并做好配种记录。对分娩、哺乳都应加以关注，保证幼兔的正常生长发育与较高的成活率。

7. 防治獭兔不育症　公母兔的生殖机能异常或受到破坏，不能繁殖后代的现象，统称为不育。为了相互区别，一般公兔不能繁殖的现象称为不育，母兔为不孕。引起不育症的因素较多，详见图 4-8。

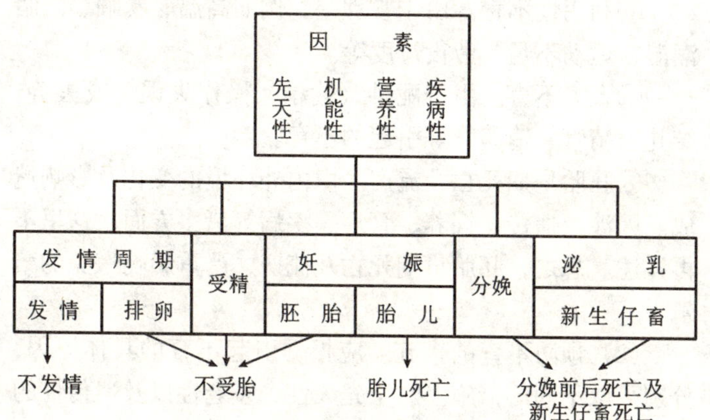

图 4-8　影响生殖过程的因素模式图

(参照 Hafez：“Reproduction in Farm Animals”，1974)

(1) 不育的原因。造成獭兔不育的原因很多，大体可分为以下 8 类。

①先天性不育。由于遗传因素造成的公兔幼稚病、隐睾；母兔的异性孪生、雌雄间性、幼稚病、种间杂交等，都属于先天性不育。

②机能性不育。母兔如卵巢发育不全、卵巢萎缩及硬化，持久黄体，卵巢囊肿；公兔如睾丸和附睾发育不全，阴茎和包皮缺陷，性行为障碍（惊吓、四肢外伤等），性亏损（交配过度）。

③营养性不育。营养缺乏，热能不足以及饲料配合不合理；缺乏运动，过于肥胖，造成肥胖性不育。

④衰老性不育。由于衰老造成公母兔生殖器官萎缩，无性欲等。

⑤疾病性不育。母兔如卵巢炎、输卵管炎、子宫内膜炎、阴道炎；公兔如睾丸炎、附睾炎、精囊腺炎等。

⑥利用性不育。由于管理差，例如高温、暴晒、阴暗潮湿、运动不足、劳役过度等。

⑦人为不育。由于配种（输精）操作失误，或去势，结扎输精管、输卵管等引起的不育。

⑧胚胎早期死亡及流产。由内外环境的变化及影响造成。因涉及遗传、饲养、管理、疾病等诸多方面，这里不再详述。总之，胚胎早期死亡及流产，严重影响獭兔的繁殖力。

(2) 预防不育的措施。应根据引起不育的具体原因，分别采取不同的措施。对于先天性、衰老性以及遗传性的不育，由于难以克服，应及早淘汰。对于营养性和利用性不育，应通过改善饲养管理和合理的利用加以克服。对于传染性疾病引起的不育，应加强防疫，及时隔离和淘汰。对于一般性疾病引起的不育，应采取积极的治疗措施，以便尽快地恢复公母兔的繁殖能力。

第五章　獭兔的营养与饲料

营养与饲料是提高獭兔养殖效益的物质基础。科学养兔不仅要了解獭兔不同生长发育阶段的营养需要，制定出高效、低成本的饲养标准，而且要认识并掌握不同饲料的种类、特点、加工及营养成分，配合全价日粮，以达到提高饲料报酬、增加优质产品、提高经济效益的目的。

一、营养需要

营养需要，指保证獭兔健康和充分发挥其生产性能所需要营养物质的数量。根据用途分为维持需要和生产需要。

维持需要，指用于维持体温的恒定、各组织细胞的新陈代谢、各种运动等生命活动所需要的营养物质量。

生产需要，指用于妊娠、泌乳、生长、产毛等所需要的营养物质量。獭兔所需要的营养主要有蛋白质、能量、脂肪、粗纤维、矿物质、维生素、水分等。

（一）蛋白质

饲料蛋白质是指粗蛋白而言，粗蛋白是饲料中含氮化合物的总称，它包括真蛋白质和氨化物。氨化物是指非蛋白结构的含氮物，如酰胺、硝酸盐、尿素、氨基酸等，它们在精料中含量很少，而在青饲料中含量较多。氨化物中除氨基酸外，能被獭兔利用的数量很少。各种蛋白质的含

氮量也不一样，其蛋白质平均含氮16%，因此把凯氏定氮法测定的含氮量×6.25即为某测定物的蛋白质含量。

1. 蛋白质需要　蛋白质的需要量随着兔体年龄和体重的增长而减少。由于蛋白质含量多的饲料一般价格昂贵，成本增加，故在生产实践中常应用可获得最大利益的最低蛋白质量为合适。在日粮中所含蛋白质品质较好的情况下，各种獭兔对蛋白质的需要量是：生长兔16%，维持需要12%，妊娠兔15%，配种期公兔与泌乳兔17%，空怀母兔14%。

实践表明，如果蛋白质供给不足，则影响獭兔的生长、繁殖和生产性能的发挥，使生长受阻，体重减轻，毛皮质量下降；公兔性欲减退，精液品质下降；母兔发情不正常，不易受胎，即使受胎，胎儿也发育不良，初生仔兔生命力弱，还会产生死胎怪胎现象；相反，日粮蛋白质水平过高，不仅造成浪费，还会产生不良影响。獭兔采食蛋白质过多，蛋白质在小肠内消化不充分，大量进入盲肠和结肠，破坏了正常的微生物区系，一些非营养性微生物如魏氏梭菌等病原微生物大量增殖并产生毒素，引起獭兔腹泻甚至死亡。因此，蛋白质供给应控制在适当水平上。

2. 非蛋白氮的利用　獭兔的盲肠有类似于瘤胃的作用，其中的微生物能利用非蛋白氮（NPN）合成蛋白质，这些细菌蛋白质随软粪排出，被獭兔再次食入作为蛋白质的补充来源。兔盲肠有水解尿素的细菌，尿素水解主要在盲肠。在使用低蛋白质（粗蛋白质低于12%）饲粮时，添加占风干饲粮1%尿素较为适宜。

在蛋白质饲料缺乏情况下，添加尿素效果较好，但应注意5个问题：

(1) 日粮中应有足够的能量。

(2) 不宜将尿素溶于水中直接给獭兔饮用，而是将尿素水溶液拌湿饲粮喂给。

(3) 在吃了含尿素的饲料以后，不要立即饮水。

(4) 每日的尿素喂量分早、中、晚3次（至少早、晚2次）喂给。

(5) 禁止将尿素与豆科植物茎叶或豆饼等混喂。因豆科饲料中含的脲酶能促进尿素分解成氨，所以易被畜体吸收而中毒。

用尿素等非蛋白氮作为家兔蛋白质补充料，目前尚有争议，但有一点是肯定的，即尿素等非蛋白氮不可以作为饲料中的主要氮源。

（二）能量

獭兔的一切生命活动均需要能量，能量的功能主要是用于维持需要和生产需要，如维持体温、肌肉运动及生命活动，形成体组织、器官成分、形成脂肪等。缺乏能量，可导致生长缓慢、繁殖受阻、体组织受损、产品数量及质量下降，严重缺乏时会危及生命。

獭兔所需的能量来源于饲料，饲料营养物质中潜在的能为“化学能”，当饲料进入机体后，在代谢过程中，化学能转变为其他形式的能——热能、机械能、产品能。因此，在衡量饲料营养价值时，就产生了“能值”这个概念。所谓能值就是饲料能量价值的简称。

目前，国内外倾向于用消化能表示兔的营养需要和饲料的能量价值。能量的衡量单位，过去通常用卡（cal）、千卡（kcal）、兆卡（Mcal）表示，但近年来，国际营养科学协会提出衡量能量的单位为焦耳（J）较为确切，因为营养物质在体内氧化并非单纯产热，而伴随着做功。在

营养研究中，常采用千焦耳（kJ）、兆焦耳（MJ）。

饲料中的3大营养物质即碳水化合物、脂肪和蛋白质是能量的主要来源，其中碳水化合物最重要。碳水化合物含有碳44.4%，氢6.2%，氧49.4%，经氧化可产生热能。因此，它是獭兔能量的主要来源。经测定，1 g碳水化合物经氧化可产生热能17.36 kJ；1 g脂肪可产生热能39.33 kJ。獭兔对大麦、小麦、燕麦、玉米等谷物饲料中的碳水化合物具有较高的消化率；对豆科饲料中的粗脂肪，消化率可达83.6%～90.7%。

据试验，生长兔每增重1 g，大约需要可消化能39.75 kJ；每增长1 g蛋白质，大约需要可消化能47.41 kJ；每增长1 g体脂，约需可消化能81.19 kJ。体重3 kg的成年獭兔，每日约需可消化能836.8 kJ，即成年兔每千克饲料中需含消化能8.79～9.20 MJ；育成兔、妊娠母兔和泌乳期母兔的饲料中，每千克需含消化能10.46～11.30 MJ。

獭兔虽然和其他单胃动物一样，能自动地调节采食量以满足其对能量的需要，但这种自动调节能力是有限度的，当日粮能量水平过低时，即使增加采食量，也会因消化道的容量所限而不能满足其对能量的需要，就会导致生长速度减慢，生产性能下降，体弱消瘦；相反，日粮中能量偏高时，也会因大量易消化的碳水化合物由小肠进入大肠，出现异常发酵而引起消化道疾病；同时，因体脂肪沉积过多，影响繁殖母兔雌性激素的释放和吸收，从而影响繁殖功能；公兔过肥会造成性欲减退、配种困难和精液品质下降。

（三）脂肪

脂肪需要。脂肪营养不能缺乏，也不能过剩。NRC

（美国）饲养标准中规定兔生长、维持、妊娠、泌乳的需要均为日粮的2%。一般獭兔日粮中含3%～5%即不会缺乏。法国营养学家指出：家兔日粮中脂肪的含量，生长兔、怀孕兔维持量均为3%，哺乳兔为5%。

实践证明，日粮中脂肪含量不足，会导致獭兔生长发育不良和脂溶性维生素缺乏症，引起体重减轻、皮炎、脱毛等症，公兔副性腺退化，精子发育不良，母兔受胎率下降，产仔数减少；相反，日粮中脂肪含量过高，则会引起饲料适口性降低，日粮易发生氧化，产生有害物质，也易产生体内脂肪积累过多，甚至出现腹泻、死亡等。

日粮中添加脂肪一般使用植物性脂肪（植物油、大豆、花生、豆饼、豆粕、细米糠等）。有许多研究者认为，家兔日粮中加入5%以上的牛油，不仅使增重减少，而且导致家兔精神不振，屠体脂肪含量增加和蛋白质含量减少。

（四）粗纤维

粗纤维，是指经一定浓度的酸碱处理之后的剩余的残渣。

粗纤维需要。据试验，獭兔日粮中粗纤维的适宜含量为12%～16%，幼兔可适当低些，但不能低于8%；成年兔可适当高些，但不宜高于20%。最近据国外资料报道，家兔日粮粗纤维水平以15%～20%为好，表现为生长速度快，死亡率低。NRC（美国）对兔日粮粗纤维的推荐值为：生长兔10%～12%，妊娠兔10%～12%，泌乳兔10%～12%，兔维持需要14%。大量试验表明，生长兔粗纤维含量超过15%，则生长率下降，粗纤维和粗蛋白的消化率也下降。

生产实践表明，獭兔日粮中粗纤维含量过低，会引起消化紊乱，饲料通过消化道的时间为正常的2倍。造成结肠内压升高，近侧结肠膨胀扩大，出现腹泻、死亡等；反之，日粮中粗纤维含量过高，会引起肠蠕动过程加速，营养浓度降低，导致生产性能下降，影响生长发育。

獭兔日粮中粗纤维的主要来源是植物性饲料，特别是粗饲料。稻草、豆秸、玉米秸、苜蓿、羊槐、松针等秸秆、树叶是獭兔日粮中理想的纤维素来源。以干物质计算，稻草中的粗纤维含量27%，豆秸33%，玉米秸24%，苜蓿干草24%，干草粉29%，麦芽根14%。

纤维素主要存在于植物的茎、叶、种皮中，含量多少随植物生长阶段而不同，一般幼嫩植物比生长后期植物含量少。各种饲料粗纤维含量为：块根类1%～2%，子实和油饼类2%～10%，稿秆类25%～40%，青饲料类1%～10%，干草类25%～35%，秕壳类10%～60%，糠麸类8%～25%。

植物在生长幼嫩期，细胞壁主要由纤维素组成，獭兔对其消化率较高，随着植物的生长、成熟，细胞壁逐渐木质化，饲料的消化率随着木质素含量的增高而下降。酸、碱和微生物都不能分解木质素，由于木质素是植物细胞壁的成分之一，它也阻碍了消化酶对细胞内容物的消化，同时还妨碍了微生物对纤维素和半纤维素的消化。所以，饲料中木质素含量越高，粗纤维的消化率越低。因此，在生产实践中，采用幼嫩青饲料喂兔，可以减少精料的喂量。

（五）矿物质

矿物质元素是动物营养中的一大类无机营养素，已确认有45种元素参与动物体组成。矿物质又叫无机物质、无机盐，也叫“粗灰分”，是指饲料的干物质经过充分燃烧后剩余的残渣。

无机盐在獭兔体内的含量很少，约占成年兔体重的5.6%。獭兔所需要的无机盐，按其含量可分为常量元素（约占体重的0.01%以上）和微量元素（约占体重0.01%以下），常量元素有钙、镁、钾、钠（碱性元素）、磷、硫、氯（酸性元素）；微量元素有铁、铜、锌、锰、钴、碘、钼、硒、铬等。在生产上最易缺乏的是钙、磷、钠、氯4种。

1. 钙、磷　钙、磷是骨骼和牙齿的成分，主要以羟基磷灰石[$Ca_{10}(PO_4)_6(OH)_2$]和$Ca_3(PO_4)_2$，$CaCO_3$和$Mg_3(PO_4)_2$形式存在于骨中，体内98%～99%钙、80%磷存在骨和齿中。骨灰中钙含量36%，磷17%，正常钙、磷比例2∶1。

钙在血液凝固、调节神经和肌肉组织兴奋性及在维持酸碱平衡中起重要作用；而磷主要参与核酸、磷脂、磷蛋白和其他化合物的合成，调节蛋白质、碳水化合物和脂肪的代谢，又是兔体组织中生化过程不可缺少的物质（只有磷参与才能使生化过程正常进行）。

日粮中缺乏钙、磷或维生素D时，就会使幼兔组织中磷酸钙沉积不足而引起佝偻病，成年兔会发生软骨病。幼兔、中兔和泌乳兔缺乏钙、磷则生长停滞，胚胎发育和泌乳都会受到阻碍。

獭兔能忍受高钙日粮，饲料中含钙高达4.5%，钙、磷比例12∶1时，也不降低生长率，骨质正常。但钙量过高，则会影响铁、镁、碘、锰、锌、铜元素的吸收和利用，降低饲料消化率，引起骨骼畸形（如骨硬化症）和刺

激泌尿器官，使钙盐从尿中排出，产生混浊，钙盐在肾盂、膀胱中沉积，刺激黏膜，发生炎症，甚至形成结石，引起主动脉和肾脏钙化。

獭兔缺磷时，引起食欲减退，生长缓慢，骨骼变脆，但饲粮中磷含量过高（1%）时，饲料适口性显著下降，甚至兔拒绝采食。

在日粮中钙、磷应有适当比例，一般为(1.5～2)∶1。据美国报道，日粮中钙、磷含量为：生长兔钙0.34%，磷0.22%；泌乳母兔钙0.75%，磷0.5%；怀孕母兔钙0.45%，磷0.37%。所以，在补饲钙、磷时，不仅要补足数量，而且要按比例补给，不然就会影响钙、磷的吸收和造成浪费。

在獭兔饲料中，豆科牧草富含钙，谷物子实富含磷，采用豆科牧草如苜蓿加上谷物子实喂兔，可使钙、磷互补，满足獭兔营养需要。

2. 镁　獭兔体内71%的镁存在于骨骼中，它是构成骨、牙的重要成分之一。它是多种酶的活化剂，在糖和蛋白质的代谢中起重要作用。存在于软组织中的镁则能使兔体保持神经、肌肉的正常机能。镁与钙、磷代谢也有关系，镁过多会影响钙的沉积；相反，如食入钙、磷过多也会影响镁的作用。

兔体内缺乏镁时，则会出现脱毛、神经过敏、痉挛、生长缓慢等现象。据报道，每千克日粮含镁量低于5.6 mg时，兔会出现脱毛、耳朵变白、毛光泽差等不良现象。研究表明，生长兔对镁的需要量为每千克配合饲料300～400 mg。

植物性饲料中镁的含量丰富，特别是麸皮、棉子饼是镁的良好来源。故一般在饲养上不另外补饲。

3. 钠、氯　钠和氯是食盐的主要成分。獭兔食之不仅能增进食欲，而且还能维持体液渗透压的平衡、酸碱平衡，对神经的传导、肠的蠕动都有影响。氯主要分布于体细胞外液中。氯和钠协同维持细胞外液渗透压，参与胃酸形成，保证胃蛋白酶作用所需 pH 值。在唾液腺内氯和 α-淀粉酶形成活性复合体，有利于 α-淀粉酶的作用。

食盐缺乏，獭兔就会表现食欲不振，生长迟缓，饲料利用率降低，成年兔体重减轻，泌乳兔产奶下降，肾机能损坏。此外，兔还会有异食癖、互相咬尾巴、舔圈栏、啃木头等，严重缺乏时发生肌肉颤抖，四肢运动失调。

植物性饲料中，钠和氯的含量都很少。所以，一般日粮中应另补加食盐才能满足獭兔的需要。食盐尚有提高饲料适口性、刺激食欲、增进采食量等作用，故在獭兔饲养上经常补喂，特别是对于生长、泌乳和生产性能高的獭兔尤应注意供给。

食盐的补给量一般是约占饲粮的 0.5%。高于 1% 对獭兔生长不利（表 5-1）。

表 5-1　饲粮中食盐添加量对生长兔的影响

（Harris，1984）

添加食盐(%)	日增重(g)	采食量(g)	饲料利用率(%)
0	37.5	115	3.06
0.5	39.5	111	2.81
1.0	38.1	114	3.02
1.5	34.1	102	3.10
2.0	35.9	111	3.10

4. 钾　钾在兔体内的含量与钠相似。在体液的渗透

压调节上，钾与钠、氯重碳酸盐离子均起重大作用，钾影响神经和肌肉的兴奋性，并且与碳水化合物的代谢有关。

钾缺乏可引起肌肉营养不良，生长停滞，衰弱，痉挛，瘫痪，继而死亡。但一般植物性饲料含钾丰富，不至缺乏。食入钾过多，则干扰镁的吸收和代谢，有可能导致低镁性痉挛。

5. 铁　铁是形成血红素和肌红蛋白的原料，参与体内氧的运输。血红蛋白中约含 0.34% 的铁。铁还是许多酶，如细胞色素酶和黄素蛋白酶等的成分，在氧化还原反应中分别起传递电子和氢的作用。

獭兔缺铁时会发生小红细胞的色素过少性贫血、低血红蛋白性贫血和其他不良现象。

铁广泛分布于饲料中，但血粉、谷类和青绿饲料中的铁都不易利用，而大多数无机物中的铁则较易利用，如硫酸亚铁和氧化亚铁等。所以，当獭兔缺铁时可由无机物中补给。

6. 铜　獭兔体内以肝、肾、心脏、脑中含铜最多。铜参与血红蛋白的合成、某些氧化酶的合成和激活；在红细胞和血红素形成过程中铜起着催化作用；参与骨骼的正常发育，维护血管正常功能和中枢神经系统功能；维护正常繁殖；对毛的合成有重要作用，对毛的品质也有影响。

铜和铁的代谢紧密相关，缺铜时影响铁的利用，即使铁含量丰富，兔仍会发生贫血，出现被毛粗乱、褪色、脱落并发生皮肤病。铜在黑色素合成中起重要作用，缺铜的典型症状是被毛变质。缺铜还会引起獭兔骨质异常，形成不完整的软骨。同时，还会出现生长受阻、体质消瘦、下痢及生产力显著下降等现象。

Patton等（1982）报道，每千克日粮中加入400 mg铜后，兔的生长速度及饲料利用率明显改善，还可降低因腹泻引起的死亡率，加铜和不加铜的平均增重分别为40.8 g和31.1 g，肠炎引起的死亡率分为4%和25%。对生长有抑制作用的毒性剂量为500～1 000 mg/kg饲料。铜过量则红细胞溶解，组织坏死，严重时造成死亡；此外，也会导致铜的积累，贮存于肝脏中，造成慢性积累中毒。

7. 锰　锰存在于兔体内组织中，其中以肝、骨含量最多。锰参与形成骨骼基质中的硫酸软骨素，在骨的黏多糖合成中起着重要作用，是葡基转移酶的辅助因子，在氨基酸的代谢中也起作用。锰对獭兔生长、繁殖和造血都有影响，缺锰时骨骼系统发育不正常，表现为腿弯曲、骨脆，骨骼的重量、密度、长度及灰分含量均减少。

8. 锌　锌存在于机体的所有组织中，尤其是肌肉、皮肤、被毛、睾丸和前列腺中含有大量的锌，表明锌与生长、毛皮生长、精子成熟都有重要关系。锌还存在于合成核糖核酸的酶系统中，锌为兔体内的各种酶和胰岛素的成分，如红细胞中的碳酸酶、胰液中的羧基肽酶等。锌与胰岛素相结合，形成络合物，增加胰岛素的结构，延长其作用时间。

缺锌将影响生长，引起皮炎。试验表明，喂给缺锌日粮（3 mg/kg）时，断奶2周后停止生长。当喂给母兔含锌少于3 mg/kg日粮时，黑毛变质，掉毛，体重减轻，食欲下降，嘴周围肿大，母兔拒绝交配，因而不排卵、不生殖。缺锌时母兔即使妊娠，但自发流产率高，分娩过程中出现大量流血。总之，缺锌将引起獭兔生长缓慢、毛皮

品质不佳和繁殖力下降。

据 Lebas (1980) 推荐和德国饲养标准规定，每千克日粮含锌 50～70 mg，可满足兔生长和繁殖的需要。

9. 钴　钴是维生素 B_{12} 的组成部分。维生素 B_{12} 又叫氰钴素，它含有 4.5%金属钴，是已发现的惟一含有金属的维生素，为红色结晶体。钴主要通过维生素 B_{12} 发挥生理作用，它参与造血过程，钴活化磷酸葡萄糖变位酶和精氨酸酶等酶类，同蛋白质、氨基酸、辅酶、脂蛋白和碳水化合物的代谢相关。钴可替代羧肽酶中的锌和部分替代碱性磷酸酶中的锌。兔可利用饲料中的钴通过肠道内微生物合成维生素 B_{12}，其利用率和吸收率都比较高。

钴分布于兔体内所有器官中，以胃、肝、肾、脾及胰腺中含量最多。

大多数饲料均含有钴，其含量与植物生长的土壤有关。谷物子实含钴量较低，约为 0.07 mg/kg，动物性饲料含钴丰富，可达 1 mg/kg 以上。因此，在正常的饲喂条件下，兔不会发生缺钴现象。

10. 碘　兔体内 70%～80%的碘存在于甲状腺中。碘的作用方式与其他微量元素不同，它以激素的形式发挥作用，甲状腺素促进蛋白质的合成，活化很多种酶，调节能量的转换，加速体组织的生长发育。

生长兔缺碘导致甲状腺肿大，基础代谢下降，生长受阻，骨骼短小，生殖器官发育受阻。妊娠母兔缺碘会导致胎儿死亡和被吸收，或产“无毛兔”，全身出现黏液性水肿，甲状腺肿大和出血，但碘摄入过多也会引起兔大量死亡。

一般每千克配合饲料中含碘 0.2 mg 最适宜。在缺碘地区应注意在日粮中经常加入碘盐。海产饲料含碘丰富。

11. **硒** 硒存在于兔体的细胞中，肝、肾中硒的含量最高。组织中硒的含量和日粮中硒的含量成正比。硒同维生素 E 具有相似的抗氧化作用。硒是谷胱甘肽过氧化物酶组成的成分，该酶催化脂肪合成过程形成的过氧化氢和过氧化物的还原，防止细胞和亚细胞膜受到过氧化物的危害。在细胞内，维生素 E 防止过氧化物的形成。硒和维生素 E 都是抗氧化作用，有相互节省的效应。

缺硒可引起兔营养性肝坏死，血中谷胱甘肽过氧化物酶活性降低，肌肉营养不良，易患白肌病。3～5 周龄幼兔易发生，死亡率高。猝死是硒缺乏的典型特征。繁殖母兔出现繁殖障碍，泌乳量下降，公兔睾丸萎缩。

当日粮中硒的含量长期处于 5～10 mg/kg 时，可引起慢性中毒，其症状为食欲减退，无毛，肝脂肪样浸润，肝和肾退化、水肿，有时蹄壳从蹄冠带处与皮分离。

硒虽为必需元素，但由于它的毒性及中毒剂量与需要剂量之间的距离很近，故把硒作为饲料添加剂应特别慎重。

12. **硫** 绝大多数硫存在于兔体内蛋白质的胱氨酸、半胱氨酸和蛋氨酸中；生物素、硫胺素和胰岛素中亦含有硫；血液中含有硫酸盐，但体内无机盐的含量很少；兔毛富含胱氨酸，含硫量达 5%，因此硫对兔毛的生长、毛被的质量起着重要作用。

在兔体代谢中以有机态的硫效果较高，无机硫较差。在饲料中一般都含有较丰富的硫，不需另外补充，但在兔的脱毛期，如能补充硫，则可促进换毛活动，加速正常生产的恢复。

獭兔日粮中矿物质元素需要量见表 5-2。

表 5-2 獭兔日粮中矿物质元素需要量

元素名称	在日粮中含量	备 注
钙	生长兔 1.0%，妊娠兔 1.0%～1.1%，泌乳兔 1.3%	
磷	0.5%～0.8%；钙:磷=(1.5～2):1	
氯化钠	0.5%	
镁	0.25%～0.35%	
钾	0.6%	不得高于 0.8%～1%，否则易患肾炎
锰	2.5～8.5 mg/kg 日粮	
铁	50 mg/kg 日粮	
铜	5～20 mg/kg 日粮	
锌	50 mg/kg 日粮	
钴	1 mg/kg 日粮	
硫	一般饲料中均含有，獭兔一般不会发生缺硫	
碘	0.2 mg/kg 日粮	严格控制，否则会导致仔兔死亡

13. *其他微量元素*　钼是黄嘌呤氧化酶、醛氧化酶、亚硫酸氧化酶的组成成分。动物性饲料中钼的含量较高，平均为 2 mg/kg，而谷实类饲料中钼的含量较低，平均为 0.3 mg/kg。生产实践中还未把它当做必需微量元素。

氟主要存积在骨骼中，氟对骨骼、牙齿的形成和结构，以及钙、磷代谢都有重要作用。一般不会出现缺氟病。饲料中的含氟量与土壤中可溶性氟的浓度有关。谷实类饲料氟的含量较低，动物性饲料和菜子饼中氟的含量较高。

铬在兔体内主要沉积在肝、脾和肾中，其他组织含量较少。实验证明，三价铬为哺乳动物所必需。其作用是协助胰岛素发挥生化作用，参与碳水化合物和脂类的代谢。常用饲料中铬的含量为0.1～1.0 mg/kg。

镍也是一种必需微量元素，有生血机能，促进红细胞的再生，其生血活性与钴相似。

砷广泛地分布在兔的各组织和体液中，其中尤以皮肤和蹄中的含量较高。低浓度的砷有一定的生血刺激作用，能促进细胞的生长和增殖。砷能抵抗硒的毒性。

此外，硅、钒、锡、铅、汞、镉等元素的营养作用和毒性作用也有一些报道。

（六）维生素

1912年，波兰科学家方克，经过千百次实验，从米糠中提取出一种白色晶体维生素 B_1，证实人体缺不了它，取名“维持生命的营养素”，简称维生素——维持健康和生命必不可少的物质。

科学研究表明，维生素是一类化学结构不同、营养作用和生理功能各异的有机化合物。它既不是能量，也不是构成兔体的原料，在饲料中含量极微，兔体的需求量也极少，但其所起的生理功能却很大，对兔体的新陈代谢有着极为重要的作用，主要起控制、调节代谢作用。

现已发现维生素有30多种，除维生素D、尼克酸和维生素C外，大部分维生素在兔体内不能合成，需由日粮供给。獭兔饲养业由于重视了维生素这个因子，大大促进了饲养效果，克服了许多过去弄不清楚的营养缺乏症，保证了兔体健康，促进了獭兔生产力的提高。

维生素按溶解性能不同，可分为脂溶性和水溶性2大

类。目前，在獭兔生产中具有重大意义的维生素有十多种，即脂溶性维生素 A、维生素 D、维生素 E、维生素 K 和水溶性的 B 族维生素和维生素 C 等。

1. 维生素 A　又称抗干眼病维生素。维生素 A 对獭兔的繁殖、生长、视觉、骨骼的形成和表皮细胞的发育及维持呼吸道、生殖道的正常功能，防御病原微生物的侵袭都具有重要作用。

若长期缺乏维生素 A，会造成幼兔生长缓慢；泪腺上皮角质化，使眼泪分泌停滞，引起干眼病，发生夜盲症；使皮肤干燥，被毛失去应有的光泽；公兔性成熟推迟，睾丸退化，性欲减退，射精量减少，精子畸形数增多；母兔受胎率下降，产仔数减少，易发生流产与死胎、怪胎；出现神经性跛行、痉挛、麻木和瘫痪等症状；还会使兔的消化道、呼吸道、泌尿道等上皮组织受损，表现为消化不良、拉稀、肺炎等病症。

生长期的兔每千克体重每日需维生素 8 μg，繁殖期的公母兔每千克体重需维生素 15 μg。

维生素 A，主要存在于动物性食物中，如乳汁、肉粉、鱼粉、肝及鱼肝油中。植物中主要含胡萝卜素。这种胡萝卜素能在兔的肝脏和小肠当中，经胡萝卜素酶的作用变为维生素 A，然后参与体内各种机体功能活动，或贮存备用，故将胡萝卜素称为维生素 A 原。

补充维生素 A 不是越多越好。大剂量的维生素 A 可引起中毒（当补充量大于肝脏贮存能力的 4 倍时才会出现)。慢性中毒的主要特征为骨质被吸收、侵蚀，骨干变狭，软骨基质受害，颈椎关节强硬，短骨生长停滞、变肥厚，外生骨疣。例如，给兔注射高剂量维生素 A 后，因破坏软骨，使耳弯曲，出现体重减轻、器官变性、生殖道发育不良等症状。

日粮中维生素A的含量一般应达以到10 000 IU/kg（Lebas，1980），降至1 160 IU时发生缺乏病。

2．维生素D　又称抗佝偻病维生素。维生素D与钙、磷代谢密切相关。它能促进小肠对钙、磷的吸收，使血钙与血磷的浓度增加，有利于钙、磷在骨骼中沉积，有助骨骼增长。

维生素D有许多异物体如维生素D_2、维生素D_3、维生素D_4等，它们在化学结构上近似，但在生理作用上却不同。维生素D_2是由植物体中的麦角固醇经紫外线照射产生的。维生素D_3是兔体皮肤中的7-脱氢胆固醇在日光或紫外线照射下转化而成的。

钙、磷和维生素D在生理上是密切相关的，缺乏其中任何一种或三者比例不平衡，由于骨骼中磷酸钙的沉积不足，而引起仔兔佝偻病、关节肿大、牙齿生长迟缓和成年兔的软骨病，母兔还易发生产后瘫痪，或形成弓背。

据报道，每千克日粮含900 IU维生素D可满足兔的需要。一般天然牧草含量较高。另外，多晒太阳，接受紫外线照射，可使皮肤内7-脱氢胆固醇合成维生素D_3。

但过量补充维生素D，可产生维生素D过多症。特点是血钙过高，动脉和各器官、组织普遍沉着钙盐，并有骨的变化，如维生素D_3超过25倍会破坏骨的形成，使骨的构成受阻。故以维生素D作添加剂，须注意这个问题。

3．维生素E　又名生育酚、抗不育维生素，是一组具有生物活性的、化学结构相同的酚类化合物。它与生育有关，是兔体内重要的生物催化剂之一；还是一种抗氧化剂，能保护细胞膜不被破坏；可防止兔体内贮存的维生素A发生氧化；参与代谢作用和维生素的合成。它与硒起协

同作用，可维持肌肉、睾丸与胎儿组织的正常机能。此外，对维持肌肉及外周血管系统的结构与功能的完整性起着重要作用。

当体内缺乏时，会造成公兔精液品质下降，母兔不孕、流产、死胎，仔兔白肌病。若长期与硒同缺，会导致急性肝坏死，还会发生小脑出血和水肿等疾病。

每千克日粮中含 40 mg 的维生素 E 即可满足需要，维生素 E 富含于青绿饲料、优质干草、糠麸、蛋黄、谷物类的种胚中，如豆芽、麦芽等。

4. 维生素 K　又称凝血维生素，是促进血液凝固所不可缺少的物质。它能促进肝脏合成凝血酶原，与肝脏合成凝血因子有关。维生素 K 除用于止血外，还发现新的药理作用：一是消炎；二是止泻；三是减轻黏膜充血、水肿；四是解热止痛。维生素 K 在畜禽生产中用途多种，应用较多的是人工合成的维生素 K_3、维生素 K_4。当用维生素 K 治疗时，同时给予钙剂。

(1) 在饲料中添加维生素 K_4（0.53 mg/kg 体重），可缩短血液凝固时间和防止出血。此法是治疗鸡、兔球虫病的辅助有效措施之一，可有效降低其死亡率。

(2) 维生素 K_3 治疗鸡、兔白痢效果好。其用法是每日 2 次肌肉注射，剂量为每日每千克体重 2 mg，也可双倍量饮水。一般用药第 1 天见效，第 3 天康复。

(3) 饲料中添加磺胺制剂和抗生素时，容易引起维生素 K 缺乏症。因为这些药可抑制维生素 K 的吸收。其表现是皮下出血，血肿形成，严重者蜷缩一团，打抖，还会死亡。可按每千克饲料添加维生素 K_3 0.5 mg；也可按每千克体重 0.5～0.7 mg 喂给。

已知自然界的天然化合物有两种：维生素 K_1 和维生

素 K_2，存在于青绿饲料中，维生素 K_2 也存在于微生物体内。人工合成的维生素 K_3、维生素 K_4，效力强于维生素 K_1。维生素 K_3 的效力是维生素 K_1 的 2 倍。

维生素 K 缺乏时，引起皮下、胃肠和肌肉出血和出血难以制止，引起胎盘出血和流产。

植物中含有大量维生素 K，消化道微生物也能合成维生素 K，獭兔通过食粪可获得维生素 K，所以一般不缺。但繁殖母兔应适当补充维生素 K，每千克日粮中含 2 mg 维生素 K，即可防止出血和流产。鱼粉也是维生素 K 的良好来源。

5. B 族维生素　是对獭兔很重要的一类水溶性维生素，它们的共同特点是作为酶类的辅酶或辅基存在，除肌醇外，一般都含有氮，参与碳水化合物和蛋白质的代谢。

(1) 维生素 B_1（硫胺素）。硫胺素又名抗神经炎素或抗脚气病维生素，在獭兔体内经磷酸化作用可转变为焦磷酸硫胺素，是一种催化酮酸脱羧所必需的辅酶。如果硫胺素缺乏，丙酮酸就不能脱羧与氧化，从而积存在体组织和血液中，对神经系统和物质代谢起有害作用。由于碳水化合物的中间代谢产物的积累，则引起多发性神经炎，严重时出现头向后仰的神经症状。獭兔缺乏硫胺素的早期症状为食欲不振、消瘦、肌肉无力，以及神经系统的紊乱。

硫胺素易溶于水，在弱酸性溶液中相当稳定，但在碱性溶液及中性溶液里易于分解，对高温潮湿也不稳定，所以加热蒸煮饲料时，对其有一定的破坏作用。人工合成有硫胺素盐酸盐和硫胺素硝酸盐，后者更为稳定。

禾谷类及其副产品含有丰富的硫胺素，酵母为硫胺素的最丰富来源，糠麸类饲料中含量尤多，青草及优质干草

含量也较多（表5-3）。

表5-3　几种饲料维生素 B_1 含量

饲 料	维生素 B_1 含量(mg/kg)
米糠	1.0~2.0
大豆	0.5
麦麸	0.5
野草	0.2
酵母饲料(干)	3.2

(2) 维生素 B_2（核黄素）。核黄素同蛋白质结合的磷酸化合物是黄色呼吸酶的辅基，调节兔体内氧化还原反应。对蛋白质、脂肪和碳水化合物的代谢有密切关系。

缺乏时，獭兔食欲降低，皮毛粗糙，生长不良，并影响繁殖和泌乳。核黄素能在獭兔大肠内由细菌合成，所以一般不会发生核黄素缺乏症，但对生长兔，每千克日粮中应含核黄素 6 mg/kg。维生素 B_2 在青饲料、干草粉、酵母、鱼粉、糠麸中含量较多。

(3) 维生素 B_3（泛酸）。泛酸又名抗皮炎因子，是辅酶A的组成成分。辅酶A在兔体内与胆固醇和脂肪的合成有关。同时它对神经活动有调节作用。

缺乏时，獭兔常发生皮肤病和眼病，生长受阻，被毛粗糙，脱毛，眼分泌物和眼睑黏合在一起，骨短粗。泛酸广泛存在于饲料中，在酵母、豆类、糠麸、青饲料和鱼粉、骨粉中含量较多。此外，由于獭兔的大肠微生物能合成泛酸，因此一般不会发生缺乏症，但泛酸经煮熟后，很易被破坏。

(4) 维生素 B_4（胆碱）。胆碱虽然被归于维生素之列，但严格地讲又不是真正的维生素，而且已知胆碱不参与任何酶系统。事实上胆碱是脂肪和神经组织的结构成分，动物对胆碱的需要量极高，已超过其他维生素的需要量。胆碱主要存在于乙酰胆碱和磷脂中。它参与脂肪代谢过程，能促进脂肪酸在肝脏的氧化作用，可防止脂肪肝的发生。

缺乏时，獭兔生长缓慢，发育不良，被毛粗糙，贫血，虚弱，共济失调，关节松弛，脂肪肝，肾小管闭塞，肾小管内上皮坏死。母兔缺乏胆碱影响繁殖机能，泌乳下降，仔兔成活率低，断奶体重小。在日粮中添加0.1%～0.12%氯化胆碱，可以预防缺乏症的发生。小麦胚芽、鱼粉、饼粕类饲料、糠麸中含量丰富。

(5) 维生素 B_5（烟酸）。又名尼克酸、维生素PP、抗癞皮病维生素。烟酸在兔体内主要以辅酶Ⅰ和辅酶Ⅱ的形式参与机体代谢。在能量的利用、脂肪、蛋白质和糖的合成与分解方面起着重要作用。烟酸还参与细胞的呼吸和代谢作用。产品有烟酸和烟酰胺两种，两者活性相同，烟酸被獭兔吸收形式为烟酰胺。

缺乏时，会引起獭兔食欲不振，生长不良，下痢，被毛粗糙。烟酸可在兔体内由色氨酸合成，并广泛存在于饲料中。兔体虽能合成烟酸，但为了促进兔的生长，其每千克体重应补加11 mg烟酸。烟酸在酵母、豆类、糠麸、青饲料和鱼粉中含量丰富。

(6) 维生素 B_6（吡哆醇）。维生素 B_6 为吡啶衍生物，它以吡哆醇、吡哆醛和吡哆胺存在饲料中，三种生物活性相同，目前市场上出售商品为吡哆醇。它是多种酶类的成分，如脱氨酶、转氨酶、脱羧酶等，参与各种物质的代谢过程，特别是与蛋白质的代谢有密切关系。维生素 B_6 在肝脏和血红蛋白的生成有关，并对防止某种贫血有一定效果。

缺乏时，獭兔生长速度下降，繁殖力降低，并出现皮肤损害和特有的神经症状——从兴奋至痉挛。对兔体来说，每千克配合饲料中加入39 mg吡哆醇，则可预防缺乏症的发生。米糠、胚芽、谷类及其副产品、酵母及肝脏等均富含维生素B_6。

(7) 维生素B_7（生物素）。又称维生素H、W因子和抗卵清损害因子。生物素分子由尿素、噻吩和戊酸构成，为白色针状晶体。生物素是转化反应酶系中许多酶的辅酶，它在碳水化合物、脂肪和蛋白质代谢中具有重要作用。生物素在肝、肾中含量较多。

缺乏时，发生皮肤炎，过度脱毛，皮肤溃烂，眼周渗出液，嘴黏膜炎症，蹄横裂，脚垫裂缝并出血。生物素分布很广，在鱼肝油、酵母、青饲料、鱼粉、谷物和糠麸中含量较多。

(8) 维生素B_{11}（叶酸）。叶酸有抗贫血作用，在肝及骨髓中对血细胞的形成有促进作用。獭兔肠道微生物可合成能满足需要。

叶酸在绿色植物和獭兔的脏器中含量很多，豆科子实也是叶酸的丰富来源。菠菜中含量很高。獭兔日粮中一般均可满足需要。其需要是为每千克饲料中含有B_{11}0.5～2 mg。维生素B_{11}缺乏时，会出现生长迟缓和被毛变坏、贫血。

(9) 维生素B_{12}（氰钴素）。自1940年起即已确定了维生素B_{12}为动物生长、繁殖和泌乳所必需，故又称其为动物蛋白因子。维生素B_{12}又名钴胺素，其结构最复杂，惟一含有金属元素（钴）的维生素。在维生素中，它的需要量最低，但作用最强。它的特点是，在自然界中仅有微生物可合成，而植物性饲料中通常不含有维生素B_{12}。

维生素 B_{12} 又叫抗贫血维生素，是造血的活性物质。兔的关节、肌肉和神经的活动都受氰钴素的影响。氰钴素不足时，兔表现生长停滞、贫血、被毛粗乱、皮炎等。

动物性饲料中特别是鱼粉含维生素 B_{12} 丰富。在獭兔肠道微生物能合成维生素 B_{12}，所以粪中富含这种维生素。獭兔粪就是维生素 B_{12} 的来源，因此獭兔一般不缺。

6. 维生素 C　又名抗坏血酸。维生素 C 是一种酸性物质，易被氧化剂破坏。它参与体内一系列代谢过程，包括细胞间质中胶原的生成及氧化还原反应，刺激肾上腺皮质激素的合成，促进肠道内铁的吸收，使叶酸还原为具有活性的四氢叶酸，具有解毒作用、抗氧化作用，能保护其他物质免被氧化。

缺乏维生素 C，兔会患坏血病。这种维生素在兔体组织中可以合成，不需要从饲料中获得。

现将各种维生素主要功能、缺乏症及来源归纳如表 5-4 所示。

表 5-4　维生素的主要功能、缺乏症与来源

维生素	主要功能	缺乏症	来　源
A	促进骨骼生长，保护呼吸、消化、泌尿生殖道上皮和皮肤的健康，促进生长发育	干眼病，夜盲症，上皮组织角化，抗病力下降，繁殖率降低	绿色饲草、胡萝卜、南瓜、黄玉米、鱼肝油、合成的维生素 A
D	促进钙、磷的吸收与利用，为骨骼和胚胎的正常发育所必需	幼兔佝偻病，成年獭兔骨质疏松症，生长缓慢，被毛粗糙，关节肿大，步态不稳	獭兔日光照射生成，维生素 D_3、鱼肝油、干草、合成的维生素 D

续表 5-4

维生素	主要功能	缺乏症	来源
E	维持正常的生殖机能,防止肌肉萎缩,抗氧化作用	肌肉萎缩,白肌病,肝脏坏死,繁殖率下降,胚胎早期死亡或流产	植物油、绿色植物、谷物的胚芽、蛋黄、合成的维生素 E
K	促进肝脏合成凝血酶原及凝血因子	凝血时间延长,皮下肌肉和肠道出血	绿色植物、大豆、鱼粉、肠道微生物,合成的维生素 K
B_1（硫胺素）	参与能量代谢,为碳水化合物代谢所必需,保证神经、肌肉、胃肠正常活动	食欲减退,体重减轻,多发性神经炎(头颈强直后仰)	谷物外皮,青绿饲料、酵母、油饼
B_2（核黄素）	参与体内能量、蛋白质和脂肪代谢,是体内生物氧化所必需	生长迟缓,被毛粗乱,甚至脱落,影响生殖和泌乳机能	青绿饲料、酵母、鱼粉、糠麸、发酵饲料
B_3（泛酸）	辅酶 A 的组成,与胆固醇和脂肪合成有关,调节神经功能	生长缓慢,皮炎,脱毛,母兔繁殖机能障碍,眼病	酵母、豆类、糠麸、青饲料、发酵制品、鱼粉、骨粉
B_4（胆碱）	参与脂肪代谢,影响神经传递,促进脂肪酸在肝脏的氧化作用,防止脂肪肝发生	生长缓慢,发育不良,被毛粗糙,脂肪肝,肾小管坏死	绿色植物、酵母、小麦胚芽、饼粕类、糠麸、鱼粉
B_5（烟酸）	为辅酶Ⅰ和辅酶Ⅱ的成分,为体内生物氧化所必需,保证皮肤、消化和神经系统功能正常	生长缓慢,食欲减退,下痢,被毛粗糙,皮炎,坏死性肠炎	谷实类、糠麸、胚芽、酵母及动物性饲料

续表 5-4

维生素	主要功能	缺乏症	来源
B_6（吡哆醇）	参与蛋白质代谢,参与红细胞的形成,在内分泌中起作用	幼兔生长缓慢或停止,繁殖力下降,运动失调	谷实类、豆类、动物性饲料、酵母
B_7（生物素）	参与脂肪、碳水化合物和蛋白质代谢	皮炎,贫血,脱毛,嘴黏膜炎,蹄裂	谷物、豆饼、苜蓿粉、干酵母、青饲料
B_{11}（叶酸）	参与氨基酸代谢,促进红细胞生成	生长不良,贫血,被毛变坏	青绿饲料、谷物、酵母、肠道微生物
B_{12}（氰钴素）	参与核酸及蛋白质代谢,促进红细胞的成熟	生长迟缓,贫血,被毛粗乱,皮炎	鱼粉、肝脏、肠道微生物、合成维生素 B_{12}
C（抗坏血酸）	增进机体抗病力,促进铁的吸收,参与胶原蛋白的合成	坏血病	体内合成,谷物

（七）水分

水在獭兔机体代谢中具有重要的作用。机体内的水分大部分是与蛋白质结合成胶体，使组织细胞呈现一定的形态、硬度和弹性。水不仅是体内营养物质吸收、转运和代谢废物排泄所需的溶剂，而且是体内代谢过程中化学反应的介质，直接参与许多化学反应，同时水对保持机体的体温恒定具有重要作用。獭兔主要依靠饮水、饲料水及代谢水来满足水的的需要。獭兔体内含水量约占体重 70％以上。

獭兔每日需水量一般为干饲量的 2～3 倍，喂颗粒饲料时，生长兔每日每只需水300～400 mL，随尿排出的水为60～65 mL。兔饮水量与气温、体重、年龄、生理、饲料种类等有关，炎热时需水量可达到摄入干物质的4倍，泌乳母兔水的消耗量也加大。

当獭兔失去占体重1%～2%的水分时，立即感到干渴；失水达10%时，体内代谢发生紊乱，会导致体组织中脂肪和蛋白质分解加剧，氮、钠和钾离子排出量增加。缺水引起机体代谢受阻，饲料利用率降低。兔在长途运输中最容易缺水，这种应激对獭兔不利。如果失水达到20%时，则引起兔体死亡。獭兔缺水，生长受阻，生产力下降。为了保证獭兔健康与生产，必须供给充足的水。

二、饲　　料

现将含水量不同的青饲料、青贮饲料换算成风干饲料的简便算法列于表5-5。

表5-5　青饲料含水量换算表

青饲料、青贮料含水量(%)	换算为风干重(含水10%)时应除的倍数	青饲料、青贮料含水量(%)	换算为风干重(含水10%)时应除的倍数
75	3.6	61	2.31
74	3.46	60	2.25
73	3.33	59	2.20
72	3.21	58	2.14
71	3.1	57	2.1
70	3.0	56	2.05
69	2.9	55	2.0
68	2.81	54	1.96

续表 5-5

青饲料、青贮料含水量(%)	换算为风干重(含水10%)时应除的倍数	青饲料、青贮料含水量(%)	换算为风干重(含水10%)时应除的倍数
67	2.73	53	1.91
66	2.65	52	1.88
65	2.57	51	1.84
64	2.5	50	1.80
63	2.43	45	1.64
62	2.37	44	1.61

（一）饲料的分类

1．粗饲料　是指粗纤维含量高于18%，天然水分含量低于45%，有机消化率在65%～70%以下，每千克干物质的消化能在10 460 kJ以下的饲料。

粗饲料的特点是：单位重量体积大，质地坚硬，营养价值低。但这类饲料来源广，数量大，价格低，是獭兔冬季主要饲料和颗粒料的主要成分。主要包括干草、秸秆、荚壳、干树叶等。

（1）干草。青草或其他青绿饲料在未结实以前刈割下来经晒干制成干草，如聚合草、苜蓿、紫云英、三叶草等。晒干后粗蛋白质含量高（15%～20%），B族维生素、钙含量丰富，粗纤维含量低，饲用价值高，其营养价值接近于精料；是维生素D的重要来源，并含有丰富的胡萝卜素。干草含水分一般低于15%，干草有机物质消化率通常为50%～70%。

目前广泛种植的禾本科牧草有黑麦草、苏丹草等，所含营养物质一般低于豆科牧草。开花前的其他野青草干草也是良好的粗饲料。在配合饲料中，干草粉通常占20%～30%。

(2) 秸秆。包括谷秸、玉米秸、甘薯藤、花生秧等。其粗纤维含量为 20%～50%；总营养低于干草。在农作物秸秆中，甘薯藤营养价值较高、适口性较好，特别是霜前收获晒干的粗纤维较少，精蛋白达 11%。

稻草是南方农区獭兔主要粗饲料之一，每千克稻草粉含消化能 3.39 MJ，含粗蛋白 3%～5%，脂肪 1%，粗纤维 26%～28%，灰分 14%～15%，硅酸盐含量高，钙 0.28%，磷 0.08%。但由于稻草生长期短，茎叶柔软，木质化程度低，适口性较好。作为粗饲料，可占日粮的 10%～15%。

玉米秸是我国北方主要粗饲料来源。在秸秆中，玉米秸消化能较高，粉碎后可作颗粒料的组分，约占日粮的 10%。

花生秧是豆科秸秆中营养价值较高的一种，粗蛋白和钙含量均较高，茎叶较柔软，粉碎后可占日粮的 25%～30%。

秸秆作为粗饲料，最好粉碎后与精料混合制成颗粒料，这样可延长饲料在肠道中停留时间，以提高消化率。秸秆直接饲喂，浪费较大，利用率低，适口性较差，消化率也较低。

(3) 荚壳。包括豆科荚壳和谷类皮壳两大类。豆科荚壳营养价值较高，含粗蛋白质 5%～8%，粗脂肪 1%～2%，粗纤维 28%～35%。荚壳作为兔粗饲料可占日粮的 10%～15%。葵花盘尚待开发利用，粉碎后是饲喂獭兔的好饲料，含粗蛋白质 10%～15%，粗脂肪 3%～4%，粗纤维 20%，在獭兔日粮中用量可占 15%～20%。花生壳虽含粗纤维近 60%，但生产中以花生壳粉作为粗饲料可占日粮的 30%，对耐粗饲的家兔无不良影响，而且以花生壳为精料饲喂，很少发生腹泻。

谷类皮壳包括稻壳、谷壳、荞麦壳等，粗纤维含量在40%以上，在饲料中比例应控制在8%以内。如以混合粉料喂兔，应适量加水使吸水软化。

(4) 干树叶。刺槐、紫穗槐、桑、榆等干树叶，营养价值较高，粗蛋白含量在20%左右；落叶则质量差。树叶用量一般占家兔日粮的10%～15%（洋槐、紫穗槐、刺槐等）；柿树叶、核桃叶中含单宁，有涩味，大量喂会引起兔便秘，喂量不宜超过5%。其他果树叶用量可达15%～25%。值得注意的是：果树大多喷洒农药，叶中有残留，如长期饲喂，可引起积累性中毒，采集时应注意。

2. 青绿饲料　青绿饲料指天然水分60%以上的富含叶绿素的植物性饲料，包括天然牧草和人工栽培牧草、农田栽培蔬菜与饲料作物、树木嫩枝和树叶、田间杂草及水生植物等。

这类饲料的饲用特点是养分全面，多汁柔软；含水量高，干物质含量低，能量含量低；碳水化合物中粗纤维较少，无氮浸出物较多，其适口性好，消化率高；富含胡萝卜素、B族维生素和维生素C，且含有丰富的未知生长因子、酶、植物激素等活性物质，是獭兔春夏季主要饲料来源。以干物质计算，粗纤维含量18%～30%；粗蛋白禾本科含量13%～15%，豆科含量18%～24%；矿物质丰富，灰分含量6%～11%，可满足各种生理状态下兔的需要。这类饲料的营养价值因植物生长期而异，粗老植株较幼嫩植株的营养价值及消化率低。

青绿饲料中的蛋白质含有多种必需氨基酸。例如，苜蓿所含的10种必需氨基酸比其他各类饲料都多，其中赖氨酸含量比玉米高1倍以上。青绿饲料蛋白质生物学价值

可达70%，可见其生物学价是较高的。另外，可促进獭兔的食欲，增加采食量，加快其生长，提高生产能力，还有防止便秘的作用，对哺乳母兔还有提高泌乳量的功能。例如，苦麻菜适口性较好，能促进食欲，助消化，促生长，喂母兔可提高泌乳量；聚合草茎叶干物质中含粗蛋白质19%～21%，粗脂肪3%～4%，粗纤维8%～9%，无氮浸出物35%～40%，粗灰分15%～16%，是獭兔的优质青绿饲料。养兔的实践表明，用聚合草喂兔，比喂其他青料拉稀少，产仔多，换毛早，皮毛质量也有提高。

串叶松香草属菊科多年生草本作物，一次种植可利用10～12年，第1年每667 m^2 产鲜草3 000～5 000 kg，每2年产10 000～12 000 kg。我国南方各地每年可刈割4或5次，每667 m^2 产鲜草15 000 kg以上，国外有每667 m^2 产鲜草30 000 kg的记录，增产潜力很大。其营养价值，同上面介绍的聚合草营养价值一样。

聚合草和串叶松香草，这是两种除豆科牧草以外蛋白质含量较高的饲料作物。

獭兔常用的青绿饲料还有野草和树叶等。野草的种类很多，如车前草、马齿苋、蒲公英、灰菜、胡枝子、野豌豆、早熟禾、猪殃、狗尾草、艾蒿等。采集时宜选择叶多、草嫩、含纤维量少的，同时要注意识别有毒有害植物。树叶类可采集槐、桑、榆、杨、松树叶等，可鲜喂或晒干粉碎后加工成颗粒饲料喂兔。

3. *青贮饲料*　青贮饲料是以青饲料为原料，经乳酸发酵或青贮制剂调制保存的一类饲料。青贮过程中青饲料中大部分无氮浸出物分解为乳酸，部分蛋白质分解为酰胺和氨基酸，大部分维生素C和胡萝卜素得以保留，基本保持了青饲料原有的青绿多汁，且经青贮发酵后的饲料有酸香味。一般青绿饲料在成熟和晒干之后，营养价值降低30%～50%，但经过青贮后，只降低3%～10%，尤其是能有效地保存蛋白质与维生素（胡萝卜素）。青贮还能杀死青饲料中的病菌、虫卵，破坏杂草种子的再生能力，减少对獭兔和农作物的危害。青贮料在家畜生产上解决青绿饲料全年平衡供应具有重要作用。

兔一般不太喜欢采食青贮料，但是在冬季和早春缺乏青绿饲料的地方，新鲜而具有酸香味的青贮料，只要搭配的量合适（每只每日 150～200 g），生产效果仍然很好，并不影响兔肠道微生物消化。

4. 能量饲料　凡干物质中粗纤维含量为18%以下，粗蛋白质在20%以下，每千克消化能在10.46 MJ以上的饲料均属于能量饲料，消化能12.55 MJ以上的称为高能饲料。

能量饲料包括以下4大类：

（1）禾谷类子实。如玉米、大麦、燕麦、小麦、高粱、稻谷等。这类饲料无氮浸出物含量最丰富，占干物质的70%～80%，粗纤维含量6%以下，粗蛋白质含量在10%左右，由于蛋白质中缺少赖氨酸，蛋氨酸也不丰富，因而生物学价值低，蛋白质利用率一般为50%～70%。粗灰分1.5%～4%，磷、钾较多，钙少，钙、磷不成比例。维生素 B_1 和维生素E含量较多。在日粮中的比例一般为15%～30%，不宜过高，以免诱发消化道疾病。

玉米富含淀粉质，过多易引起肠炎，用量应控制在30%以内。稻谷是南方农区重要能量饲料，由于有坚硬的外壳，其使用价值不如玉米，使用时应控制用量，占日粮的10%～20%。高粱中因含有较多的单宁物质，味苦，适口性差，喂量不宜过多，占日粮的5%～15%。断奶仔

兔日粮中若加入5%～10%高粱，可防治拉稀。

(2) 糠麸类。如米糠、小麦麸、玉米糠、谷糠、高粱糠等，最常用的是前两种。

细米糠含粗蛋白质13.8%，其氨基酸组成也比原粮好，粗脂肪14.4%，每千克消化能12.55 MJ以上，并含有多量的B族维生素，粗纤维6.4%，但易被消化，钙0.13%，磷1.02%，是饲养獭兔较好的能量饲料。但因其脂肪含量高，米糠易酸败不宜贮存。一般可占日粮的10%～15%，饲养中要注意补钙。

麦麸的营养价值随小麦加工过程中出粉率的增加而降低。一般麦麸含粗蛋白质12.7%～17%，蛋白质中赖氨酸含量高（约0.67%），蛋氨酸含量低（0.11%），粗纤维含量较高（8%～12%），消化能为11.2～12.9 MJ。小麦麸中B族维生素含量较高，其中核黄素3.5 mg/kg，硫胺素8.9 mg/kg。此外，麸皮中钙少磷多是它最大一个缺点，钙、磷极不平衡，钙含量0.16%，磷1.31%，几乎呈1:8的比例，故用麦麸喂兔应注意钙的补充。麦麸含纤维和磷的有机化合物较多，故质地膨松，容重轻，具有轻泻性。一般獭兔日粮中可占日粮的10%～15%。麦麸吸湿性强，易霉变腐败，故要放置于通风处保存。

(3) 块根、块茎及瓜类饲料。这类饲料包括胡萝卜、甜菜、菊芋、甘薯、马铃薯、南瓜等，因富含淀粉质，干物质中消化能值较高，归入能量饲料。但因其水分含量高达70%～90%，多汁,能量浓度低(1.67～4.60 MJ/kg)，仍属大容积饲料。以全干基础计算，每千克消化能12.55 MJ以上。纤维素少，一般不超过10%，不含木质素，所以有人称之为“冲淡的精料”。粗蛋白质4%～14%，矿物质中钾、氯较多，钙、磷较少。胡萝卜、南瓜富含胡萝卜素（每千克胡萝卜含胡萝卜素 500 mg 以上），是獭兔维生素 A 良好补充料。甘薯、马铃薯含淀粉质高，能值高，粗蛋白质低。甘薯患黑斑病、马铃薯发芽、绿皮不要喂兔，防止中毒，马铃薯宜熟喂。

（4）糟渣类。如酒糟、粉渣、豆腐渣、甜菜渣等也是含能量较多的饲料，但大部分糟渣粗纤维含量高，消化率低，做配合饲料的原料时，用量比例不宜过大，一般以不超过日粮的 10%～15% 为好。

5. 蛋白质饲料　指饲料干物质中粗蛋白质含量高于 20%、粗纤维含量低于 18% 的一类饲料。这类饲料的粗蛋白质含量高，其中豆类为 20%～40%，饼粕类 33%～50%，动物类高达 85%，单细胞蛋白饲料（如酵母）高达 50%～55%。这类饲料的蛋白质品质好，限制性氨基酸含量丰富。

（1）豆科子实。如大豆、豌豆、蚕豆等，赖氨酸含量是禾本科子实的 4～6 倍，蛋氨酸也比禾谷类的高 1 倍。生的豆科子实含有一些不良物质，如抗胰蛋白酶、致甲状腺肿物质、皂素与血凝集素等。这些物质会影响豆类饲料的适口性、消化性与兔的一些生理过程，但经热处理后，可以去除这些不良物质。因此，豆科子实喂用前必须蒸煮或炒熟。

（2）饼粕类。含油子实经压榨提取油子后的副产品称油饼，含油 8%～10%；用有机溶剂浸提油脂后的副产品称油粕，含油 1%～3%。

①豆饼（粕）。豆饼和豆粕是獭兔的主要植物性蛋白质饲料。每千克豆饼或豆粕含消化能 13.54～14.24 MJ，粗蛋白质 42.3%～45.6%，粗脂肪 5.1%～5.8%，粗纤维 3.6%～5.9%，钙 0.28%～0.36%，磷 0.47%～

0.63%；赖氨酸可达2.5%左右，色氨酸0.1%左右，蛋氨酸0.38%左右，胱氨酸0.25%；富含铁、锌，其总磷中的一半是植酸磷;含胡萝卜素少,仅为0.2~0.4 mg/kg。

浸提豆粕较之机榨豆饼适口性差，饲用后可能引起腹泻现象，经加热处理后再利用，其不良作用即可消失，100 ℃蒸汽加热半小时，可将有毒物质（抗胰蛋白酶等）破坏。在獭兔日粮中的用量一般为5%~10%。在以大豆饼（粕）为主要蛋白质饲料的日粮中，加入一定量的蛋氨酸或鱼粉，饲养效果会更好。

②花生饼。粗蛋白质含量38%~46%。赖氨酸及蛋氨酸含量略少，但组氨酸、粗氨酸和亮氨酸含量高；缺乏维生素D和胡萝卜素，但尼克酸（维生素B_5）特别丰富。花生饼略有甜味，适口性好，是饼类饲料中质量较好的一种。花生饼含胰蛋白酶抑制因子，可在120 ℃加热破坏。在贮存过程中，要防止染上黄曲霉，其产生的黄曲霉毒素，可引起中毒。日粮中添加量应在10%以下，并要补充赖氨酸和蛋氨酸。

③菜子饼。油菜是我国主要油料作物之一，其产量占世界第二位。菜子饼含粗蛋白36%左右。与豆饼相比，富含蛋氨酸，但赖氨酸低，又含有硫葡萄糖苷，在芥子酶的作用下可水解成有毒的异硫氰酸盐，易致甲状腺肿大和泌尿系统炎症。常用的脱毒方法有水煮法、坑埋脱毒法、乙醇法。日粮中添加量10%以内。

④棉子饼。含32%~38%粗蛋白质，产量仅次于豆饼粕，是一项重要的蛋白资源。但喂兔效果低于豆饼和菜子饼，且棉子饼中含有棉酚等有毒成分，可引起心、肝、肺等组织的损伤。据报道，在蒸料锅上喷入一定剂量的硫酸亚铁溶液，使游离棉酚含量减少到0.02%~0.04%，

仍能获得良好的饲喂效果。常用脱毒方法还有水热处理去毒法、碱去毒法、溶剂浸出法、植酸酶去毒法。近年来，在河北、河南、山东等一些地区推广无毒棉，其饲用价值较高。一般情况下，獭兔日粮中加入8%以下的棉子饼不会引起中毒，若饲喂过量或过长时间，则应对棉子饼进行脱毒处理。

（3）动物性饲料。主要指水产副产品、昆虫类饲料及畜禽副产品，如鱼粉、蚯蚓、蚕蛹及肉骨粉、血粉等。其特点是：不含粗纤维，无氮浸出物也较低。由全动物制成的鱼粉、肉骨粉含粗灰分较高，钙、磷含量高而且比例平衡，各种维生素和微量元素都很丰富，特别是维生素 B_{12} 和硒含量很高。

①鱼粉是最好的蛋白质补充饲料，含有较多的必需氨基酸，尤其是赖氨酸、蛋氨酸、色氨酸含量丰富，蛋白质的生物学价值很高，还有较丰富的脂溶性维生素A、维生素D、维生素E，也含有较多的水溶性维生素如核黄素、生物素和维生素 B_{12}。鱼粉还是未知生长因子的良好来源。鱼粉中钙、磷含量分别为5%和3%左右，微量元素也很丰富，特别是硒和碘，硒为所有饲料最高的，达2 mg/kg。

目前公认秘鲁、智利产的鱼粉质量最好。秘鲁鱼粉的粗蛋白质含量占干物质总量的72.2%，粗脂肪10%，钙5.44%，磷3.44%，赖氨酸4.7%，蛋氨酸1.35。进口鱼粉虽然价格较高，但其蛋白质含量不仅高而且品质好，故有其实用价值。

鱼粉不宜长期保存，特别是高温高湿季节，含脂肪和水分较高的鱼粉以及未加抗氧化剂的鱼粉，易引起霉变，导致消化道疾病，特别是造成幼兔腹泻。由于鱼粉价格较高，獭兔日粮用量一般3%左右。

为保证鱼粉的质量，对每批鱼粉均需进行水分、盐分、灰分、脂肪、蛋白质及尿素等项目的检测。

农业部颁布的鱼粉质量标准见表 5-6。

表 5-6　农业部颁布的鱼粉质量标准

	一级品	二级品	三级品
颜色	黄棕色	黄褐色	黄褐色
气味	具有鱼粉正常气味，无异臭及焦灼味		
颗粒细度	至少 98%能通过筛孔宽 2.80 mm 的标准筛网		
蛋白质（%）	≥55	≥50	≥45
脂肪（%）	≤10	≤12	≤14
水分（%）	≤12	≤12	≤12
盐分（%）	≤4	≤4	≤4
砂分（%）	≤4	≤4	≤4

②肉骨粉的粗蛋白质含量为 30.1%，消化能为每千克 9.2 MJ，含赖氨酸 2.4%，蛋氨酸 0.6%，含维生素 B_2 5.2 mg/kg，维生素 $B_1$0.2 mg/kg，还富含维生素 B_{12}，而矿物质中钙比磷多 2 倍，是很好的蛋白质和矿物质补充饲料。

③血粉是用各种家畜的血液干燥后粉碎而成。它的蛋白质含量可达 80%以上，而且含赖氨酸特别丰富，另外还富含矿物质如铁、锌等，维生素 B_2、维生素 B_{12}也很丰富，但缺乏维生素 A 和维生素 D。我国血粉资源丰富，而且呈上升的趋势。如果采用高温、压榨、干燥制成的血粉，溶解性差，消化率低；而采用低温、真空干燥法制成的血粉或者经过二次发酵的血粉，溶解性好，消化率也高。其用量可以占日粮的 1%～3%。

④羽毛粉是家禽屠宰脱毛处理所得的羽毛，经清洗、

高压水解、干燥与粉碎所得的产品。羽毛蛋白为角蛋白，加压加热可促使其分解，使羽毛粉成为一种可利用的蛋白资源。羽毛粉含蛋白质84%以上，粗脂肪2.5%，粗纤维1.5%，粗灰分2.8%，钙0.04%，磷0.7%。其蛋白质中胱氨酸含量高，蛋氨酸、赖氨酸、色氨酸等重要限制性氨基酸含量很低，利用率也不高，蛋白品质差。

羽毛粉的饲用价值取决于原料的质量、处理方式和水解程度。但总体上看，羽毛粉饲用价值较低，主要用于补充含硫氨基酸需要量，日粮中的用量不可超过3%～5%，而且需与其他优质蛋白质配合使用效果较好。

(4) 单细胞蛋白质饲料。主要是指利用发酵工艺或生物技术生产的细菌、酵母和真菌等，也包括微型藻（如小球藻、螺旋藻）等。

饲用酵母：酵母是真菌的一种，其种类很多，有啤酒酵母、木糖酵母、纸浆废渣酵母等。在畜牧业生产上常用啤酒酵母制作酵母饲料。这类饲料含有丰富的蛋白质(50%～55%)，蛋白质生物学价值介于动物蛋白质与植物蛋白质之间，赖氨酸含量高，消化率高，含有丰富的B族维生素和维生素D，以及钙、磷、铁、锰等矿物质，是獭兔良好的蛋白质补充料，添加量为2%～5%。

在畜牧业上应用来源丰富的碳水化合物作碳源，以廉价的无机氮（如硫酸胺等）为氮源，培养饲料酵母，是解决蛋白质不足的重要途径之一。

另外，还有石油酵母。近20～30年来，人们发现有大量的酵母和细菌能以石油的正烷烃作为惟一的碳源和能源而大量繁殖，这为利用石油来生产单细胞蛋白质饲料开辟了新的途径。饲喂石油酵母的畜禽，经解剖和脏器病理组织学检查，未见异常情况。肉蛋的营养成分均在正常范

围内。

此外，还有藻类可用做饲料。如小球藻、螺旋藻，是微细的单细胞绿色藻类，用600倍的显微镜可以看到其形态，繁殖力强，人工培养在短期内就可以收获，而且其营养价值相当于大豆，蛋白质含量占干物质的50%，维生素和叶绿素也很多，有待开发利用。

6. *矿物质饲料* 矿物质在獭兔日粮中用量很少，但对獭兔的正常生长、繁殖、产品质量影响很大，是獭兔日粮中不可缺少的营养物质。

（1）食盐。食盐是钠和氯的主要来源。由于大多数植物性饲料中的钠、氯含量不足，不能满足獭兔的需要，必须加喂食盐。用量一般占风干日粮的0.5%，每千克食盐中含钠380～390 g，氯585～602 g，其他为少量氯化镁、硫酸镁、硫酸钙。饲料中含有骨粉和鱼粉时，仅加0.25%食盐即可。

（2）骨粉。一般蒸煮骨粉含钙24.5%～32.6%，磷10.8%～14.9%，粗蛋白质7.5%，粗脂肪1.2%。喂量可占日粮的2%～3%。家庭养兔用的骨粉可以自制，将人食用后的畜禽骨骼高压蒸煮1～1.5 h，使骨骼软化，敲碎晒干后即可喂兔。

（3）钙源饲料。石灰石粉、贝壳粉，主要成分是碳酸钙，钙含量分别为38%和40%，价格便宜，来源广泛。一般用量为日粮的1%～3%。蛋壳经清洗、煮沸（或烤干）和粉碎后，也是较好的钙质饲料。蛋壳粉含粗蛋白12.4%，含钙也达40%。用贝壳、蛋壳制粉，都应注意消毒，以防传播疾病。此外，贝壳粉、蛋壳粉内均含有少量的磷，饲用效果优于石粉。

（4）磷源饲料。主要有磷酸、磷酸钠盐、磷酸钙盐等。

(5) 非常规矿物质饲料。主要是指能提供多种营养元素，促进兔体新陈代谢，提高饲料利用率，且无毒害作用的天然矿物质。

①天然沸石具有分子筛的作用，是铵和其他金属离子的高效离子交换剂，在交换过程中使一些有用元素呈游离状态不断释放出来，供给兔体需要的矿物营养，又是氨、硫化氢、二氧化碳分子的强力吸附剂，能吸附随饲料、饮水进入消化道和消化过程中产生的有毒物质，提高饲料利用率和抗病力。用沸石粉的养殖实践表明，在提高日增重和产品率，以及降低死亡率方面，效果显著。

②麦饭石以石英和碱性长石为主要成分，对有毒有害物质有较强的吸附能力，含有硅、钙、磷、铁、锌等30多种微量元素，是酶、维生素、激素等的重要组成部分。饲养实践表明，在提高增重和产品质量方面，都有好的效果。

③膨润土是一种有层状结晶结构的含水铝硅酸盐矿物质，含有獭兔生长所必需的铁、磷、钾、铝、铜、锌、锰、钴等20余种元素，粗蛋白质含量为0.82%，可用做饲料添加剂成分，以提高饲料利用率，也可代替糖浆等作为颗粒饲料的黏合剂等。膨润土俗称白黏土，国内外饲养实践都已表明，它对畜禽增重和提高产品质量都有良好的作用。

④泥炭。又称草炭或草煤、土煤，是沼泽地区的一种特有矿物资源。泥炭含94%～98%的有机物质，其中氨基酸3%～4%，多糖类30%～33%，木质素30%～40%，粗蛋白质4%～5%，维生素3%～20%，腐植酸10%～40%，具有促进獭兔生长发育、降低饲料成本等功能。但泥炭不能直接用做饲料，需经分离、转化，才能成

为獭兔饲料。一般采用泥炭腐植酸作饲料添加剂，或加工制成泥炭饲料酵母、泥炭发酵饲料、泥炭糖化饲料等方式，取代部分精饲料，以降低饲养成本，取得好的经济效益和社会效益。

另外，可用做饲料的天然矿物质还有许多种，如海泡石、高岭土、硅藻土、石盐、皂石等可作为促生长剂、缓解剂和调味剂；风化煤、腐泥、褐煤等可作为饲料营养元素的调节剂；蛭石、海绿石、凹凸棒石等可作为选择吸附剂和饲养环境净化剂，都有待进一步开发利用。

7. 饲料添加剂　为了满足獭兔的营养需要，完善日粮的全价性，达到最高的饲养效益，也防治某些因缺乏某种物质而导致的疾病发生，在所配日粮中要添加一些微量元素、氨基酸、维生素、药物等微量成分，这些额外添加的成分称为添加剂。主要有：

(1) 氨基酸添加剂。獭兔日粮多由植物性饲料组成，易缺乏蛋氨酸和赖氨酸这两种最重要的限制性氨基酸，需额外添加来满足兔的需要。养殖实践表明，在玉米—豆饼型饲粮中添加 0.1% 蛋氨酸，可提高蛋白质的利用率 2%~3%。在大豆饼不足的饲粮中添加 *DL*-蛋氨酸和赖氨酸，可大大强化蛋白质的营养价值。一般饲料中的添加量为 0.05%~0.1%。

①赖氨酸含有 19.1% 氮，溶于水，纯品为无色结晶。*L*-赖氨酸具有生物学活性。赖氨酸在獭兔体内担负许多功能，是合成机体最重要的蛋白质——核蛋白等所必需的氨基酸。

赖氨酸的主要作用是合成血红蛋白，保证幼兔生长，促进骨骼形成和母兔泌乳。同时，还是精液组成成分。缺乏时，食欲下降，生长停止，肌肉组织变性，肝肺发生病变，骨骼钙化作用降低，骨骼形成及生长受阻，蛋白质平衡被破坏，皮下脂肪减少，造血机能紊乱，母兔泌乳量下降，性周期失调。

②蛋氨酸含有 9.39%氮，溶于热水，除了参与兔体内蛋白质的生物合成外，其分子中的甲基尚被用于胆碱和其他有效化合物的生物合成。蛋氨酸在兔体内能转化为半胱氨酸。

蛋氨酸的主要作用是促进身体内硫的代谢，促进体躯和被毛生长，是合成胆碱、肌酸和肾上腺素的甲基来源，还参加血红素和血细胞蛋白的合成，阻止体内含氮物质的分解，保护肝脏机能和增强脂肪作用。缺乏时，硫的代谢发生障碍，体内缺少甲基来源，而使胆碱、肌酸和肾上腺素合成受阻，机体贫血，肝脂肪沉积，卵磷脂减少，被毛变粗，肌肉萎缩。

(2) 微量元素添加剂。是最为常见的添加剂，主要有铁、铜、锌、锰、钴、碘、硒、钼、镍等。在生产中常用的微量元素添加剂多由矿物质元素的盐类和载体制成（表 5-7）。

表 5-7　常用的微量元素添加剂　　%

添加元素	常用矿物质盐类名称	元素含量
铁	硫酸亚铁（$FeSO_4 \cdot 7H_2O$）	20.1
	硫酸铁〔$Fe_2(SO_4)_3$〕	36.7
	碳酸铁〔$Fe_2(CO_3)_3$〕	45.8
铜	硫酸铜（$CuSO_4 \cdot 5H_2O$）	25.5
	碳酸铜（$CuCO_3$）	51.4
	氧化铜（CuO）	80.0
锌	硫酸锌（$ZnSO_4$）	22.7
	碳酸锌（$ZnCO_3$）	52.1
	氧化锌（ZnO）	80.3

续表 5-7

添加元素	常用矿物质盐类名称	元素含量
锰	五水硫酸锰（$MnSO_4 \cdot 5H_2O$）	22.8
	一水硫酸锰（$MnSO_4 \cdot H_2O$）	32.5
	氧化锰（MnO）	77.4
	碳酸锰（$MnCO_3$）	47.8
钴	硫酸钴（$CoSO_4$）	24.8
	碳酸钴（$CoCO_3$）	49.5
碘	碘化钾（KI）	76.4
	碘酸钙［Ca（IO_3）$_2$］	65.1
	碘酸钾（KIO_3）	60.0
硒	硒酸钠（Na_2SeO_4）	41.7
	亚硒酸钠（$Na_2SeO_3 \cdot 5H_2O$）	30.0

自配微量元素添加剂时，表 5-8 列出了部分元素和盐的互换系数，供配制时参考。

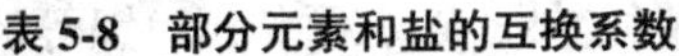

表 5-8　部分元素和盐的互换系数

元素换算为盐的系数	元素	盐的名称	盐换算为元素的系数
5.128	铁	硫酸亚铁	0.194
4.237	铜	硫酸铜	0.237
4.464	锌	硫酸锌	0.225
4.545	锰	硫酸锰	0.221
4.831	钴	硫酸钴	0.207
3.215	碘	碘酸钙	0.311
3.333	硒	亚硒酸钠	0.300

例如，若要求日粮中碘的含量为 0.2 mg/kg，则配制 1 kg 该日粮需纯度为 99%的碘酸钙多少？

从表 5-8 查出碘元素换算为碘酸钙的系数为 3.215，

即　　碘酸钙　3.215×0.2 mg/kg÷99%＝0.65 mg/kg。

(3) 生长促进剂。生长促进剂有两类：一类是抗生素，如杆菌肽锌（是从地衣芽孢杆菌发酵而制得的杆菌肽与锌的络合物，为多肽类抗生素。抗菌谱与青霉素相似）、泰乐霉素（属大环内酯类抗生素，对大部分革兰氏阳性菌如链球菌、葡萄球菌、双球菌等有显著的抑菌效果，对支原体有特效）、土霉素（属四环素类广谱抗生素）等；另一类是化学合成抗菌药，如喹乙醇等（表 5-9）。注意问题：喹乙醇不能超过 24 个月，不能与抗生素同时使用。

表 5-9　常用生长促进剂添加量及其应用

添加剂名称	添加剂量(g/t)	日增重	饲料利用率	抗腹泻	抗球虫病
杆菌肽锌	50	＋＋	＋	＋	±
泰乐霉素	10～15	＋	＋	＋	±
土霉素	20	＋	＋＋	＋	＋
喹乙醇	30	＋＋	＋	＋	＋

注：＋为有作用，＋＋为作用强，±为作用不可靠。

(4) 驱虫保健剂。在集约化饲养中，球虫病危害很大，一旦发病，往往造成生长受阻，甚至大批死亡，严重影响经济效益。因此，对付球虫病应该防重于治。常用添加于饲料中的抗球虫剂有两大类：一类是聚醚类抗生素，另一类是合成抗球虫药。

聚醚类抗生素类抗球虫剂中，主要有盐霉素、莫能菌素及马杜拉霉素。它们主要通过妨碍孢子和第一代裂殖体中的离子正常平衡，达到预防球虫的目的。

化学合成类抗球虫药中，常用的有氯苯胍、氯羟吡啶（可爱丹）、常山酮（速丹）、球痢灵（二硝甲苯酰胺）、磺

胺喹噁啉、磺胺二甲氧嘧啶、氨丙啉、尼卡巴嗪、氟胍吟等。

较为新型的合成类抗球虫药有地克珠利及常山酮等。常山酮原是从植物常山中提取的一种生物碱，杀球虫性能很强，对球虫发育3个阶段都有作用，不易产生耐药性，所以停药后复发的可能性极小。3 mg/kg 用量就可杀灭全部球虫卵囊，现已可由化学合成法制得。若用常山酮聚苯乙烯磺酸钙，则每吨添加40～50 g。

球痢灵（二硝甲苯酰胺）对艾美尔氏球虫的防治效果最好，主要抑制球虫生活周期的无性繁殖，停药后5～6天可能发生潜伏的球虫病。添加量为每吨饲料80～150 g。

氯苯胍是广谱抗球虫药，其作用是阻止球虫裂殖体内裂殖子的分化成熟。缺点是有异味。建议添加量为30 mg/kg饲料。

氯羟吡啶（可爱丹）对兔球虫有较强的抑制作用，但无杀灭作用，因此在兔饲料中需连续添加。添加量为125～150 mg/kg 饲料。

（5）饲料保藏剂。饲料保藏剂是指抗氧化剂和防霉剂。谷物子实颗粒被粉碎后，丧失种皮保护，极易被氧化和受到霉菌污染。在高热高湿地区或季节，这种损失尤其严重。特别是营养成分浓度高的饲料产品和原料，如预混料、鱼粉、米糠、饼粕等更易受到损害。因此，饲料加工业中抗氧化剂和防霉剂的使用一直受到重视。

抗氧化剂主要用于高脂肪饲料，以防止脂肪氧化酸败变质，也常用于含维生素的预混料中，它可防止维生素的氧化失效。乙氧基喹啉是目前应用最广泛的一种抗氧化剂，国外大量用于原料鱼粉中，其他常用的还有二丁基羟基甲苯（BHT）和丁羟基茴香醚（BHA）。一般配合料中抗氧化剂添加量为0.01%~0.05%。

防霉剂的种类较多，包括丙酸盐及丙酸、山梨酸及山梨酸钾、甲酸、富马酸及富马酸二甲酯等。防霉剂使用时采用多种制剂复配的形式，以提高防霉效果。

添加剂用量甚微，必须与扩散剂预先混匀再放入配合料中充分混匀，否则将会发生营养缺乏、药效不佳或发生中毒现象（玉米、麦麸或石粉等均可作为扩散剂）。

（二）饲料的加工调制

饲料的转换效率不仅决定于营养成分的配比，而且与加工工艺有很大关系，如粉碎、混合、膨化等也会影响各种营养成分的饲用效率。合理的加工调制能够扩大饲料来源，改进适口性，减少浪费，增加营养，提高消化率。

1．物理法

（1）切短。将秸秆和青干草铡成1~2 cm的小段。

（2）粉碎。是为了提高秸秆、藤壳的利用率、消化率。如冬天喂干地瓜藤，兔利用很少，浪费很多，而粉碎成粉加入到饲料中喂，或制成颗粒料，则能很好利用和消化吸收。优良的干草粉碎成干草粉，可以代替精饲料使用。

在精饲料中，油饼、豆科子实（如黄豆、豌豆）和禾本科子实（如玉米、大麦）可粉碎成1~2 mm的碎粒，不仅能提高消化率，而且能与其他饲料均匀混合，便于配制全价日粮。

（3）蒸煮和焙炒。豆科子实含有抗胰蛋白酶物质，蒸煮和焙炒能破坏这种物质，可提高消化率和适口性。禾本科子实含淀粉较多，蒸煮或焙炒能使淀粉糖化，变成糊

糖，产生香味，也提高消化率和适口性。

(4) 浸泡。对坚硬的子实或油饼（如豆饼）予以浸泡，以使之软化，便于嚼碎或溶去有毒物质。对磨碎的精料，喂前拌湿，可防止因粉尘呛入气管而致病。此外，可用0.5%左右的食盐水将铡短的秸秆、秕壳等精饲料浸泡软化1天左右，拌入少量精料饲喂。

(5) 碾青。将麦秸铺在打谷场上，厚20～30 cm，然后再铺上同样厚的青苜蓿，苜蓿上再盖一层同样厚的麦秸，最后用滚碾压，流出的苜蓿汁可被麦秸吸收，压扁的苜蓿在热天暴晒1天就可干透。它的好处是：可以较快制成干草，茎叶干燥速度均匀，可减少叶片脱落损失，提高麦秸的适口性和营养性。

(6) 打浆。青饲料可以通过打浆成为草浆，具有甜味，适口性强，易于消化吸收，和精饲料拌在一起喂。

(7) 刨丝或切块。多汁饲料如萝卜或甘薯等，可刨丝或切块喂，不要整个丢入食槽内。

(8) 青干草的制作。先将草摊薄，暴晒，勤翻；5 h后再将草堆成小堆进行暴晒，减少翻动；待草束可以用手揉断时，即可上垛贮藏。贮藏期，要防止雨淋，以免发霉变质。青绿草收割晒制干草的时间：禾本科植物在抽穗期，豆科植物在孕蕾期和始花期。在贮运过程中，要防止草叶脱落。

干草品质的感官鉴定有如下8点：①在成熟早期收割而制成的干草，含有丰富的蛋白质、矿物质和维生素，消化率也较高；②干草多叶，这是高蛋白质含量的保证；③色泽鲜绿，茎节上鲜绿色部分越长，则所含养分越高，这表明晒制得当，胡萝卜素含量高和适口性好；④不含野草、残梗等杂物；⑤不发霉，不含尘土、砂石；⑥茎梗细嫩柔软，不粗糙，不僵硬，木质化部分少；⑦具有芳香气味，这可刺激家畜的食欲。干草的芳香气味是在干燥后期形成的，此时干草内的蜡质树脂、挥发油类在酶的氧化作用下，形成这种气味；⑧含水量最好在15%～16%，不得高于17%，这是最重要的一点。

含水在15%～16%的青干草，用手搓揉草束时能沙沙发响，反复曲折时可将茎秆折断。用手将草能揉成团，松手后草会自动而迅速地散开。叶片干燥而卷曲，茎上的表皮用指甲几乎不能剥下，禾本科干草的茎节干燥，呈深棕色。豆科干草的茎枝可被折断，用劲抖动叶片时可掉落，这样的干草适时堆垛。

(9) 膨化。这是近些年来发展起来的饲料加工方法。俄罗斯用膨化法生产饲料基本上是用木质纤维的废木材、麦秸等生产成的。先将木质纤维置于反应器中。使之保持250℃和30～40个大气压，经过8 min，再进行瞬间减压膨化，使反应器中的木质纤维喷射到收集器中，最后进行水解，成为易被包括兔在内的家畜吸收的饲料，兔等爱吃，易消化，且富有营养。

2. *化学法* 目前用得最多的是碱处理法。所用的化学试剂有氢氧化钠、氢氧化钾、氨水和石灰液等。碱处理秸秆，可将不易溶解的木质素改变成为易于溶解的羟基木质素，因而使植物细胞间的镶嵌物质与细胞壁松散，容易为纤维素酶及各种消化液所渗透，因此提高了秸秆有机物质的消化率。用石灰水处理时，还可以增加钙质，变成兔可以利用的饲料。

(1) 氨化处理。将切碎后的秸秆等粗料放入窖或缸内，用5%尿素或10%氨水或3%液氨（以干秸秆计算）进行氨化处理。装窖时应注意一边装草，一边喷水，一边

撒尿素，拌匀后踩实，最后用塑料薄膜覆盖封严。氨化时间：冬春季节为5周左右，夏秋季为10天左右。开窖后应通风12～24 h，待氨味消失后即可喂兔。优质氨化饲料呈糊香或微酸味，适口性好，可使粗纤维消化率提高10%～20%。其喂量应由少到多，使兔有一个适应过程。日粮中应合理搭配些精料和优质干草。同时，所需的氨化秸秆取出后应随即密封氨化容器，这有利于长期保存氨化秸秆而不会霉烂。

兔食氨化饲料一般需要3～5天的过渡适应期。若发现有兔食欲不振或停食、唾液过多、神志不安、步态不稳等种毒症状，可暂停喂氨化饲料，并用0.2 kg醋、0.1 kg糖，加水0.6 kg，灌服，症状即可减轻。

（2）碱化处理。将秸秆（稻草、麦秸、豆秸）等粗饲料切碎后放入水泥池或缸内，用1%～2%石灰水浸泡1～2天，捞出晾干后即可喂兔。獭兔日粮中，碱化秸秆饲料的用量一般为0.5%～1%。秸秆类粗饲料经碱化处理后，纤维素松软，适口性好，可使粗纤维消化率提高15%～20%。

3. 生物法

（1）青贮。青贮有“草罐头”之称。优质青贮饲料颜色黄绿，酸、甜、香而带酒香味，质地柔软，适口性强。经过乳酸菌的转化作用后，植物中的淀粉和糖分变成乳酸，营养价值较高，消化率也提高10%左右。乳酸能抑制其他有害微生物的繁殖，使青贮料能长期保存不坏。好的青贮pH值3.8～4.2。

①青贮成败的关键。青贮时，应想尽一切办法为乳酸菌的生长和繁殖创造条件，使之尽快产生乳酸。有利于乳酸菌生长繁殖的条件有3点：

A. 无氧环境：在整个操作过程中，要做到以下 6 个字：

切短　将原料切成 1～2 cm 的小段。

踏实　无论用何种青贮容器，都要对切短原料逐层压实，四壁原料压紧。

封严　青贮原料装完踏实后，均应及时封严，隔绝空气。

B. 青贮原料的含糖量一般不得低于 1%～1.5%，以保证乳酸菌的正常繁殖。

C. 青贮原料含水量要求 70%左右，以手握饲料原料捏紧，指间见水珠但不滴下为度。

青贮做得好坏，封窖很重要，这里略加说明：当青贮原料高出窖口 80 cm 时窖便装好。先用塑料薄膜封顶，或用厚约 15 cm 的麦草、稻草或干草封顶，再用厚 25～35 cm的湿细土封顶，表面洒水，拍打坚实平整。窖顶呈圆弧凸起。密封后的头几天，要每日检查是否有凹陷、裂缝，若有，要及时封住。当原料不再下沉后，在窖的四周 1 m 处挖排水沟，不让雨水和空气进入窖内。

②窖的建造。窖的大小取决于原料的种类和数量。在一般情况下，都是“立米千斤”，即 1 m^3 能容 500 kg 青贮。窖的形状为圆形或长方形；建在地下、地上或半地下均可，但窖要选在地势高、排水好、地下水位低的地方；建青贮窖或青贮塔也都可以，原料不多的话，用青贮袋青贮也可以。

③青贮利用。青贮 30 天后便可开窖。长方形窖自一端开口，逐段自上而下取用。取后应及时盖上草帘或塑料薄膜。随用随取，保持新鲜，不可取出久放。青贮喂兔应经 1 周左右适应期，喂量由少到多，并同其他饲料搭配饲

喂。酸度过大，可加少些石灰细粉。青贮喂量，以不超过日粮的1/2为宜。

有试验证明，在基础日粮相同的情况下，饲喂青贮料的兔，在增重和泌乳上都有较大幅度提高，并有促进母兔发情配种、提高受胎率的作用。

(2) 微贮。微贮是利用微生物将秸秆中的纤维素、半纤维素降解并转化为菌体蛋白的方法。它是现代用微生物来提高低质粗饲料品质的有效而经济的方法之一。具有污染少、效率高、成本低、适口性好、采食量多、消化率高、增重快、制作简便、不争农时等优点。

①微贮设施。微贮可用水泥池、土窖、缸，也可用塑料袋。水泥池是用水泥、黄沙、砖为原料在地下砌成长方形池子。最好砌成两个相同大小的以便交替使用，这种池子的优点是不易进气进水，密封性好，经久耐用，成功率高。土窖的优点是：土窖成本低，方法简单，贮量大，但要选择地势高、土质硬、向阳干燥、排水容易、地下水位低的地方。在地下水位高的地方，不宜采用。水泥池和土窖的大小根据需要量设计建设，一般每立方米微贮量可贮秸秆200～300 kg。

②原料配方。每50 kg秸秆粉加尿素0.15 kg，食盐0.15 kg，精料2.5 kg，秸秆微贮发酵剂2 kg。

③调制过程。将尿素、食盐用温水化开，撒在饲草上，再将精料（玉米面、麸、谷面、糜面、荞面）撒在饲草上。将秸秆微贮发酵剂用30 ℃温水化开，撒在饲草上。将以上混合物边加水边搅拌，加水量以手握见水珠为宜(含水量约65%)。然后将以上混合均匀的原料装入窖或水泥池中，要逐层装填、压实，特别是边角，排尽空气，装满后顶部用塑料薄膜密封。每次微贮量不能太多，应根

据饲养数量，7天喂完为好，喂的中间再微贮下一批。每次取用后应盖好塑料膜，避免空气进入。玉米秸秆、稻秸微贮效果甚优。

④饲喂技术。微贮饲料，春季7天、夏季3天、秋季5天、冬季10天后便可饲用。喂量要由少到多，经5天左右逐渐过渡到正常喂量。

(3) 发芽。谷实发芽后，使淀粉变成麦芽糖，蛋白质分解为容易消化的可溶性含氮化合物，胡萝卜素、维生素B_2和维生素E的含量增多。因此，发芽饲料适口性好，容易消化吸收，可作为母兔的催情饲料，也可作为冬春季的维生素补充饲料。

发芽时，先将谷实用水浸泡约10 h，捞出后铺在木盘(或发芽盘) 上，厚约5 cm，放到温暖的地方，盖上麻袋，每日早晚各浇1次，夏天浇冷水经5～6天，冬天浇温水 (15 ℃左右)，经7～8天，当芽长到6～8 cm时，即可喂兔。

发芽饲料有两种：一种是短芽，芽长0.5～1 cm，富含维生素E；另一种是长芽，约经1周芽长6～8 cm，富含胡萝卜素。

4. 脱毒　菜子饼、棉子饼富含蛋白质，使用前要进行脱毒处理，并限量饲喂。

(1) 菜子饼脱毒方法。

①坑埋脱毒法。选择向阳、干燥、地势较高的地方，挖一长方形的地坑，坑宽0.8 m，深0.7～1 m，长度根据菜子饼数量决定，将菜子粉按1:1的水浸透泡软后埋入坑内，底部和顶部各加一层草，覆土20 cm，经60天即可脱毒取喂。经测定处理后有毒物质异硫氰酸盐的脱毒率为84%，噁唑烷硫酮的脱毒率可达99%以上。据试验，菜

子饼经埋藏后，干物质损失5.9%，粗蛋白质损失7.93%，而国外用水浸过滤脱毒时，则蛋白质损失14%～30%。

②氨处理法。以7%的氨水22份，均匀喷洒100份菜子饼，闷盖3～5 h，再放进蒸笼蒸40～50 min，晒干或炒干后喂兔。

③其他方法。据报道，江苏海安用发酵中和方法，新疆用蒸汽脱毒均取得良好效果。

(2) 棉子饼脱毒方法。

①水煮法。用水煮沸棉子饼粉，保持沸腾半小时，冷却即可饲喂。加热使游离棉酚转变为结合棉酚，或其结构遭到破坏，达到脱毒目的。水煮脱毒率85%，比蒸汽法脱毒效果（脱毒率74%）好。

②硫酸亚铁脱毒法。向棉子饼粉中加入硫酸亚铁，根据棉子饼中游离棉酚含量，加入等量的铁，即游离棉酚:铁=1:1，拌匀后直接与其他饲料饲喂。据试验，用硫酸亚铁脱毒的棉子饼占精料量的15%，对兔的生长和繁殖等未见有不良反应。

③加碱脱毒法。棉酚属于大分子有机酚，本身不溶于水，但它和碱性物质反应后生成可溶于水的盐，除去水后即达到脱毒目的。方法是：用1%氢氧化钠，或1%碳酸钠，或0.5%石灰水，浸泡棉子饼粉24 h，其脱毒率分别达到91%，87%，85%。采用这种脱毒法，营养物质随水流失较多。

（三）饲料的防霉

饲料在贮藏过程中，常常出现霉变。发霉饲料直接喂兔，易患疾病或降低兔的生产性能。下面介绍饲料防霉的

11种实用办法和国外饲料防霉技术。

1. 饲料防霉11种办法

(1) 添加防霉剂丙酸钠，每吨饲料加1 kg。

(2) 加龙胆紫防霉，每千克饲料加0.5 g。

(3) 加蒜防霉，用3%大蒜片加入饲料。

(4) 加苯甲酸钠防霉，每千克饲料加0.5~1 g。

(5) 将醋酸钠和醋酸按1:2混合后，加入为混合物重量1%的山梨酸，充分拌匀、干燥。在饲料中添加1%此混合物，可贮存3个月不变质。

(6) 饲料中添加防霉药物如环氧乙烷、苯骈咪唑及硫磺、苍术、艾叶香等，也有一定的防霉作用。

(7) 饲料中混放苍术、艾蒿叶和除虫菊中药粉末。

(8) 梅雨季节在饲料间墙角放置石灰，用塑料薄膜密封贮存饲料等，利用其呼吸作用造成的自身缺氧，来抑制霉菌繁殖。

(9) 1%丙酸钙添加在湿料或干料中，一般不再发生霉变，而且在3个月内丙酸钙的防霉效果不受外界温度、湿度和通风状况的影响。

(10) 克霉净防霉。在每吨配合饲料中加入0.5 kg克霉净，2个月不会霉变，不会结块，不会有异味；在每吨浓缩饲料中加入克霉净2~3 kg，可以保存2个月；在玉米粉作稀释剂的预混饲料中，每吨加克霉净2 kg，贮藏100天以上不霉变。

(11) 氨气防霉。此法适用于青草的贮备。在阳光照射下的干燥地面上，垫上原木，然后把打好捆的草一层层堆放在上面，可以放7~8层，再用塑料布密封，用气泵向草堆注入氨气。草的含水量30%~35%，注入氨气2%；草的含水量低于30%，注入氨气1%，注入后密封。

2. 国外饲料防霉技术

(1) 防霉包装袋。日本制成了一种用聚烯烃树脂制造而成的包装袋，含有 0.01%～0.05%香草醛。香草醛慢慢地挥发而渗透到饲料中，能防止饲料发霉，而且能使饲料含有香味。

(2) 防霉物质。日本制成了一种高效防霉剂，它是由92%海藻粉、4%碘酸钙和4%丙酸钙混合制成的。将这种防霉剂按8%的比例加入到饲料中，置于温度为30 ℃、相对湿度为100%的条件下，能保证饲料在1个月内不会发霉。

(3) 射线照射。饲料在加工过程中很容易感染霉菌和其他病菌。美国研究人员利用 1×10^6 rad γ-射线对鸡饲料进行辐射后，将其置于温度为 30 ℃、相对湿度为 80%的条件下存放1个月，结果霉菌没有繁殖；而未经辐射的鸡饲料，在同样条件和相同时间存放后，霉菌大量繁殖。

(4) 化学消毒和辐射同时进行。俄罗斯研究人员试验证明，对饲料先进行化学消毒，然后再进行辐射，不仅具有灭菌和防霉的作用，而且能提高饲料中的维生素 D 含量，他们把相当于饲料重量 1.2%的氨水（也可用 2%丙酸钙或 2%甲酸）加入到粉碎饲料中进行化学处理，并在不搅拌的情况下，用强度为 120 kJ/m^2 的紫外线进行照射，结果使饲料中霉菌的繁殖能力大大降低，长期存放不发霉，同时饲料中维生素 D 的含量提高到 180 mg/kg。

三、青绿饲料生产

青饲作物和牧草是发展獭兔养殖业的物质基础，没有充足的青饲作物和牧草，就不会有高产优质低耗的獭兔养殖业。

牧草是营养完善的天然全价饲料，它的蛋白质品质优于谷实类，含氨基酸较全面，矿物质丰富，维生素含量高，可消化利用的营养多。只要给兔供给充足优质的草料，就完全可以满足或保证其生长、发育、产乳、繁殖等营养的需要。

青绿饲料的均衡供应：青绿饲料作物和牧草种类多，生长利用期长，收获期也不同，只要有计划地安排种植，就可以做到全年的均衡供应（表 5-10）。

表 5-10 湖南省某獭兔场青绿饲料全年生产周转表

饲料	月份											
	1	2	3	4	5	6	7	8	9	10	11	12
多花黑麦草			—	—	—							
紫花苜蓿				—	—	—	—			—		
苦荬菜					—	—	—	—	—	—		
甘薯藤条						—	—	—	—	—	—	
南瓜							—	—	—	—		
胡萝卜	—	—	—								—	—
聚合草				—	—	—	—	—	—	—	—	
芜菁甘蓝（灰萝卜）	—	—	—	—								—
紫云菜			—	—	—							
小白菜		—	—									
冬甘蓝	—	—	—								—	—
杂交狼尾草							—	—	—	—		
青割蚕豆苗	—	—	—	—	—						—	—

注：4，7，8 月份青饲料用不完，采用青贮保藏，以供淡季之用。

四、日 粮 配 合

按照饲养标准给獭兔配合日粮，既可合理利用饲料，充分发挥各种营养物质的作用；又可满足獭兔的营养需要，提高生产能力。此外，也符合经济原则，可降低生产成本。

（一）獭兔的饲养标准

饲养标准是动物营养专家根据长期的试验研究和经验总结，科学地制定了不同种类、性别、年龄、体重、生理状态和生产性能的动物，每日每头能量和各种营养的物质需要量或供给量，并经有关专家集中审定后，定期或不定期以专题报告的文件由有关权威机关或机构向外界颁布发行。饲养标准具有很高的科学性，是进行科学饲养的依据。它的应用对提高畜禽生产性能和饲料的利用率有着积极的作用，大大提高了畜牧生产的经济效益。但由于动物的品种、饲养条件、生产性能、饲养环境等因素的不同，动物实际的营养需要量也有差异。因此，在应用标准时，应通过生产实践，因地制宜，必要时对标准进行适当调整，有时往往要对某些营养物质的供应量增加一个安全裕量（如维生素），这样才能取得较好的饲养效果。

中国农业科学院兰州畜牧研究所参考国外标准，制定的獭兔饲养标准见表5-11，以及杭州养兔中心种兔场提出的各类兔建议饲养标准见表5-12，可供制定配方时参考。

表 5-11　獭兔饲养标准

营养成分	生长兔	哺乳兔	妊娠兔	维持
消化能(MJ/kg)	10.4～10.5	10.9～11.3	10.5	8.8～9.2
粗脂肪(%)	2～3	2～3	2～3	2～3
粗纤维(%)	10～14	10～12	10～14	14～16
粗蛋白蛋(%)	15～16	17～18	15～16	12～13
赖氨酸(%)	0.65	0.9	—	—
含硫氨基酸(%)	0.6	0.6	—	—
色氨酸(%)	0.2～0.3	0.15	—	—
苏氨酸(%)	0.55～0.6	0.7	—	—
钙(%)	0.4～0.5	0.75～1.1	0.45～0.8	0.4
磷(%)	0.22～0.3	0.5～0.7	0.37～0.5	0.3
铁(mg/kg)	50	100	50	50
铜(mg/kg)	3～5	3～5	—	—
锌(mg/kg)	50	70	70	—
锰(mg/kg)	8.5	2.5	2.5	2.5
碘(mg/kg)	0.2	0.2	0.2	0.2
钴(mg/kg)	0.1	0.1	—	—
维生素 A(IU/kg)	5 800～6 000	12 000	1 160～1 200	600
维生素 D(IU/kg)	900	900	900	900
维生素 E(IU/kg)	40～50	40～50	40～50	40～50

表 5-12　各类兔建议饲养标准

营养成分	生长兔	成年兔	妊娠兔	哺乳兔	毛皮成熟期
消化能(MJ/kg)	10.46	9.2	10.46	11.3	10.46
粗蛋白质(%)	16.5	15	16	18	15
粗脂肪(%)	3	2	3	3	3
粗纤维(%)	14	14	13	12	14
钙(%)	1	0.6	1	1	0.6
磷(%)	0.5	0.4	0.5	0.5	0.4
蛋氨酸+胱氨酸(%)	0.5～0.6	0.3	0.6	0.4～0.5	0.4
赖氨酸(%)	0.6～0.8	0.6	0.6～0.8	0.6～0.8	0.6
食盐(%)	0.3～0.5	0.3～0.5	0.3～0.5	0.3～0.5	0.3～0.5
日采食量(g)	150	125	160～180	300	125

（二）原料比例

一般原料的大致比例如下：

粗饲料（干草、秸秆、藤蔓等）　35%～45%；

能量饲料 谷实类（玉米、大麦等）　25%～35%；

能量饲料 糠麸类（麦麸、米糠等）　5%～30%；

植物性蛋白质饲料（各种饼粕类等）　5%～20%；

动物性蛋白质饲料（如鱼粉等）　1%～5%；

矿物质饲料（骨粉、石粉等）　1%～3%；

饲料添加剂（含微量元素等）　0.5%～1%；

食盐　0.3%～0.5%。

（三）配合日粮方法

饲料配合的方法很多，一般多采用试差调整平衡法，此法较为简单而常用。现以生长獭兔为例，介绍其计算的方法与步骤。

（1）初步确定自己选的各种原料所占的百分数（表5-13）。

表 5-13　所用原料比例　%

原料品种名称	在本配方中所占比例	原料品种名称	在本配方中所占比例
苜蓿干草	35	麸皮	7
黄豆秸	8	豆饼	8
玉米	29	鱼粉（国产）	1.5
大麦	11	食盐	0.5
合计	100		

（2）从饲料营养成分表（附表1）中查出表5-13所用

原料品种中所含的营养成分（表 5-14）。

表 5-14　所用原料品种所含的营养成分　　（MJ/kg，%）

原料品种名称	干物质	粗蛋白质	粗脂肪	粗纤维	消化能	钙	磷
苜蓿干草	89.6	15.7	2.1	23.9	6.56	1.25	0.23
黄豆秸	93.2	8.9	1.0	39.8	1.71	0.87	0.05
玉米	84.5	8.0	3.56	2.21	13.76	0.11	0.30
大麦	88.5	12.6	1.40	4.5	13.09	0.12	0.44
麸皮	89	15.02	3.63	9.24	11.91	0.14	0.53
豆饼	90.7	42.2	6.91	6.1	13.43	0.28	0.59
鱼粉（国产）	91.3	53.6	9.8	0	11.42	3.16	1.17

（3）表 5-13 所用原料的数量（百分数），依表 5-14 中所示该原料所含的营养成分进行计算（相乘），得出各原料所含各营养物质数（表 5-15）。

表 5-15　本配方所用原料主要营养成分含量

原料品种名称	配合比例(%)	粗蛋白(%)	粗脂肪(%)	粗纤维(%)	消化能(MJ/kg)	钙(%)	磷(%)
苜蓿干草	35	35×15.7 =5.495	35×2.1 =0.753	35×23.9 =8.365	35×6.56 =2.296	35×1.25 =0.438	35×0.23 =0.081
黄豆秸	8	8×8.9 =0.712	8×1 =0.08	8×39.8 =3.184	8×1.17 =0.136 8	8×0.87 =0.069 6	8×0.05 =0.004
玉米	29	29×8.0 =2.320	29×3.56 =1.032	29×2.21 =0.641	29×13.76 =3.990	29×0.11 =0.032	29×0.3 =0.087
大麦	11	11×12.6 =1.386	11×1.4 =0.154	11×4.5 =0.495	11×13.09 =1.440	11×0.12 =0.013	11×0.44 =0.048
麸皮	7	7×15.02 =1.051 4	7×3.63 =0.254 1	7×9.24 =0.646 8	7×11.91 =0.833 7	7×0.14 =0.009 8	7×0.53 =0.037 1

续表 5-15

原料品种名称	配合比例(%)	粗蛋白（%）	粗脂肪（%）	粗纤维（%）	消化能（MJ/kg）	钙（%）	磷（%）
豆饼	8	8×42.4 =3.392	8×6.91 =0.055 3	8×6.1 =0.488	8×13.43 =1.074	8×0.28 =0.022	8×0.59 =0.047
鱼粉	1.5	1.5×53.6 =0.804	1.5×9.8 =0.147	0	1.5×11.42 −0.171	1.5×3.16 =0.047	1.5×1.17 =0.018
食盐	0.5						
合计	100	15.160 4	2.475 4	13.819 8	9.941 5	0.631 4	0.322 1
标准		15～16	2～3	10～14	10.4～10.5	0.4～0.5	0.22～0.3
与标准比较		相符	相符	相符	−0.458 5	+0.131 4	+0.022 1

(4) 把同一类（如蛋白质）各种原料的乘积相加。

(5) 与饲养标准规定的营养需要（表 5-11）对照比较，如不相符，应调整原料的百分数，使其达到相符或接近（允许相差 5%左右）为止。

（四）注意事项

1．*饲料应多样化*　配合饲料原料品种最好在 6～8 种或 8 种以上，使不同饲料间养分的有无或多少互相搭配补充，提高配合饲料的营养价值。

2．*饲料品种要稳定*　组合日粮所用的饲料品种要相对稳定，要克服市场上有啥吃啥的错误做法，要有一定量的储备，以防市场某品种脱销时用之过渡。

3．*充分利用资源*　选用饲料应考虑经济实惠，充分利用来源广泛、营养丰富、价格便宜的饲料资源。特别是蛋白质饲料，可利用苜蓿草粉（含粗蛋白质 20.1%）、槐树叶粉（含粗蛋白质 19.3%）等，以降低成本。

4．*符合消化特点*　獭兔是单胃草食动物，喜欢采食植物性饲料和颗粒饲料，不喜欢采食粉料。玉米应限制用量，用量多时会在家兔肠内异常发酵，导致腹泻。粗纤维对营养物质的消化和吸收，大小肠的蠕动作用很大，但含量过高或过低，对肠道消化液的分泌有不良影响。

5. 注意饲料的适口性　饲料适口性直接影响兔的采食量。如蛋白质饲料中大豆饼比菜子饼、棉子饼适口性要好，后者在饲料中要适当控制；兔喜素食，在饲粮中动物性饲料不宜过多。为了满足兔喜吃甜味之习性，可在日粮中添加适量的糖蜜或糖渣。

6. 注意饲料品质　霉烂变质的饲料，严禁使用，獭兔对霉菌较敏感，食了被霉菌污染的饲料，很容易感染消化道疾病。

7. 添加剂等适量　使用补充添加剂、微量元素时要摸清日粮中缺乏什么元素，然后按其所缺进行适量添加。抗生素与其他药物也应按需要在兽医的指导下进行添加，切忌随意添加，否则会适得其反；一般在出栏前 1 周商品兔应停止使用任何药物与添加剂。

8. 拌料均匀　按饲料配方配料时，一定要把饲料拌和均匀，对所占比例较少的成分，如食盐、骨粉、添加剂预防性药物成分，应先进行预混。方法是将这些少量成分与少量粉料（玉米面、麦麸等）拌匀，再连续 3 或 4 次依次逐渐扩大混合拌匀，最后再与大量的饲料混合在一起，以达到配合均匀的目的。

五、饲料配方实例

（一）美国全价日粮颗粒饲料配方

1. 生长兔饲料配方　苜蓿干草 50%，玉米 23.5%，

大米11%，麸皮5%，大豆粉10%，食盐0.5%。

2. 空怀成年母兔饲料配方　燕麦29.5%，三叶草干草粉70%，盐0.5%。

3. 怀孕母兔饲料配方　苜蓿干草50%，大豆粉4%，燕麦45.5%，盐0.5%。

4. 哺乳母兔饲料配方　苜蓿草粉40%，小麦25%，大豆粉12%，高粱22.5%，盐0.5%。

（二）法国农业技术研究所兔场颗粒饲料配方

小麦19%，苜蓿粉25%，大豆饼9%，向日葵13%，灰色谷糠10%，甜菜渣14%，糖浆6%，碳酸钙1%，矿物质及维生素3%。该配方适用于皮、肉兔哺乳期。

（三）南京农业大学獭兔混合精料补充料配方与营养价值（表5-16）。

表5-16　獭兔混合精料补充料配方与营养价值

饲料	比例（%）	
青干草粉	5	每千克精料补充料中含： 消化能：12.96 MJ 粗蛋白：18.44% 粗纤维：6.86% 钙：1.01% 磷：0.7%
玉米	35	
大麦	10	
麸皮	26.5	
豆饼	20.5	
骨粉	0.8	
石粉	1.7	
食盐	0.5	

注：使用该配方时应满足以下3个条件：

（1）添加适量微量元素和维生素预混料。

（2）每日应另给一定量的青绿多汁饲料或与其相当的干草。每只兔每日青绿多汁饲料的平均供给量为：12周龄前0.1～0.25 kg，哺乳母兔1～1.5 kg，其他0.5～1.0 kg。

（3）每只兔每日精料补充喂量，根据体重和生产情况，为50～150 g。

（四）杭州养兔中心獭兔场饲料配方

1．以青粗饲料为基础搭配精料配方

（1）生长兔饲料配方。大麦25%，玉米5%，麸皮28.5%，青干草20%，豆饼18%，贝壳粉或石粉3%，食盐0.5%，另加抗球虫剂适量。

（2）哺乳母兔饲料配方。大麦13%，统糠21.5%，麸皮30%，青干草10%，豆饼22%，贝壳粉或石粉3%，食盐0.5%。

（3）毛皮成熟期饲料配方。麸皮38.2%，玉米5%，米糠13%，豆饼15%，青干草27%，食盐0.5%，石粉1%，蛋氨酸0.3%。

2．全价饲料配方

（1）生长兔饲料配方。大麦或麦麸30%，玉米5%，豆饼15%，苜蓿干草32%，青干草15%，微量元素及维生素3%。另外，每50 kg饲料外加蛋氨酸100 g，抗球虫剂适量。

（2）哺乳母兔饲料配方。四号粉25%，麸皮9%，豆饼18%，苜蓿干草30%，青干草15%，微量元素及维生素3%。每50 kg饲料外加蛋氨酸100 g。

（3）妊娠母兔饲料配方。麸皮30%，大麦10%，豆饼12%，苜蓿干草26%，青干草19%，微量元素及维生素3%。每50 kg饲料外加蛋氨酸100 g。

（4）种公兔饲料配方。麸皮30%，玉米10%，豆饼12%，苜蓿干草26%，青干草19%，微量元素及维生素3%。每50 kg饲料外加蛋氨酸100 g。

（5）毛皮成熟期饲料配方。麸皮25%，大麦8%，豆饼10%，统糠15%，苜蓿干草20%，青干草20%，微量

元素及维生素 2%。每 50 kg 饲料外加蛋氨酸 100 g。

(五)浙江农业大学獭兔饲料配方

1. 生长兔饲料配方　大麦 30%，玉米 5%，豆饼 15%，苜蓿干草粉 32%，青干草 15%，矿物质及维生素 3%。每 50 kg 饲料外加蛋氨酸 100 g。

2. 妊娠兔饲料配方　大麦 20%，玉米 10%，豆饼 10%，麸皮 10%，麦芽根 10%，苜蓿粉 10%，稻草粉 24%，松针粉 4%，矿物质 2%。每 50 kg 饲料外加蛋氨酸 100 g，赖氨酸 50 g。

3. 哺乳母兔饲料配方　玉米 10%，四号粉 15%，麸皮 19%，豆饼 8%，苜蓿粉 30%，青干草 15%，矿物质 3%。每 50 kg 饲料外加蛋氨酸 100 g，赖氨酸 50 g。

4. 种公兔饲料配方　豆饼 12%，苜蓿干草 26%，青干草 19%，大麦 10%，麸皮 30%，矿物质及维生素 3%。每 50 kg 饲料外加蛋氨酸 100 g。

5. 商品兔饲料配方　麸皮 25%，玉米 8%，豆饼 10%，统糠 15%，苜蓿干草 20%，青干草 20%，矿物质及维生素 2%。每 50 kg 饲料外加蛋氨酸 100 g。

(六)浙江省部分獭兔场饲料配方

1. 种兔饲料配方　玉米 10%，大麦 14%，薯干 3%，麸皮 40%，米糠 8%，四号粉 4%，大豆饼 18%，食盐 0.5%，生长素 1%，骨粉 1.5%。

2. 幼兔饲料配方　玉米 10%，大米 11.5%，薯干 1%，麸皮 35%，米糠 25%，棉子饼 10%，鱼粉 5%，食盐 0.3%，生长素 0.2%，骨粉 2%。

3. 妊娠母兔饲料配方　麸皮 25%，玉米 40%，大麦

20%，黄豆10%，骨粉4%，盐1%。

4. 公兔饲料配方　麸皮35%，玉米26%，大麦15%，黑豆10%，苜蓿粉10%，骨粉3%，盐1%。

5. 中兔饲料配方　麸皮30%，玉米25%，高粱15%，豌豆10%，苜蓿粉15%，骨粉4%，食盐1%。

（七）黑龙江省部分獭兔场饲料配方

1. 妊娠母兔饲料配方　玉米面40%，豆饼25%，麸皮20%，鱼粉5%，骨粉4%，高粱粉4.48%，食盐1%，多种维生素0.02%，土霉素粉0.5%。

2. 后备种兔饲料配方　玉米面44%，鱼粉4%，大豆饼20%，骨粉3%，麸皮14%，食盐0.5%，高粱粉12.5%，多种维生素0.5%，生长素0.5%，土霉素粉0.5%，球虫净0.5%，白糖1%。

3. 幼兔饲料配方　玉米面51.48%，鱼粉3%，大豆饼15%，骨粉4%，麸皮13%，食盐1%，高粱粉10%，维生素0.02%，球虫净0.5%，白糖1%，土霉素粉0.5%，生长素0.5%。

4. 仔兔饲料配方　玉米面54%，鱼粉2%，大豆饼10%，骨粉2%，麸皮18%，食盐0.4%，高粱粉12%，维生素0.05%，球虫净0.5%，白糖1%，土霉素粉0.05%，生长素0.05%

六、颗粒饲料

将粉状饲料用某种制粒机压制成为一定规格的圆柱状颗粒，称为颗粒饲料。它是集约化养兔生产重要的技术措施，是饲料工业中比较先进的加工技术。近年来，颗粒饲

料生产发展很快，在发达国家中约占70%，我国近几年来，颗粒饲料发展也较快，如广东、江苏、上海等地占的比例都较大，随着畜牧业、水产养殖业的发展，颗粒饲料生产的重要性越来越显著。

（一）颗粒饲料的特点

颗粒饲料之所以发展较快，是因为具有以下特点：

1. *营养平衡* 颗粒饲料由多种原料科学配合而成，各种营养成分互相补充，能满足獭兔不同生理阶段的生长、发育、繁殖、泌乳等的营养需要，有利于消化吸收，也保证了饲料营养的全价性。

2. *符合家兔的啮齿行为* 兔采食较硬的颗粒饲料，延长了咀嚼时间，能满足兔的啮齿行为。

3. *可有效提高饲料利用率和兔的生产水平* 据报道，生长兔用粉料、颗粒饲料做对比试验，结果颗粒料组干物质采食提高14.6%，日增重提高21.2%，饲料转化率提高5.4%。

4. *防止挑食，减少饲料浪费* 科学实验表明，采用颗粒饲料比采用粉状饲料喂兔，每增重1 kg体重，约省料0.2 kg，减少兔因挑食和扒食等所造成的浪费。

5. *使用方便，有利卫生* 颗粒饲料的颗粒大小均匀、干燥，饲喂方便，且便于控制喂量，节省人力，干净卫生。也提高了劳动效率，使养兔向规模化方向发展。

6. *减少疾病* 颗粒饲料在压制过程中，产生的高温达70～100 ℃，可杀死一部分寄生虫卵和其他病原微生物；颗粒饲料一般相对稳定，可避免由于饲料变换频繁所导致的兔消化机能紊乱，克服了水拌料剩料夏季发霉、冬季冰冻的问题。

7. *适口性好* 颗粒饲料因有特殊的浓香味，且颗粒质地坚硬，符合獭兔的采食习性；颗粒饲料在加工过程中使淀粉糊化产生的香味能刺激兔的食欲。据观察，獭兔对颗粒饲料具有特殊的嗜好，适口性好。

8. *便于仓储和输送，不存在分级现象* 颗粒饲料密度高，体积小，含水分低，不易霉变、虫蛀，便于运输、贮存，可提高饲料仓库的利用率。

（二）颗粒饲料的制作方法

1. *原料配比* 根据兔的不同用途、不同年龄和不同生理状况，采用不同的饲料配方。一般在配方中干草粉占20%，豆饼15%～20%，玉米30%～37%，糠麸类15%～30%，骨粉2%，食盐1%，维生素和微量元素添加剂0.5%，有条件的也可加入鱼粉5%。其中干草粉可由多种农作物秸秆、青干草和树叶等混合粉碎而成，其比例为：豆壳或花生壳或豆蔓25%，玉米叶或花生秧或地瓜秧25%，青干草25%，紫穗槐叶等25%。以上原料配比仅供参考，各地可根据当地情况作适当调整。

2. *原料粉碎* 原料经粉碎后扩大了表面积，可明显提高饲料的消化利用率。玉米、麦类、稻谷、饼类等原料粉碎时，粉碎机的筛板孔径应调至1.5～2 mm。

3. *原料混合* 按设计好的饲料配方称量好配料后，为使原料混合均匀，最好采用混合机混合。一般卧式混合机每批混合5～6 min，立式混合机则需15～20 min。如果没有混合机，则可放在水泥地上搅拌均匀，过筛3～5次，到饲料色泽均匀一致为止。

4. *颗粒压制* 目前常用的颗粒饲料机有两种压制形式：一种是风干粉料加适量水分（应小于5%，最多不超

过10%），均匀拌和后通过颗粒压制机压制成颗粒状；另一种是风干粉料通过颗粒压制机直接压制成颗粒状，即干进干出，颗粒硬度高，光洁度好，含水量低，贮存时间长。

上述干进干出的颗粒压制机，在颗粒形成过程中，可产生95～105℃的高温，能得到以下好的效果：①使饲料淀粉等发生一定程度的熟化作用，产生较浓的香味，提高饲料的适口性；②能使豆类、豆饼、谷物等原料中的营养抑制因子（抗胰蛋白酶等）发生变性，减少其对消化的不良影响；③杀灭残留在原料中的各种寄生虫卵和其他病原微生物，减少各种寄生虫病及其他疾病。但增温会使维生素遭到破坏，据估测，维生素损失10%～15%。

5. *成品规格* 优质颗粒饲料，感官指标应色泽一致，无发霉、变质、结块及异味；要求产品形状均匀，硬度适宜，表面光洁；水分含量北方不高于14%，南方不高于12.5%；颗粒长度应控制在10～15 mm，直径为3～5 mm，粉化率应在5%以下。一般要求粒化系数应达到97%（成形饲料重量和进入压粒机饲料重量的比值称为粒化系数）；颗粒密度：一般要求为1.0～1.3 g/cm³。

（三）贮存保管

应抓好以下几项工作。

1. *控制含水量* 颗粒饲料出机后要及时冷却，蒸发水分。必要时可在烈日下摊晒。为便于贮存，成品含水量一般控制在12%以下。

2. *添加防霉剂* 目前生产中常用的防霉剂主要有丙酸钠、丙酸钙和胱氨醋酸钠等，用量可根据保存期长短、含水量高低酌情而定。防霉剂应在粉料拌和时添加，方可取得良好效果。

3. 改善贮存环境　颗粒饲料应离地堆放，底层用木条垫起，防止回潮霉变；贮存房间应通风、干燥，盛器应干净、无毒，最好用双层塑料袋包装（外层用编织袋，内层用塑料薄膜袋）。

4. 缩短贮存期　颗粒饲料，最好现用现制，用多少制多少。实践表明，随着饲料存放的时间加长，维生素、抗生素功效会明显下降，饲料逐渐吸湿，引起发霉变质。因此，应尽量缩短其贮存期。

5. 防止虫、鼠害　严重的虫害与鼠害，不仅会耗损大批饲料，还会引起其污染变质，损失巨大。因此，要采用多种方法杀虫、灭鼠；建造仓库时，也应选用防虫害、鼠害的材料，进行科学的设计施工。

（四）颗粒饲料的喂量

根据季节和兔的用途、年龄不同，颗粒饲料的日喂量亦随之不同。獭兔的颗粒饲料日喂量，哺乳母兔控制在140 g，幼兔60 g，青年兔95 g，成年兔80 g，种公兔或轻孕母兔90 g左右。以上喂量，仅供农家养獭兔时参考。

第六章 獭兔的饲养管理

科学的饲养管理是养好獭兔的关键，是获得优质高产的兔产品和提高经济效益的有力措施之一。

一、饲养管理原则

(一) 饲养原则

1. 以青料为主，精料为辅 獭兔为单胃草食动物，应以食草为主，营养不足部分，补以精料，这是饲养食草动物的一个基本原则。养兔实践表明，兔不仅能利用植物茎叶（如青草、树叶）、块根块茎（如马铃薯、萝卜、胡萝卜、甜菜）、果菜（瓜类、果皮、青菜）等饲料，还能对植物中的粗纤维进行消化，其消化率为65%～78%。一般日粮中青饲料应占60%～70%，粗饲料和精饲料比例应以30%～40%为宜。即使现代化集约兔场全部用颗粒饲料喂兔，也要遵循上述原则，在颗粒饲料中要搀加适当比例的青粗饲料（如苜蓿草粉、稻草粉等)。

獭兔采食青粗饲料的能力，大体是体重的10%～30%。体重为3.5～4 kg的成年兔，每日应供给青粗料450～500 g；补喂混合粗料100～150 g，为体重的3%～5%。

2. 合理搭配，饲料力求多样化 獭兔生长发育旺盛，繁殖能力强，必须喂给全价饲料。只喂禾本科饲草，能量可得到满足，但蛋白质往往不足，若将禾本科、豆科饲料搭配饲喂，相互补充，提高营养价值。同是油饼类饲料，如豆饼、花生饼、棉子饼等，但所含必需氨基酸数量不同，因此多种饲料搭配，营养就完善，饲料利用率高，经济效益显著。例如，禾本科子实类一般含赖氨酸和色氨酸较低，而豆科子实含赖氨酸和色氨酸较多，含蛋氨酸不足。故在组成獭兔日粮时，以禾本科子实及其副产品为主体，适当加入10%～20%豆饼、花生饼类饲料混合成日粮，就能提高整个日粮中蛋白质的作用和利用率。要注意能量饲料、蛋白质饲料、矿物质饲料及维生素的合理搭配；一般不宜采用单一饲料。

3. 喂饲定时定量　兔的喂饲方法有3种，第一种是自由采食，即不限量饲喂。在养兔业发达的国家，通常采用全价颗粒饲料喂兔。哺乳母兔、产毛兔和生长育肥兔多实行自由采食，以提高哺乳性能和生产性能。第二种是分次限量饲喂，即定时定量，每日喂兔的饲料数量、饲喂时间、次数和喂饲次序都是一定的，使兔形成条件反射，增进食欲，有利于饲料的消化和吸收。每日饲喂次数以3～5次为宜。第三种为混合饲喂，即基础饲料（青饲料、多汁饲料和粗饲料）采取自由采食方式，补充饲料（精饲料或颗粒饲料）采取分次喂给。

一般仔兔每日哺乳1或2次，幼年兔日喂3～5次，青年兔、成年兔以日喂2或3次为宜。还应掌握体重大的多喂，体重小的少喂；瘦弱兔多喂（以吃饱不剩为原则），膘情好的少喂；冷天多喂，热天少喂的原则。盛夏酷暑季节，獭兔食欲下降，应做到早饲少、午饲精、晚饲饱，以提高饲料的消化利用率。

根据生产实践，獭兔每日采食25～30次，每次约5 min,采食饲料5～8 g。喂饲顺序，一般先喂给容易消化的青绿饲料，然后供给需中等消化时间的精料，夜间仅喂干草等粗饲料。每日的总饲料量中，精料可分2次喂给，青料分2或3次喂给。

4. 日粮组成相对固定，饲料更换逐步过渡　獭兔日粮多以几种成分组成，日粮组成应相对固定，即使变动组成，也不宜全部更换。春、夏、秋三季通常以青绿饲料为主，冬季则多以干草、块根块茎类饲料为主，随着季节的改变，饲料饲草将随之改变。在更换饲料时，宜逐步过渡，使兔消化道有个适应过程，否则常招致疾病。如冬春以干粗饲料为主，突然喂过多青饲料，易引起拉稀或臌胀。

5. 加喂夜草　兔是夜行性动物，夜间非常活跃，夜间采食量约占全天日粮的70%，因此晚上的喂料量要占全天的40%～60%。特别是冬季夜长，要补喂一次夜草。

6. 供给充足饮水　水为兔生命所必需，因此必须经常注意保证水分的供应，作为经常性的操作程序。供给饮水量可根据獭兔年龄、生理状态、季节和饲料种类来定。通常生长发育旺盛的幼兔、妊娠母兔、产仔前后母兔，以及喂干饲料和粗蛋白质、粗纤维、矿物质含量多的饲料时，则需水量较多，要及时供给饮水。冬季寒冷地区要求饮温水。夏季要增加1或2次饮水或保证不间断供水。

随着养兔业的发展，自动饮水器逐渐普及，既可以节省劳动力，又可以满足24 h饮水的需要，且可以保持饮水清洁卫生，但必须经常检查饮水器是否堵塞或漏水，贮水箱（池）或贮水桶也应定期刷洗。

7. 切实注意饲料品质，认真进行饲料调制　不喂腐烂、霉臭、有毒的饲料，不饮污浊水。要喂新鲜、优质的饲料，饮清洁水。仔兔和母兔怀孕期更应重视饲料品质，以防引起肠胃炎和母兔流产。要按照各种饲料的不同特点进行合理调制，做到洗净、切细、煮熟、调匀、晾干，以增强兔的食欲，促进消化，达到防病的目的。

在养兔生产中，必须做到以下“十不喂”：

一不喂霉烂、变质饲料；

二不喂带泥沙、粪便污染的饲料；

三不喂带雨、露水的青绿多汁饲料；

四不喂发芽的马铃薯和染上黑斑病的甘薯；

五不喂农药污染的饲料；

六不喂冰冻饲料；

七不喂未经蒸煮或焙炒的豆类饲料（包括生豆饼、生豆渣）；

八不喂有毒植物（如白头翁、龙葵等）；

九不喂大量的牛皮菜、菠菜、紫云英等饲料（这类饲料中草酸含量较高，长期大量采食，容易引起獭兔缺钙，特别是哺乳母兔、妊娠母兔更应注意）；

十不喂未经浸泡 12 h，易引起膨胀的饲料（如豆类等）。

8. 分层喂料，增进食欲　设 3 层笼舍的兔场，可通过饲喂不同层的兔而引诱其他层的兔，达到活动候食、增进食欲的效果。做法是：

早上先喂上层，在饲喂时，使得中、下层獭兔因听到上层兔在吃食而引起食欲，东张西望，四处蹦跳，等候进

食。隔几分钟后，再喂中层兔，然后再喂下层兔。而在中午时，则改为先中层，再下层，最后上层。晚上，则又改为先下层，再上层，最后中层。实践证明，这种分层喂料法有利于加速生长，提高配种率。但是，这种方法不适用于怀孕母兔和哺乳母兔，对这些兔的饲喂应优先安排。

（二）管理原则

1. 笼舍清洁干燥　兔体弱抗病力差，兔所生活的环境必须清洁干燥。每日清扫笼舍，清除粪尿，勤换垫草，笼舍、饲养用具等定期消毒。使病原微生物无法滋生繁殖，这是增强兔的体质、预防疾病的必不可少的措施，也是饲养管理上一项经常化的管理程序。

2. 保持安静　獭兔是胆小易惊、听觉灵敏的动物，经常竖耳听声，稍有骚动，则惊慌失措，乱窜不安，尤其在分娩、哺乳和配种时影响更大，所以在管理上应轻巧、细致，保持安静环境。同时，还要注意防御敌害，如猫、犬、黄鼠狼、老鼠、蛇的侵袭；不要在兔舍附近鸣笛、放鞭炮等。

3. 加强运动　运动可以增强兔的体质，增进食欲，减少母兔的空怀和死胎，增强公兔的性欲和配种能力，还可减少呼吸道疾病等。因此，应将笼养的兔适当放出运动，每周可放出自由运动 1 或 2 次，每次运动 0.5～1 h 即可。兔的运动场地要有 1 m 高的围栏或墙，地面应平坦踏实，防止兔打洞逃跑。地面能铺一层河沙更好。放出运动时，应将公母兔分开，避免混交乱配。运动完了要将兔放回原笼。

4. 分群管理　种兔和商品兔要分开饲养；种公兔、

妊娠母兔、哺乳母兔应单笼饲养；幼兔和青年兔也应按年龄、性别、强弱分群饲养。这样有利于獭兔的生长发育和配种繁殖，并便于管理。合理的分群与管理，是保证獭兔群健康生长发育的重要措施之一。

5. 做好防暑、防寒、防潮工作　獭兔汗腺不发达，被毛较厚，散热很困难，夏季容易中暑。因此，夏季应做好防暑工作，兔舍门窗应打开，以利通风降温，兔舍周围植树、搭葡萄架、种丝瓜等进行遮阳。如气温过热，舍内温度超过 30 ℃时，应在兔笼周围洒凉水降温。同时喂给清洁饮水，水内加少许食盐，以补充兔体内盐分的消耗。

獭兔虽然比较耐寒，但气温过低则影响獭兔生长，尤其是仔兔，不仅生长缓慢，甚至会冻死，冬季繁殖兔舍温度不宜低于 10 ℃，要加强保温措施。

雨季是獭兔一年中发病和死亡率高的季节，此时应特别注意舍内干燥，垫草应勤换，兔舍地面应勤扫，在地面上撒石灰或很干的焦泥灰，以吸湿气，保持干燥。

6. 注意观察，搞好防疫　一定要做到无病早防，有病早治。饲养人员要每日观察兔群健康、食欲、粪便等情况，观察兔的精神状态，鼻孔周围有无分泌物，被毛是否有光泽，有无脱毛或脓肿等。发现病兔，及时隔离治疗，并采取防疫措施。平时应做到“四防”、“五及时”，确保獭兔群健康。

“四防”是：夏季重点防球虫病，春秋季注意防感冒和魏氏梭菌病，冬季注意预防仔兔冻伤，常年做好防疥癣和防兔瘟病。

“五及时”是：发病疾病及时报告，及时隔离，及时诊断，及时治疗，对传染病及时处理。

二、管理技术

（一）捉兔方法

在日常管理中，捕捉兔是常事，也是饲养管理人员的基本功。称重、配种、梳毛、打针灌药等，首先要捕捉兔。捉兔方法正确与否，对獭兔的健康、保胎关系极大。如方法不对头，往往造成不良后果。

1. 错误的捉兔方法

（1）提两耳。獭兔的两个耳朵较长大，很容易抓住两个耳朵把兔提起来。獭兔的耳壳是由软骨组成的，不能承担全身重量。耳朵血管很多，神经密布，一抓耳朵，獭兔就要疼痛挣扎，耳朵极易被扭伤，致使两耳垂落。

（2）倒提两后腿。兔头朝下倒立，易发生脑充血；兔拼命挣扎，上下窜跳，容易造成孕兔流产，肠管扭转、破裂等。

（3）抓提腰部。易损伤内脏，身体重的兔还会造成皮层和肌肉脱离，对生长发育均有不良影响。

（4）提捉两前肢。兔也会挣扎，人会被兔抓伤咬伤。

2. 正确的捉兔方法　先用手抚摸兔头，使之安静，然后一只手抓住两耳及相连的颈皮，轻轻提起，另一只手托住兔的臀部，重力应放在托手上。也可用一手抓住耳后颈皮，一起托起后躯，使头部向上，防止兔爪伤人（图6-1）。

（二）年龄鉴定

在缺乏详细记录的情况下，可根据下列4个方面来判

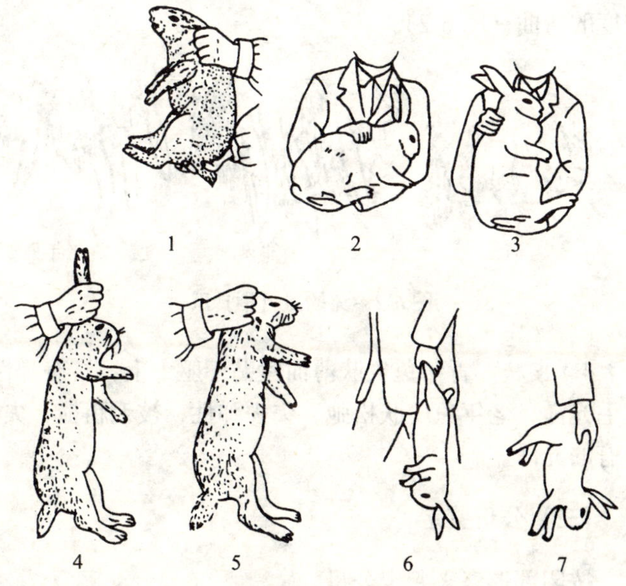

图 6-1 捉兔法

1～3. 正确捉兔法 4～7. 错误捉兔法

定年龄。

1. 眼神与行动 青年兔眼神明亮，行动活泼；老年兔眼神颓废，行动迟缓，双目模糊不清。

2. 门齿 青年兔的门齿洁白短小，排列整齐；老年兔的门齿发黄，厚而长，齿峰磨平乃至缺损，排列不齐。

3. 趾端 青年兔趾小基部呈红色，尖端呈白色；1岁左右兔趾部颜色为红白相等；1岁以下者其趾部红多于白，1岁以上者则白多于红。也可依趾爪的弯曲度来判别，青年兔的趾爪短而平直，并隐存于脚毛丛中，随着年龄的增长其趾爪除逐步露出脚毛丛外，而且还表现出不同

程度的弯曲（图 6-2）。

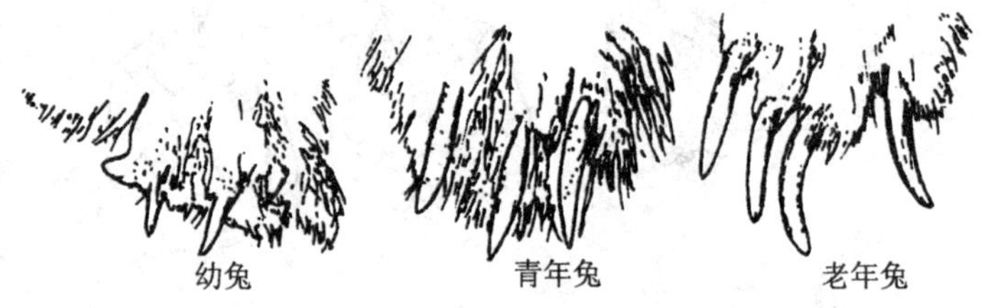

图 6-2　兔的趾（指）爪

4．*皮肤*　青年兔皮肤薄而紧贴于躯干上，富有弹性，被毛光泽；老年兔皮肤松弛，失去弹性，被毛粗糙，失去应有的光泽。

（三）公母鉴定

按阴部形态来判定公母。

1．*初生仔兔*　阴部圆孔洞扁平，与肛门口距离近者为母兔；圆孔洞呈圆形且与肛门口距离较远者为公兔（图 6-3）。

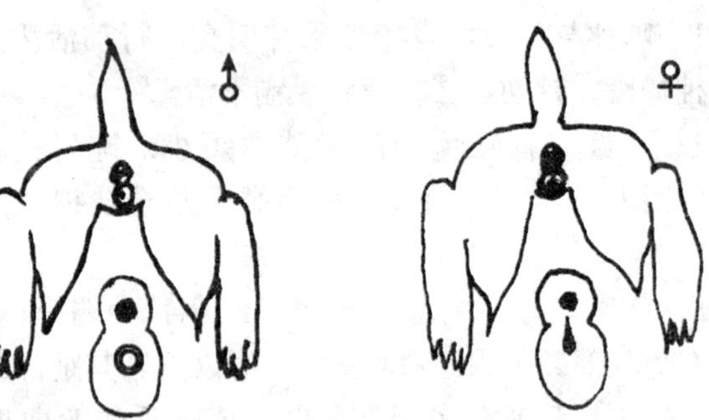

图 6-3　初生仔兔后侧公母鉴定

有人专门测定阴门与肛门间的距离，得出规律如下：

不论新生仔兔体重大小，只要阴门与肛门距离超过1.2 mm以上就是公兔，1.2 mm以下是母兔。一般公兔的距离是母兔的1.7倍（2.04 mm）。

如在近阴部处指压下腹部，能看到阴部与肛门间的距离更加伸长，而且尿道口和肛门口的位置互呈反方向展开，就是公兔；如果阴部与肛门间的距离伸长程度很小，而且尿道口朝上或者仍旧指向肛门，就是母兔。

下面再介绍一个识别公母仔兔的独到经验：

辽宁北镇华丰兔场，4日龄以内的仔兔，根据由脐部到阴部的“红线”来识别公母。据多年经验，由脐部到阴部有一条“红线”是母兔；若“红线”间断，即“断条”时就是公兔。

2. 开眼至断乳后的幼兔　主要是依其外生殖器的表现形状来判定。使仔兔仰卧于手心中，用另一手的食指和中指夹住尾巴，以拇指轻压阴部开口处的双侧皮肤进行观察，母兔呈“V”形，顶端前联合圆，后联合尖，下边裂缝延至肛门，且没有突起。公兔呈则“O”形，并可见翻出圆筒状突起。

3. 中年兔与成年兔　中小型兔到3~4月龄时阴囊内可见到睾丸。大型兔需稍长些时间方可见到，但也会在阴部出现粉红色且有皱褶的皮肤——阴囊。

（四）编号

为了搞好兔的育种工作，以及商品兔的各项生产记录，必须对种兔或商品兔进行编号。编号的适宜部位是在耳内侧，编号时间在断奶前3～5天。为便于区别性别，公兔编在左耳，为单数号；母兔编在右耳，为双数号。

打号方法一般用专用耳号钳，耳号钳在前面第三部分“獭兔的遗传育种”图 3-13 中已作介绍，其操作方法如下(图 6-4)。

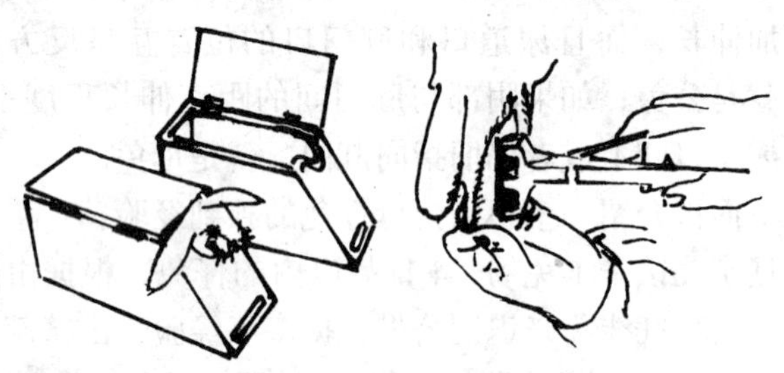

图 6-4　打耳号保定箱和耳号打法

把仔兔放在保定箱内打耳号，可防止其挣扎，便于操作。然后将拟定编制的号码，按顺序放入耳号钳内固定，再在耳朵内侧血管少的地方，用碘酒消毒，待碘酒干后染上醋墨，用耳号钳夹住拟刺部位，用力紧压，针刺即刺入皮内，取下耳号钳，用手揉捏耳壳，使墨汁浸入针孔，数日后即可呈现出永不褪色的号码。注意给兔编号时，首先要把兔保定好，钳压刺字时动作要快。若无专用耳号钳，也可用蘸水钢笔尖或刻钢板用的钢针或大头针代替，蘸上醋墨刺字，针刺是以刺破表皮，血液露而不流为宜。

目前，有的耳号钳带有英文字母，常用英文字母代表某一毛色或某一公兔的后代，使用起来更为方便。编制耳号完后，要做好详细记载，以便查考血统。

(五) 去势

去势俗称“劁骟”。凡不留种用的公兔，可在 2.5～3

月龄时去势。公兔去势后，变温驯，生长快，易长膘，肉质好，饲料转化率高。

1. **刀割法** 将兔腹部朝上，术者用左手将睾丸从腹股沟管挤入阴囊，并用食指和拇指捏紧固定，用碘酒消毒切口处，然后用消毒的去势刀（或手术刀）沿睾丸垂直方向切开皮肤 1 cm 左右，挤出睾丸，切断精索，再用碘酒消毒止血。术后放入消毒过的清洁笼中饲养，2～3 天后，伤口即可愈合，恢复健康。

2. **结扎法** 按上述步骤，捏住睾丸，用橡皮筋或粗线扎紧两个睾丸和阴囊，使血液不流通，经 10 天左右，睾丸及阴囊部分就会萎缩脱落。

3. **化学去势法** 在睾丸内注入氯化钙溶液，杀死睾丸组织，达到去势的目的。方法是：将 10 g 氯化钙溶于 100 mL蒸馏水中，再加入 1 mL 甲醛溶液，摇匀过滤。在睾丸纵轴前方常规消毒后，根据公兔大小，每个睾丸注入 1～2 mL药液。注射后睾丸开始肿胀，3～5 天自然消退，7～15 天睾丸萎缩，性欲丧失，有效率达 100%。

化学去势方法多种，也可注入 5%碘酊；20%甲醛溶液；95%酒精 100 mL 与 5 mL 甘油混合搅匀；7%高锰酸甲溶液；饱和氯化钠溶液等。也有人应用雌激素和雌激素合成制剂，作为公兔的化学去势已获得成功。美国还有专门的 Chem-cast 药骟液。中国农业科学院中兽医研究所也研制成功 MC-I 药骟液。

化学去势注意事项：

(1) 注射器针头用长针头，沿睾丸纵轴方向迅速刺入睾丸中心，使针头到达睾丸下 1/3 处。接着，边缓慢退边注射药液，使药液留在睾丸中央 1/3 处。此时，左手握住睾丸有感到发涨，即可拔出针头，进行另一侧睾丸的

注射。

(2) 注药时不能把药液注射到睾丸以外的组织中去，以免引起其他组织的变性坏死。

(3) 注射药液后，由于药液还未浸润到睾丸组织中，所以不能挤按睾丸，以免把药液渗透到外组织。

(4) 药液的剂量和浓度，要根据配制不同的药液、不同的家畜和睾丸的大小而定。

(六) 试情公兔结扎输精管

选择体质健壮、性欲旺盛的青年公兔结扎输精管，可作为刺激母兔排卵的试情公兔。

首先将选好的青年公兔腹部向上，仰卧固定在解剖台或木板上，术部剪毛，清洗干净，再用酒精、碘酒彻底消毒。

手术时，首先将两个睾丸用橡皮筋固定，防止在手术过程中进入腹腔，影响手术操作。然后在距离两个附睾尾约 2 cm 处，切开一个 2 cm 长的纵切口，再由切口处用技术镊子提出一侧精索，把精索结缔组织的总鞘膜纵行切开一个长 2～3 cm 的切口，使内容物裸露出来，从中寻找输精管。输精管呈白色半透明状，比较粗而挺实，类似小型塑料管，与动、静脉血管有明显的不同。

接着把输精管分离出来，在两端用线结扎，从中剪断 2～3 cm,经整复后返回腹腔。用同样办法将另一侧输精管处理完毕。最后进行切口缝合，在切口处放入消炎粉，缝合后用碘酒消毒即可（图 6-5）。

术后将试情公兔单独饲养。经 1 周后术部消肿，到第 14～15 天，可进行采精检查。连续采 2 次精，经检查精液中无精子出现为手术成功。

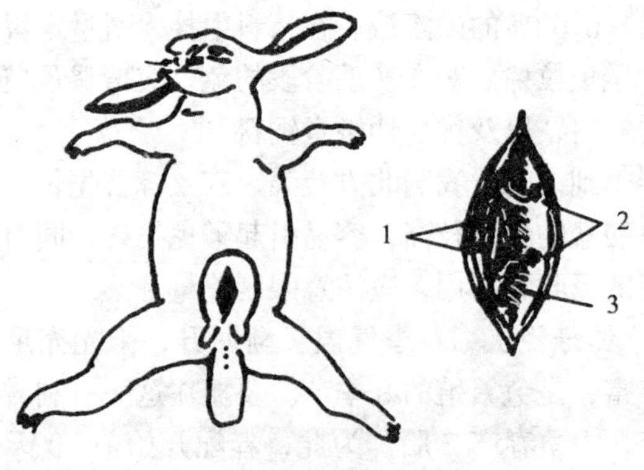

图 6-5 结扎输精管示意图

1. 血管 2. 输精管 3. 精索

三、不同季节饲养管理要点

（一）春季

我国南方春季多阴雨，湿度大，适于细菌繁殖，兔病多，幼兔死亡率高。这时虽然野草逐渐萌芽生长，但其含水分多，干物质少，而兔经过一个冬季的饲养，身体比较瘦弱，又处于换毛时期。因此，春季在饲养管理上要注意防湿、防病。

1. 把好饲料关　头 1～2 个月里气温尚低，青绿饲料不足，多用适口性好、人用蔬菜下脚料喂饲；对此，要控制喂量，以免兔贪青造成腹泻。开始青饲料应占日粮1/3，2～3 天可占日粮 2/3，4～6 天可以全部喂青。

此外，下雨以后割的青草，要晾干再喂。在阴雨多、湿度大的情况下，要少喂水分高的青饲料，增喂一些干粗饲料。为了增强兔的抗病能力，在此季节应在饲料中拌入一定量的大蒜、野葱、红葱等杀菌性饲料，或者拌入

0.01%～0.02%的碘溶液。在精料中拌入适量木炭粉，以减少和避免拉稀。对在换毛阶段的兔，应增喂蛋白质含量较高的饲料，以及优质幼嫩青饲料。

春季到来时，我国北方菠菜、灰菜等首先长出，这些植物草酸盐的含量较高，容易引起獭兔拉稀，同时影响饲料中钙的吸收和利用，应注意限制喂量。

2. 抓好繁殖　春季气温日渐回升，阳光充足，饲料逐渐丰富，是兔繁殖的好季节。要抓住这一有利时机，早繁多繁，力争春产2胎。为此，春配开始前20天就要增加公母种兔的营养，特别是蛋白质的量要提高，以提高公兔精液品质，促进母兔发情，饲养人员要勤观察母兔发情，防止漏配。所产仔兔秋后就可上市销售，效益较高。

3. 搞好卫生和防疫　春季正是各种细菌、病原微生物滋生季节，要特别注意搞好兔舍（笼）的清洁卫生。兔舍要干燥，通风良好，勤打扫，勤清理，勤洗刷，勤消毒，勤检查。地面铺干沙、草木灰、炉灰渣等。

另外，要抓好春季防疫工作，及时打好兔瘟、巴氏杆菌病等的防疫针。春季早晚温差大，要预防感冒、肺炎、肠炎等病。仔兔可用2%～3%的大蒜汁滴鼻，每日早晚各1次。

（二）夏季

夏季高温多湿，獭兔因汗腺不发达，全身又有被毛覆盖，排汗散热能力很差，常受炎热影响而导致食量减少，这个季节对仔兔、幼兔的威胁大，易患疾病。

1. 降温防暑　在兔舍四周提前种植藤蔓植物，如丝瓜、葫芦、葡萄等；兔舍向阳墙表面刷成白色，以利反光，减少吸热；室外兔笼要搭建凉棚；幼兔群养时要降低饲养密度；室温超过30℃时地面可洒水降温；门窗大开，加强通风；有条件的可在兔舍安装风扇等降温；建造地下室，挖山洞，让繁殖兔安全度夏。

室温超过32℃以上时，要严防兔中暑。兔中暑的症状，流涎水，发热，全身瘫痪，眼球突出，四肢抽搐，突然侧倒死亡。急救方法，可将患兔置于阴凉通风处，用凉水浇头。饮淡盐水或采取耳静脉、尾尖、脚趾放血等措施。

2. 调整兔群结构　大小、强弱、母仔分开。产箱内的铺垫物一半厚一半薄，让仔兔随气温的变化布选择卧睡的地方。

3. 调整作息时间与饲料配方　夏季应以青绿饲料为主，在饲料中适当增加蛋白质较高的饲料，减少含能量较高的饲料。同时，为防止拉稀，要投喂些优质青干草，让兔自由采食。在阴雨天为预防腹泻，可采取喂隔日草（今天割回明天喂，摊晾开），也可在饲料中拌入2%～3%木炭粉，或在笼内悬挂木炭棒，或在混合饲料中添加2%～3%炒高粱粉。做到饮水常换，清水不断。为补足排出的盐分，在饮水中加入1%～2%食盐。夏天炎热，白天獭兔大多数时间卧伏不动，采食和活动集中在夜间，饲喂时间和饲喂数量需加以调整，做到早餐早，中餐精而少，晚间饱，夜间多喂草。粉料拌湿要少拌勤添，防止剩料酸败。

夏天气温高，湿度大，饲料极易发霉变质，每次喂料前要将上次剩下的饲料清除干净。

4. 搞好卫生，预防球虫病　加强扑灭蚊蝇、鼠的力度。添挂纱窗；喷洒有关杀灭蚊蝇的药物，如“贝特”；

在舍檐下点蚊香驱蚊或熏烟驱蚊；投放毒鼠饵；在饲料中添加“EM”溶液；兔粪便要集中发酵腐熟后做肥料；常用火焰喷灯喷烧附着于笼四周的兔毛，使笼内通气。为了防止潮湿，可在舍内地面撒些石灰或煤渣。

夏季是球虫病的暴发季节，常造成幼兔大批死亡，特别是雨季气候潮湿，更要加强球虫病的防治，无病早防，有病早治，定期投喂抗球虫药物，如氯苯胍、克球粉、敌菌净、球虫宁等药物要交替使用。

上面提到“EM”溶液，现简单介绍如下：

EM原露是一种微生态制剂的简称，它是由日本琉球大学的比嘉照夫教授于20世纪80年代初研制而成的。一般情况下，EM原露是液体，其内含有光合细菌、酵母菌、乳酸菌、放线菌以及发酵型丝状真菌等5科10属80种微生物，组成比较复杂，但性能稳定，功能广泛，在种植业、养殖业、环境净化方面都有显著的作用，十多年来，已陆续在世界几十个国家推广和应用。

20世纪90年代初，EM原露引入我国，经中国农业大学、中国科学院南京土壤所、江苏农业科学院等十多家院校与科研单位、全国二十几个省、地区的试验，在各方面都取得了明显的效果，引起越来越多人们的关注。起初EM原露是以土壤改良剂问世的，而将EM原露用于养殖业，时间虽然较短，但进展令人瞩目，它的推广将可能引起畜牧业的一场变革。

EM原露在养殖业上的作用：

(1) 促进生长，每只鸡一般比对照组增重0.1～0.25 kg，猪增重5～10 kg，对兔也有明显的作用效果。在水产养殖上的应用效果也非常明显。

(2) 防病、抗病，提高畜禽成活率。

(3) 去臭驱蝇，净化环境。这一点在城乡有非常实际的意义。

(4) 改善产品品质，生产无公害产品。

(5) 节省饲料，降低成本，提高经济效益。一般来说，肉鸡每只投入0.50元，蛋鸡1～2元，猪6～8元即可。

(6) EM原露可处理秸秆、草粉，其营养价值大大提高，方法亦简单。

另外，EM原露用于人类保健，其意义也非常大。

下面，再介绍一下福建省浦城县扁山兔场自行设计、改装小喷雾器，使喷雾变为喷火，进行兔场、兔舍、兔笼的常规消毒，收到良好的效果。农家养兔也一般容易做到(在没有喷灯的情况下)。

改装方法是：在喷雾器前端安一根细铁丝，细铁丝在距离喷气孔10 cm处系上一个小金属帽（废电灯泡金属头翻过来即可)，帽内装经煤油浸湿的棉花，喷雾器药液罐中盛上煤油或柴油或95%的酒精均可。使用时，只要点燃棉花，拉动活塞，煤油气雾就会经过火焰而燃烧，火焰喷出达66 cm左右。此法用100 g煤油可消毒200个兔笼(一兔一笼)，效果很好（图6-6)。

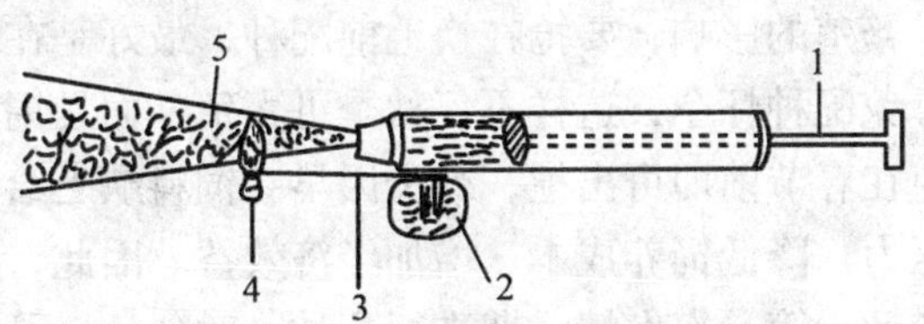

图6-6 简易火焰消毒器

1. 手柄 2. 煤油 3. 铁丝

4. 引火点 5. 火焰

喷火消毒是一种比较彻底的消毒方法，不但可以杀灭烧死细菌、病毒、螺旋体、支原体、衣原体等各种有害微生物，干燥环境，还可杀灭球虫等各种寄生虫和卵囊。农家养兔应定期用喷火消毒办法来达到防疫灭病的目的，会取得很好的效果。

5. 控制繁殖　高温期间应停止配种繁殖。对种公兔要采取保护措施，防止高温对其睾丸组织的破坏，尽可能把公兔养在窑洞、地窖等阴凉处，待 8 月下旬或 9 月初再集中配种产仔。

（三）秋季

秋季天高气爽，气候干燥，饲料充足，是养兔的黄金季节。

1. 抓好秋膘　秋季各种再生饲料（二茬草）多且幼嫩，兔很爱吃，农副产品丰富，蔬菜下脚料也多，加之气候干燥凉爽，兔的食欲旺盛，应抓好时机抢秋膘，准备安全越冬。换毛的成年兔，因体弱，应多喂适口性好的青饲料，适当增加豆饼、花生　葵花饼类饲料。要控制萝卜叶等含亚硝酸盐较高的饲料。

2. 抓好秋繁　秋季是繁殖的好季节，为了避免秋季换毛对繁殖的影响，要抢在换毛前配种，最好是在夏末秋初使母兔配种怀孕，这样不仅秋季可繁殖，而且饲养良好的幼兔在春节前即可出栏，减少因早春饲料缺乏给养兔造成的压力，降低饲养成本，增加经济效益。因此，必须捕捉母兔秋后第一次发情时期进行配种；对公兔，可在每年的白露前 1 周提高公兔的饲养营养水平，特别是加大蛋白质的含量，以提高精液品质。

3. 整顿兔群　繁殖力强，后代整齐，生长迅速的兔应继续留做种用；后代表现不好或老、弱、病残种兔应立即淘汰；选留优良后备兔补充兔群。

4. 预防疾病　秋季早、午、晚气候变化大，深夜凉，要防止仔兔、幼兔患感冒、肺炎、肠炎等疾病。本季节露水厚重，饲喂青绿饲料时必须晾净露水，并要抓紧秋季疫苗接种。秋季是兔瘟、巴氏杆菌、魏氏梭菌等传染病的防疫季节，要及时打好防疫针，千万马虎不得。

5. 抓好饲草饲料贮备　秋季是农作物收获季节，各种藤蔓及野草较多，应及时加工（如晒制干草、做好青贮等），收贮过冬饲料。

（四）冬季

冬季气温较低，日照时间短，缺少新鲜青绿饲料，但热能消耗大（维持体温），所以獭兔冬季一般生长较缓慢。

1. 防寒保温　在立冬以前，要整修兔舍，堵死北面窗，南面门窗，夜间要挂草帘。在迎风口处挟好防风障。严防贼风侵袭兔舍。添置增温设备。保持舍内温度恒定。产仔间或产仔箱经常晾晒或更换，保持笼舍干燥。冬季养兔宜适当增加密度，仔、幼兔切勿单笼饲养。

室内生火取暖时，必须设置烟筒和通气孔，防止煤气（一氧化碳）中毒，同时还要预防火灾的发生。

2. 增加营养　冬季獭兔热能消耗大，混合精料的喂量应增加 20%左右，最好是热水拌料，还要补喂些高能饲料，如玉米面、煮熟的甘薯、马铃薯等饲料。而蛋白质饲料则适当降低。冬季因青饲料缺乏，要适当补饲胡萝卜、菜叶及麦芽等富含维生素的饲料。冬天夜长要注意夜间补饲。要饮温水。严禁饲喂冰冻饲料的含霜饲料，以防发生肠炎。

3. 抓好冬繁　冬季繁殖疾病少，只要管理得当，仔兔成活率就高。冬繁能延长母兔的利用年限，能达到一年四季的均衡生产的目的。冬繁不利的因素是温度低和维生素饲料不足，母兔不易发情。所以，只要创造冬繁条件，如兔舍温度能达到5℃以上，并供给足够的维生素饲料，用电灯泡补充光照，母兔就能正常发情，实现冬繁高产。在实际生产中，要做好产仔箱的保温工作，垫草干燥、柔软、保温性强，即可获得较好的冬繁效果。冬繁的仔兔生长快，体型大，体质健壮，最适宜留做种用。

现在很多地方用塑料大棚保温、冬繁，效果很好。将兔舍或整个兔场用塑料薄膜封严，进出门口处吊草帘或棉布帘防风寒，塑料棚外面夜间有草帘保暖，白天草帘卷上去。在棚内也可生煤火。塑料棚顶上部设有能关闭活动的天窗，白天可打开排气，晚上关闭保温。塑料薄膜透光不透气，导热系数小，具有良好的采光、增温和保温特点，且温度升降平稳，日差较少，适于獭兔的繁殖和生育。有很多兔场从12月份至翌年2月份进行冬繁，搞得好的塑料棚，夜间棚外温度降到－10℃左右时，棚内温度仍可保持在0℃左右或更高一些。

4. 注意卫生管理　为防冷而门窗关闭，会导致室内空气不畅，有害气体增多，易诱发多种呼吸道疾病。因此，在晴天中午要开启门窗，让阳光射进室内，促进室内空气流通。对产仔箱要加强管理，做到勤清理，勤换草，保持清洁、干燥。冬季疥癣疾病多发，要经常注意检查和防病。

5. 兔群整顿工作　秋末冬初应对兔群进行一次全面的整顿工作，留优去劣。冬季是最好的宰杀取皮季节，商品兔在宰杀前应经专门饲养，以提高兔皮品质。

四、各类獭兔的饲养管理

科学的饲养管理是发挥兔群生产潜能的重要措施。根据獭兔的生物学特性、生长发育不同生理阶段对饲养管理条件的要求，努力创造条件去满足其要求，就可以达到优质、高产的目的。

（一）种公兔的饲养管理

俗话说："母兔好，好一窝；公兔好，好一坡。"说明公兔对兔群影响大，对兔群质量的提高起决定性作用，它直接关系着育种工作的成败。养好种公兔的标准：一是体格健壮，不肥不瘦，达到种用膘度（八成膘）；二是性欲旺盛，配种能力强；三是精液品质好，与配母兔受胎率高，产仔数多。

1. 种公兔的饲养

（1）供给蛋白质比例较高的日粮。种公兔每次射精量均在 1 mL 以上（变动范围 0.4～2.0 mL），每毫升含的精子数平均在 1 亿左右，多者达 2 亿～3 亿。精液中除水分之外，绝大部分是由蛋白质构成的。包含有白蛋白、球蛋白、核蛋白、黏液蛋白等，这些都是高质量的蛋白质。生产精液的必需氨基酸有色氨酸、胱氨酸、组氨酸、赖氨酸、精氨酸等；其中以赖氨酸为最多。除形成精液外，在性机能活动中的激素和各种腺体的分泌液以及生殖器官本身都随时需要蛋白质加以修补和滋养。动物性蛋白质对精液的生成有更显著的效果。蛋白质供应不足时，公兔射精量和精子数显著下降。

种公兔日粮配合中蛋白质的质量对精液的变化以及因

变化所引起的受精、分娩和子代品质的材料如表 6-1 所示。

表 6-1 种公兔日粮中蛋白质对精液的影响

项 目	对照组	试验组(饲给面粉)
精子活动力（平均）(%)	17.6	28.4
精子抵抗力（平均，单位：千）	3.0	4.9
授精母兔数（只）	3.0	3.2
第一胎受精的分娩母兔数（%）	71.5	81.3
生产仔兔数目（只）		
生产时	107	122
断乳时	71	106
仔兔成活率（%）		
1 月龄时	76.3	90.6
2 月龄时	50.5	76.9
死胎率（%）	13.1	4.1
仔兔平均体重（g）		
生产时	50	56
断乳时	339	388
2 月龄时	676	732
4 月龄时	1 207	1 296

注：血粉用新鲜血粉。

一般公兔日粮中蛋白质含量以 17%～18% 为宜。同时，应根据公兔的配种程度，适当加喂动物蛋白质饲料，以改善精液品质，提高受胎率。实践证明，种公兔配种期如能加喂适量的豆饼、豆渣、苜蓿、毛苕子等富含蛋白质的饲料；在配种旺季，每日如能加喂 1/4～1/2 个鸡蛋或 5 g 左右鱼粉或牛、羊奶等，精液品质就可以大大提高。

实践证明，利用提高饲料中的营养水平来提高精液的品质需 20 天后方可见效，因此在配种期到来之前 20 天就要提高种公兔日粮中的营养水平，特别是增喂蛋白质饲料。

(2) 注意营养的全面性和均衡性。种公兔的日粮必须多样化。营养要全面，体积要小，适当搭配动物性饲料。营养价值完善的日粮中应包括足够的热量、蛋白质、维生素和矿物质。

维生素与种公兔的配种能力和精液的品质也有密切关系。如饲料中维生素（特别是维生素 E、维生素 A）不足，则使小公兔生殖器官发育不良，睾丸组织退化，性成熟推迟。成年公兔饲料中缺乏维生素，特别是缺乏维生素 A 和维生素 E 时，睾丸曲精细管变性，精子数目减少，畸形精子增多。所以，需要补足青草、南瓜、胡萝卜、大麦芽等。应特别注意在冬季和早春季节给公兔补饲多汁饲料，如胡萝卜、白萝卜及大白菜等。

獭兔饲料中缺乏矿物质时，对精液品质也有影响，尤其是缺乏钙时，公兔四肢无力，精子发育不良，活动能力降低。磷元素为核蛋白形成的要素，也是产生精液所必需的元素。日粮中配有谷物和糠麸类饲料时磷不致缺乏，但应注意钙的补充。钙、磷供给的比例应为（1.5～2）:1。日粮中加入 2%骨粉或石粉、蛋壳粉、贝壳粉等，钙即不至缺乏。

(3) 饲料体积要小。要培育一只好的种公兔，从小到大都不宜喂给容积大、水分过多、难消化的饲料，防止腹大下垂，配种困难。后备公兔如全部用秸秆或大量多汁饲料，不仅发育慢，成年后达不到种兔应有的发育标准，而且配种性能也差，失去种用价值。

(4) 玉米等高能饲料喂量不宜过多。实践证明，种公兔日粮能量水平过高，而且时间长，会使公兔过肥，造成

性欲减退，精液品质下降，影响配种效果。因此，要定期称重，配种季节每月称1次，非配种季节一季度称1次，根据体重化调整饲料配方，保持体重相对稳定，从而保持种用膘度和旺盛性欲。

现介绍3组公兔日粮配方，供参考：

①干草粉15%，刺槐叶粉35%，青饲料10%，黑豆10%，玉米15%，麸皮10%，鱼粉3%，骨粉1%，食盐1%。

②干草粉15%，苜蓿草粉40%，青贮料10%，块根饲料5%，黑豆3%，玉米10%，麸皮15%，骨粉1%，食盐1%。

③干草粉20%，青贮料20%，块根饲料5%，大麦5%，豆渣30%，玉米10%，麸皮8%，骨粉1%，食盐1%。

2. 种公兔的管理

(1) 将3～3.5月龄的幼兔，公母分开饲养，严防早配乱交。后备公兔和种用公兔应单笼饲养。

(2) 要多运动，以增强体质和配种能力。长期不运动的公兔，身体不健壮，容易肥胖和四肢软弱，所以每日要放公兔出笼运动1～2 h，并使其多晒太阳。

(3) 公兔笼和母兔笼要保持较远的距离，避免异性刺激，影响公兔性欲。

(4) 配种时，应把母兔捉到公兔笼内，不宜把公兔捉到母兔笼内进行。因为公兔离开了自己所熟悉的环境或者气味不同都会使之感到突然，抑制性活动机能，精力不集中，影响配种效果。

(5) 种公兔配种次数，一般以每日2次为宜，初配的青年公兔以1次为宜，配种2～3天休息1天。如果连续滥配，会使公兔过早地丧失配种能力，减少利用年限。每日配2次的，应安排在上下午各1次。

(6) 做到“四不配”，即公兔食欲不振、身体有病不配，饲喂前后不配，天热没有降温设备不配，换毛期间不配。因为换毛期间，消耗营养较多，体质较差，此时配种会影响兔体健康和受胎率。

(7) 要有详细配种记录，以便观察每头公兔所产后代的品质，以利于选种选配；好的种公兔除加强饲养管理外，还应充分利用其种用性能，使之繁殖更多更好的仔兔，不断提高兔群的质量。

种公兔一年四季均可配种，但季节不同效果不一样，一般春季公兔性欲强，精液品质好，受胎率高，夏季气温高，公兔性欲差，常产生死精子或无精子现象，受胎率不高。在我国南方，秋季公兔生殖机能处于恢复期，公兔配种受胎率也较低。冬季气候寒冷，青绿饲料缺乏，亦影响繁殖。下面介绍某兔场不同月份母兔配种受胎情况（表6-2）。

表 6-2 不同月份母兔配种受胎情况

月份	配种只数	受胎只数	受胎率（%）
1	219	135	62
2	132	97	73
3	163	142	87
4	93	85	91
5	62	57	92
6	不配种		
7	83	73	45
8	228	39	17
9	193	70	36
10	195	124	64
11	101	58	57
12	81	47	58

（二）种母兔的饲养管理

母兔是兔群的基础，它除了本身的生长发育外，还有怀胎、泌乳、产皮等负担，因此母兔体质的好坏，直接影响到后代，我们一定要进行科学的饲养管理。

1. 空怀母兔的饲养管理　从仔兔断奶到再次受孕称为空怀期。母兔空怀的长短视繁殖密度而定，如年产4胎，每胎休产期为10～15天；如年产7胎以上，就没有休产期。此期母兔的特点是由于哺乳期体内消耗了大量的营养，因而较为瘦弱，所以养好空怀母兔，首先要抓好增膘复壮工作，以保证正常发情，多排卵，排壮卵，提高受胎率，增加产仔数和成活率。配种前10～15天更要对空怀母兔进行优饲，增喂精料和胡萝卜、大麦芽等维生素饲料。

空怀母兔应以青绿多汁饲料为主，适当搭配精料，使其维持中等营养，具有繁殖体况（七成膘）。若母兔过肥，卵巢和输卵管周围沉积大量脂肪，阻碍卵细胞发育，甚至不发情，或出现发情，经交配后仍不排卵、排卵困难、少排卵等，严重时可以导致不育，俗话说“肥鸡不下蛋，胖人不生崽”讲的就是这个道理。但过于瘦弱也不会发情，即便勉强受胎，也易产小仔、弱仔或产后无奶。

春季应尽量提前喂青草和野菜。早春挖草根、野菜，用柳树芽、榆树钱喂空怀母兔，能促进母兔发情。有条件时喂些胡萝卜、麦芽类饲料效果更好。夏季气温高，应把母兔移到凉快地方饲养，尽量喂凉爽饲料。秋季处于换毛期，应提高日粮水平，保证蛋白质、矿物质、维生素营养需要。空怀母兔日粮中要求蛋白质含量14%，粗纤维12%～13%，能量11.3 MJ/kg，每日投给70～100 g。冬季可喂些青贮、胡萝卜、白菜等。养好空怀母兔的关键是“看膘喂料”，根据膘情作适当调整。

母兔应加强运动和晒太阳，兔舍要干燥、通风、透光。笼养母兔此时可放到室外运动场随意活动，接受阳光照射。长期不发情的母兔，可和公兔一起放入运动场让公兔追逐，以刺激发情。也可把公母兔关在同一笼内，让公兔追逐刺激母兔发情。还可用孕马血清促性腺激素（PMSG）催情，一次肌肉注射 100 IU（1 mL）或肌肉注射苯甲酸求偶二醇，每只兔注射 1 mL，一般 2～3 天后即可发情。还有人给母兔外阴涂 2%医用碘酊，也可刺激母兔发情。

2．怀孕母兔的饲养管理　交配受精至分娩这段时间称为怀孕期。本期特点是母兔不但维持自己生命活动，而且还需提供胎儿、乳腺发育、子宫增长等营养物质的需要。

(1) 加强营养。母兔受孕后，胚胎逐渐增大，体重增加至仔兔出生时，每头重达 45 g 以上。据测定一般活重 3 kg的母兔，在怀孕期胎儿和胎盘总重量为 660 g，其中干物质为 18.5%，蛋白质 10.5%，脂肪 4.3%，矿物质 2%。就其胚胎发育而言，可划分为胚期（12 天）、胎前期（6 天）、胎儿期（12 天）3 个阶段。而生长强度则以胎儿期为最大，重量约占整个胚胎期的 90%。

胎儿期的胎儿在子宫内发育的过程中主要蛋白质是随年龄的变化而变化，随生长的需要而递增的，见表 6-3。

表 6-3　胎儿发育时体内蛋白质含量表

项　目	兔的胎儿发育				初生仔兔
日龄	21	24	27	30	
体内蛋白质含量(%)	8.5	8.7	10.2	11.5	12.6

据报道，母兔孕期营养需要量相当于平时的1.5倍。故在孕期（15天以后）需投给含蛋白质18%～19%，脂肪2.5%～3%，粗纤维12%～13%，能量11.3 MJ/kg的日粮，每日需提供100～120 g精料，500～700 g优质青绿或多汁饲料，同时还须保证提供清洁的饮水。后期（第27～28天）要减少精料的投放量，加大青绿饲料的投放量。这样才可保证母兔安全分娩，减少乳房炎发生的可能性。

实践证明：对怀孕母兔在怀孕期间特别是怀孕后期能给予丰富的饲养条件，母体健康，泌乳力强，所产仔兔发育良好，生活力强。因此，我们除应根据胎儿的发育情况逐步增加优质青绿饲料外，也需补充豆饼、花生饼、豆渣、麸皮、骨粉、食盐等含蛋白质、矿物质丰富的饲料。

（2）做好防护，防止流产。母兔流产，一般多发生在怀孕后第13天和第23天，前者胚膜在发育过程中由卵黄囊向绒毛膜阶段过渡；后者由于胚胎呈绷紧的圆形结构，受到压力时易于被排出。母兔流产的原因有机械性（如惊吓、挤压、捕捉等）、营养性（如喂给发霉变质的饲料或营养不全、喂量不足，饮冰渣水等），以及疾病（如巴氏杆菌病等）。要采取相应措施，做好预防工作。流产一旦发生，治疗效果往往不好。流产出来的胎儿和胎盘常被母兔吃掉。

生产实践中尤其要注意的是，到怀孕15天后，一定要单笼饲养；每日喂料时应先喂怀孕母兔，尤其是怀孕后期的母兔；兔笼应干燥，冬季最好饮温水；饲料质量要好，忌喂霉烂饲料；要禁止触顶腹部。

（3）做好产前准备工作。中、大型兔场大多是集中配种，集中分娩。因此，最好将兔笼进行调整。对怀孕已达25天的母兔均调整到同一兔舍内，以便于管理；兔笼和产箱要进行消毒，消毒后的兔笼和产箱应用清水冲洗干净，消除异味，以防母兔乱抓或不安。消毒好的产箱即放入笼内，让母兔熟悉环境，便于衔草、拉毛做窝。产房要有专人负责，冬季室内要保温，夏季要防暑、防蚊。

3. *分娩前后母兔的护理*　母兔临产前1～2天精神不安，不爱吃喝，乳房膨胀，将胸前及乳房周围的毛用嘴拉下来，衔入产箱内做产褥，这时应将消毒后的产箱垫上软的碎稻草或棉絮、玉米皮、麦秸等，放进母兔笼内。一般在拉毛后8 h即行分娩。有些初产母兔不会拉毛，可人工代为拉下部分腹毛放在产箱内，既可启发它自己拉毛营巢，又可刺激乳腺分泌。人工拉毛动作要轻，千万不要按压和惊扰母兔，以防引起流产。

母兔临产之前，腹痛加剧，蹲入产箱内，这时兔笼（舍）的光线要暗，周围环境要保持安静。母兔分娩时不需要特殊护理，分娩开始，母兔背部隆起，口舔阴部，并发出低微的“咕咕”声，将仔兔和胎衣顺次一并产出，母兔边产边将胎衣吃掉，最后咬断脐带，舔净仔兔周身羊水、黏液，整个产程20 min左右。当发现有的仔兔产在外边时，应立即放回产仔箱内，以防冻死、饿死。

母兔产完仔后，自己用毛将仔兔盖好，跳出产箱，口渴难忍，急需饮水，这时应饮温水并放少许盐，或喂些麸皮汤、米汤及鲜嫩的青草。如果没有给兔饮水或饮水不足，母兔可能咬吃仔兔解渴，容易养成食仔癖。

当母兔产完仔后，管理人员将手洗净、消毒，轻轻把产箱取出，清除粪尿、污毛、血块和死胎，清点好仔兔数日，做好分娩记录。根据育种或科学试验要求，称个体初

生重。笼舍、产箱消毒后，用兔毛将仔兔盖好，天热时不用盖兔毛，注意防鼠害。冬季发现有冻僵的仔兔，立即把仔兔放在 37～39℃温水中，将仔兔头、鼻露出，约经 10 min,仔兔便可复苏，擦干身上的水，放入产箱内。为了防止发生母兔乳房炎、阴道炎、脓肿、仔兔脓毒败血症，在产后 3 天内，每日喂母兔 0.5 g 磺胺嘧啶片或其他抗菌药物。

4．哺乳母兔的饲养管理　母兔从分娩到仔兔断奶这段时间为哺乳期，哺乳期通常为 28～42 天。此阶段的主要任务是保证母兔健康和泌乳量高，仔兔正常生长发育，少得病，增重快，成活率高。兔奶营养特别丰富，其蛋白质和脂肪的含量比牛、羊奶高 3 倍多，矿物质高 2 倍多，见表 6-4。

表 6-4　兔奶、牛奶、羊奶营养成分比较表　%

奶　别	蛋白质	脂肪	乳糖	灰分
兔奶	10.4	12.2	1.8	2.0
牛奶	3.1	3.5	4.9	0.7
山羊奶	3.1	3.5	4.6	0.8

母兔的泌乳量较多，母日 60～150 mL，高的达 250 mL（测定母兔泌乳量可用喂奶前后全窝仔兔重量之差求得）。所以，哺乳母兔营养消耗很大，所喂饲料必须量足（约为空怀母兔的 4 倍），质优（营养全价且易消化的饲料），饮水不可间断。

（1）检查哺乳情况。在哺乳期内，要经常检查母兔的哺乳情况。若母兔泌乳旺盛，仔兔吃饱后，腹部胀圆，肤色红润光亮，安睡不动；若没有吃饱奶，则腹部空瘪，肤色灰暗无光，乱爬乱抓，有的还会发出“吱吱”的叫声。

这时，就要检查母兔是否有奶，如果有奶而不喂，就要进行人工辅助喂奶。即将母兔放入仔兔笼内，不让其乱跳乱蹦，用左手握耳捂眼，右手抚摸顺理背毛，使前腿撑起，后部蹲坐，腰部弓起，令仔兔在腹下仰面吃奶，连续辅助2～3天，母兔就会主动地喂奶。

如果母兔无奶，要立即喂给母兔豆浆、米汤或红糖水、鲜蒲公英、胡萝卜、南瓜等多汁饲料；也可喂给“催乳片”，每日2次，连服3～4天；还可用鲜蚯蚓（开水泡白）捣碎拌糖喂给母兔；给母兔喂给煮熟的小鱼虾；用芝麻一小撮，花生米10粒，食母生3～5片，捣烂后饲喂，每日1次；将黄豆20～30粒用开水浸泡后煮熟，拌入饲料中喂兔；在饲料中加入1.5%玉米油或少量猪油喂兔，可达到催乳的目的；用茴香2 g，苏打1片，粉碎混入饲料中喂母兔，连喂3～5天可催乳。

若发现母兔乳房中有硬块，乳头上出现红肿焦斑，就要及时治疗，以免引起仔兔发生脓毒败血症或黄尿病等。

如果乳汁过多，又不采取措施，则也会导致乳房炎。要想减少乳汁的分泌，可使母兔运动，减少精料或停喂精料，少喂青绿饲料，多喂干草，限制饱水，饮2%～2.5%的冷盐水。

（2）加喂饲料。母兔在哺育期间，除喂给优质的青绿多汁饲料外，还应增加含蛋白质较多的混合精料和矿物质饲料，并按照仔兔的周龄，随时调整母兔饲料的用量。即在母兔分娩后，先将母、仔兔分别称重。前3周，每周称重1次。若仔兔正常发育，则生后1周的体重比初生体重增加1倍，第2周在第1周的基础上增加1倍，第3周又在第2周的基础上增加1倍。如果仔兔增长情况符合这个规律，母兔体重也无下降现象，说明母、仔兔生长良好；

反之，则说明饲料配合不当，应立即增加营养丰富的饲料。

给哺乳母兔加料必须逐步进行。分娩后 1～2 天，母兔体质较弱，食欲和消化能力差，可以不喂或少喂精料，以喂青绿多汁饲料为主；3 天后逐渐增加精料喂量；到 20 天左右泌乳量达到最高峰，日产奶约 200 mL，饲喂量也要相应增加。喂量多少，要根据哺乳母兔的消化泌乳情况与仔兔粪便加以合理调整，如母兔消化正常，产仔箱内很少有仔兔粪尿，而仔兔又能吃饱，说明喂量合理。如果母兔和仔兔都消化不良，粪便稀软，说明母兔喂量过多，仔兔吃奶过量，要及时减料。这里特别要强调母兔产后 1～2 周绝不能加料太猛，否则可能发生母兔因肠毒血症而突然死去，5～6 日龄的仔兔也可能因肠毒血症而发生死亡。

（3）定时喂奶。据近几年的多次观察与测定，母兔产仔后的哺乳时间，多数是每日 2 次，即早晚各 1 次，中间相隔 12 h。但也有每日定时只喂奶 1 次的母兔。母次喂奶 2～5 min（平均 3.4 min）。

科学试验和群众实践都证明，兔昼夜 1 次哺乳的方法，可使仔兔长得大，母兔失重少，少得乳房炎。

有人专门做了试验，在同样饲养管理条件下，18 胎次，昼夜 1 次、2 次两组哺乳对比观察。经 30 天哺乳期，1 次哺乳的，母兔平均每头失重 117.5 g；2 次哺乳的，母兔失重 281.5 g；仔兔断奶时平均体重，两组差不多。

这是因为昼夜 1 次哺乳，适应家兔生活习性。兔有昼寝夜行的习性，仔兔从出生到睁眼有 12 天的睡眠期。在这阶段母兔乳汁充足，仔兔一次即可吃饱，吃饱即睡，从而促进生长；母兔也能休息好，减少失重。如多次喂奶，就会打乱兔的生活规律，影响母、仔兔的休息和睡眠。而且对泌乳不足的母兔，还会因乳头被吮咬过多易得乳房炎。

（三）仔兔的饲养管理

从出生至断奶这段时期的小兔称仔兔。其特点是全身裸体无毛，封耳、闭目，皮薄肉嫩，生长速度快，器官生长尚未完全，对各种环境适应性差，无任何防卫能力，要精心监护。仔兔饲养管理，依其生长发育特点可分睡眠期、开眼期两个阶段。

1. 睡眠期　仔兔出生时眼睛是闭着的，一般到 12 天左右睁开眼，这一段时期称为睡眠期。刚出生的仔兔全身无毛，3~4 天后开始长出茸毛，每日除吃奶后就是睡眠，没有别的活动。其管理要点是：

(1) 早吃初乳，吃足初乳。母兔分娩后 1～3 天分泌的奶叫初乳，俗称“胶奶”。初乳浓稠，色黄，略带腥味，是仔兔良好的滋补品。仔兔越早吃到初乳越健壮、硬实。吃好初乳是提高仔兔抗病力和成活率的重要措施之一。因为初乳含有丰富的营养物质，相当于仔兔的“强壮药”。它和常乳比较，干物质含量高，含有较多的白蛋白、γ-球蛋白，具有免疫抗体，还有氯、钠、镁等矿物质和丰富的维生素。白蛋白、球蛋白极易被吸收，有强身作用；氯、钠、镁等矿物质有轻泻作用，能促进仔兔胎粪的排出和腹中不干净的东西。初乳又相当于仔兔的“安全药”，它含有初生仔兔所需的抗体、抗氧化物质、酶类和激素等。尽早吃到初乳，吃足初乳，可以增强仔兔对外界不良环境抵抗力，提高仔兔成活率。

母性强的兔，在产后 1~2 h，就开始给仔兔第一次哺

乳。仔兔最迟应在出生后6~10 h吃到初乳。对产后无奶或患有乳房炎的母兔，必须用其他母兔的初乳喂仔兔。对拒绝给初生仔兔哺乳的母兔，要进行人工辅助或强行哺乳。

发现仔兔吃不上或吃不饱奶，要检查原因，设法解决。其办法如下：

①寄养。如母兔产仔过多，或因母兔乳房炎等，可采取寄养，“保姆”兔产仔时间先后不超过3天的容易寄养成功，只要用寄养母兔的奶涂一些在被寄养的仔兔身上即可，也可在母兔鼻端涂点清凉油或大蒜汁也行。为了便于寄养，对母兔群实行同期配种、同期产仔有重要的经济意义。

②分批哺乳。母兔产仔较多，而无合适的保姆兔时，可将仔兔分成2批，清早给体小的仔兔喂奶，傍晚给体较大的仔兔喂奶，这样只要加强母兔营养供应，并及早给仔兔补料是可行的。

③人工喂奶。将牛奶等加温至37 ℃左右，倒入眼药瓶内，接上自行车气门嘴上用的一段“鸡肠子”（细胶管）即可喂奶。由于兔奶的蛋白质、脂肪含量比牛、羊奶要多，所以最好在鲜牛奶中加入1个新鲜蛋黄。

④弃仔。在不得已的情况下，将那些瘦小体弱的仔兔扔弃，以保证少量体质好的仔兔健壮发育。特别是后代准备留种的仔兔，更要留少留好，保证留种后备仔兔的健壮。

（2）做好保温防寒工作。仔兔出生后3~5天周身无毛又无调节体温的能力，寒冷季节如不注意保温，在很短的时间内（半小时），仔兔的体温便会由38℃迅速下降至20℃，甚至18℃，若不及时处理则会危及生命。所以，搞好保温防寒工作是培育仔兔、提高仔兔成活率的一个关键措施。

保温办法：可在 5～6 m^2 的仔兔房内，安置一个红外线保温灯泡；或在产仔箱旁安置一个 25 W 的灯泡；或在产仔箱内加大铺垫物的投放量；或在箱内存放热水瓶（500 mL 的葡萄糖生理盐水瓶）。设法使产箱小环境经常保持在 20～25℃。产箱和垫草应勤检查、勤更换、勤消毒。还要注意检修和加固笼舍，严防蛇、鼠进入产仔箱伤害仔兔。

（3）防吊乳。吊乳是饲养过程中的常见现象，也是造成仔兔早期死亡的原因之一。生产实践中，吮乳仔兔被带出箱外这个现象称为吊乳。吊乳的原因是母乳不足，仔兔吃不饱，较长时间吸住乳头不放，当外界噪声突然袭击时母兔受惊，急速跳出箱外，将正在吸乳的仔兔也带出箱外，落在笼底板上。若未及时拣回，势必遭受冻害或鼠害。

寒冷季节发现吊乳，仔兔虽然受冻，但尚未死亡时，可将受冻仔兔放入怀里取暖。在农村，可将吊乳仔兔放在热炕上，盖上棉絮取暖催醒，或用热毛巾等包裹受冻仔兔放在装有 40～45℃ 的热水袋上取暖催醒。只要发现得早，抢救又及时，不论用上述哪种方法，10 min 后即可恢复。如果仔兔出现窒息，但尚有一定的体温，说明仔兔尚未完全死亡，应立即进行人工呼吸催醒。其方法是：将仔兔用双手握住，当仔兔转温时，使其头向手指方向，背贴掌心，不断有节律地伸张手掌，约 7 或 8 次，仔兔就开始自动呼吸，待其呼吸正常后送回窝内。

为了防止仔兔吊奶至箱外，要注意巢箱的高度，一般不应低于 18 cm，并及时做好检查工作。

(4) 防蒸窝，防冻害。如仔兔室温过高或巢箱内铺垫物过厚，会使生活在内的仔兔感到温热过度，致使全身出汗，称为蒸窝；相反，若室温过低或箱内铺垫物过薄，会使生活在箱内的仔兔受冷、受冻。

(5) 母仔分开。仔兔吃过初乳后应立即把产箱转移到仔兔保温室内，每日定时把产箱放进母兔笼内喂乳，这样既可从小养成仔兔定时采食的好习惯，又可避免仔兔早期受母兔排出的球虫病（卵囊等）感染。

(6) 防止发生黄尿病。出生后 1 周以内的仔兔容易发生黄尿病。其原因是母兔奶汁中含有葡萄球菌，仔兔吃后便发生急性肠炎，尿液呈黄色，并排出腥臭而黄色的稀粪，沾污后躯。患兔体弱无力，皮肤灰白，无光泽，很快死亡。防止此病的办法，主要是母兔要健康无病，饲料要清洁、卫生，笼内要通风干燥。同时要经常检查仔兔的排泄状况，若发现仔兔精神不振，粪便异常，要立即采取防止措施（取庆大霉素 1 支，4 万 IU，加蒸馏水至 10 mL，每只生病仔兔每次灌服 1 mL，一般 1 或 2 次即好）。

(7) 防眼病，防伤残。吸奶的仔兔因乳汁沾黏眼睑，使上下睫毛发生粘连，到该睁眼的日龄尚无法睁眼，使其发生炎症。若不及时治疗会造成失明。治疗的办法是用生理盐水洗患部，使之张开，然后涂上金霉素眼膏，每日 2 次，直至痊愈。此外，产箱内铺垫物如稻草、布条、兔毛等呈糜烂状，经兔尿、漏下的乳汁作用后形成细绳，会缠绕仔兔四肢和脖子，造成意外伤残，须注意防止。

2. **开眼期** 仔兔从开眼至断奶这一段时期称为开眼期。仔兔开眼后，表现非常活跃，常在产箱内活蹦乱跳，数日后即能跳出产仔箱，称为出巢。此时，由于仔兔体重日渐增加，母兔的乳汁已不能满足仔兔的需要，常紧追母兔吸吮乳汁，所以此时期也称为追乳期。这个时期的仔兔要经历一个从吃奶转变到吃植物性饲料的变化过程，由于仔兔的消化器官仍未发育健全，所以转变不能太突然，否则，常易引起消化道疾病，甚至死亡。

（1）抓好仔兔补料。獭兔出生后16天可开始补料，可用少量的嫩青草、野菜诱食。18～21日龄可喂些熟的豆渣和干的麦片等。22～26日龄可喂少量配合饲料，其中包括矿物质和维生素、抗生素或呋喃西林和氯苯胍、洋葱、大蒜等，以增加体质，减少疾病的发生。

仔兔胃小，消化力弱，但生长发育快，根据这一特点，在喂料时要少喂多餐，均匀饲喂，逐渐增加。一般每日喂给5或6次，每次分量要少一些。在开食初期以吃母乳为主，补料为辅；到30日龄时，则逐渐过渡到以补料为主，母乳为辅，直至断奶。在这个过渡期间，要特别注意缓慢转变的原则，使仔兔逐步适应，才能获得良好的效果。

在补饲时，将全窝仔兔转入补饲栏。补饲栏一般为单层多联式，对其材料和设计要求，主要是易于保温、防鼠、清洁消毒和便于操作管理。栏内设有食槽、饮水器，寒冷天应铺上垫草。补饲开始，要诱食。其方法是：将颗粒料喂进小兔嘴里或将混合料调得稀一点，涂抹于仔兔嘴边让其舔食，经过1~2天训练，仔兔便能学会自己采食。喂量由每日每只4~5 g，逐渐增加到每日每只10~20 g。补饲饲料持续喂到35～45日龄，再改喂生长兔饲料。断奶前仍坚持哺乳，将母兔捉入补饲栏内，每日1或2次。并供给充足的饮水。

诱食期仔兔饲料配方如下：

配方一：玉米28%，麸皮22%，鲜炒黄豆粉15%，

花生饼22%，草粉6.5%，食盐0.5%，骨粉1%，奶粉1%，生长素1%，土霉素1%。

配方二：豆腐渣（熟）70%，豆饼10%，麸皮15%，米糠1%，骨粉2%，食盐1%，蜂蜜1%。每千克混合饲料中另加0.15 g的氯苯胍，拌匀，给诱食开始的仔兔连续喂15天。

（2）适时断奶。国外发展趋势，在高水平饲养条件下多采取早期断奶，如法国20～28天，英国21～24天，德国25天，匈牙利28～30天。频密繁殖时必须在28～30日龄前断奶。根据我国目前农村饲养水平，一般以40天左右断奶为宜。断奶方法，如仔兔发育均匀可一次断奶，如仔兔发育大小不均时，可分批断奶，先断大的，后断小的。

断奶应实行离奶不离窝的办法，即将母、仔兔分开饲养管理，用隔板隔开或将母兔装在另一层笼内饲养。断奶前后1周内要尽量做到饲料、环境、管理三不变。

断奶的同时，要进行仔兔编号、登记入卡，以免谱系错乱。断奶后的母兔2～3天应减少精料和多汁饲料，多喂些优质青干草和小量青草，待收奶后再逐渐加料，同时可喂服2～3天的抗菌药物，以防发生乳腺炎。

（3）保持饲料和环境的清洁卫生。已出巢的仔兔在生后16日龄时开始觅食和在笼内到处闻和舐。由于仔兔嗅觉和味觉尚不发达，有时会误食母兔的粪便及被母兔粪尿污染的草料，早期感染球虫病，或者被尖刺草和笼舍内尖刺物刺伤口腔，而发生传染性口腔炎。因此，开眼期必须经常保持环境、笼具、食槽等的清洁卫生。及时清理笼内粪便及被污染的草料。要定期消毒，经常更换垫草，清理巢箱，为仔兔创造一个干净舒适而又干燥的环境。

（4）适当运动。为提高仔兔的健康水平，每次饲喂和饮水后，可将仔兔放入运动场适当运动，同时可进行日光浴。为增加仔兔的活动面积，25～30 日龄后可将产仔箱撤出，夜间再放回笼内让仔兔入箱休息，经 3～5 天后即可完全撤掉。

（四）幼兔的饲养管理

从断奶到 3 月龄的小兔称为幼兔。本阶段兔的特点是吃得多，长得快，死得也多且快。幼兔阶段是獭兔一生中增重最快的时期，平均日增重 30 g 左右，在良好的饲养条件下，日增重可达 45 g 以上；而且性腺发育也很迅速，一般情况下在 90～105 日龄时可达性成熟。

但实践也证明，幼兔阶段是死亡率最高、较难养好的时期。据北京市畜牧兽医站调查报告说明，幼兔的死亡率竟高达 54.66%～82.5%，大部分幼兔死于消化系统疾病及球虫病等。

幼兔死亡率为什么如此高呢？研究表明，这与幼兔的生理特点有关：第一，幼兔处在身体生长发育的高峰期，同时又处在第一次年龄性换毛期。因此，对营养物质有很迫切的需求，表现贪吃。但是，幼兔的消化系统功能还不完善，消化力差，往往因贪吃引起腹泻，一旦出现消化系统疾病，其肠壁变得通透性增大，一些大分子的有害物质也通过肠壁进入血液循环，所以幼兔得病后常表现十分严重，死亡率很高。第二，断奶后的幼兔得不到奶中一种抗微生物的乳因子，这种乳因子是由母乳中的一种基质同仔兔胃内的酶发生反应产生的。第三，断奶幼兔胃内胃酸的浓度达不到成年兔的酸度，故幼兔特别容易感染球虫病，暴发力强，死亡率高。所以，养好幼兔的关键是加强饲养

管理，做好防病工作。

1. 分群饲养　幼兔应按性别、月龄大小、身体强弱等分开管理，一般笼养的每笼 3～4 只，群养的每群 8～10 只为宜。若群养时，应注意大小强弱、采食快慢等相近的组成一群，免得采食不匀。分群时也可根据情况，按窝分成小群。

2. 饲喂优质饲料　饲料要营养丰富，易消化，容积小，适口性强。夏季喂苦荬菜、蒲公英、苜蓿草、洋槐叶，视月龄的大小，每月每只幼兔可喂青饲料 250～500 g；精料应以麸皮、禾谷类、各种油饼类为主，有条件时稍加些鱼粉、肉粉等，喂量 15～30 g。遇有下痢时，日粮中可加入 10%的粉碎高粱或橡子面，或 0.2%木炭粉。为了防止球虫和肠炎，要普遍投给磺胺增效剂和在日粮中加入适量圆葱、大蒜等。冬季喂些胡萝卜、甜菜等多汁饲料。视月龄大小，每日每只幼兔可喂块根、块茎类饲料 80～200 g；喂花生秧、地瓜秧（切短）、苜蓿草 50～100 g；精料 25～40 g。日粮中应加盐和骨粉、贝粉等。在日粮中添加 0.5%～1%苏打或 2%～3%石灰，有利提高成活率。

刚断奶的幼兔仍应喂给断奶前的饲料，尽量做到断奶前后饲料、环境、管理三不变，使兔有个逐渐适应的变化过程，避免发生“应激并发症”。

3. 玉米等高能量饲料要限喂　试验证明，幼兔的死亡率与饲料中大量喂给玉米等高能量饲料有关。所以，减少玉米等高能量饲料的喂量，增加苜蓿等高纤维饲料的喂量，对防止幼兔肠炎有十分良好的作用。一般幼兔日粮粗纤维占 12%左右。近几年，有些国家实行低肠炎日粮，粗纤维含量达 15%～18%。

苜蓿粉是美国商品兔饲料中最主要的牧草成分，它含有丰富的蛋白质，而且兔对苜蓿粉中的蛋白质消化率高达75%～80%。苜蓿粉又是维生素A、维生素E及矿物质钙、磷、钾等的最好来源。苜蓿粉中的粗纤维对兔来说虽然很难消化（消化率只有14%），但是这种粗纤维在肠黏膜上起着一种鳞片样的特殊保护作用，可以维护肠黏膜的健康状态，减少肠炎的发生。所以，美国家兔颗粒饲料中的苜蓿粉用量高达54%～60%。

美国养兔研究中心推荐的低肠炎饲料配方如下：小麦粉20%，豆饼粉21%，苜蓿粉54%，废糖蜜（制糖业加工副产品）3%，动物脂肪1.25%，磷酸钙0.25%，食盐0.5%。这个配方中加入废糖蜜和动物脂肪，目的在于增加非淀粉的热能含量，以满足幼兔快速生长对能量的需要，以保证商品兔平均日增重达到36 g，56天能达到1.8 kg的屠宰体重。

（4）幼兔日粮中可拌入适量牛、羊奶给断奶后的幼兔，特别是体弱或准备留做种用的小兔，在其日粮中拌入适量的牛、羊奶或奶粉效果很好，可提高成活率。因为能使幼兔消化道更快形成微生物群系，适应断奶后的新条件，且奶类是营养全面、容易消化吸收的优质蛋白质。

5．喂饲时要做到少量多餐，定时限量　幼兔有贪吃的习性，必须少量多餐，定时限量，以防伤食和拉稀。青料每日3次，精料2次。要根据消化好坏、粪便软硬等，将喂量进行合理的调整。对含水分多的青绿饲料，特别是菜叶等要限喂。总的是要掌握“宁轻饥莫过饱”的饲喂原则。

6．加强运动　幼兔要加强运动，多晒太阳，促进新陈代谢，增进健康。春、夏、秋季节，除阴雨天外，幼兔可以整天放在运动场。冬季中午放出来，让其自由活动。

运动场应设草架、饲槽、水槽等，供兔自由采食。运动场内每平方米可放幼兔1～1.5只，运动场可划分为许多格，每格20 m^2，放幼兔20～30只。室外笼养的运动场，可设在两栋兔舍间的通道上。运动场最好铺15～20 cm厚的干沙、炉灰渣。

7. *减少应激* 幼兔很娇气，特别是刚断奶时对周围环境敏感度极强。对温度、噪声、卫生条件等要求甚为苛刻。当寒流到来前，要做好预防工作，注意保暖，防止受冻生病。其他如惊吓等也要防止发生，切实把好环境关。应经常保持兔舍的温暖、干燥和清洁卫生，防止鼠、蛇、黄鼠狼等的侵害。

8. *防疫灭病* 幼兔阶段多种传染病易发，应抓好防疫。坚持消毒、注射疫苗和投药相结合，以消毒为主。除注射兔瘟、巴氏杆菌和魏氏梭菌疫苗（三联苗最好，能减少多次注射造成的不良影响）外，春秋季预防口腔炎、感冒、大肠杆菌病，特别是夏季预防球虫病的暴发。哺乳期已感染了球虫卵囊的幼兔。断奶后，由于环境条件的改变，抗病力降低后，最易暴发球虫病，有时发病死亡率高达80%～100%，给养兔业带来极大的经济损失。可在饲料中添加氯苯胍、磺胺、痢特灵等防球虫病的药物。饲料中经常加入洋葱、大蒜等药用植物，对于防病促长都有好处。农村养兔，特别要想办法做到离地饲养，减少球虫病的发生，这是最切实可行的办法之一。

9. *选优去劣* 无论是笼养还是群养，都应认真填写“幼兔生长发育记录表”。每日清晨观察兔的采食、粪便、举止神态等，借以判断健康情况，掌握兔群的生长发育情况，做好选优去劣工作。群养兔应每隔15～30天称重1次，如生长一直良好，外貌特征符合品种要求，则可留做种用而转入繁殖群；体重增长缓慢或有某些外貌缺陷的幼兔，一律转入生产群。

（五）育成兔的饲养管理

育成兔又称中兔或青年兔，如打算留做种用的又称后备兔，一般指出生后3月龄到配种前（6月龄）的兔。育成兔的抗病力已大大增强，死亡率较低，是其一生中最容易饲养的阶段。

1. 饲养　育成兔的特点是生长发育很快，是长肌肉、长骨骼的阶段，对蛋白质、矿物质和维生素需求量更大，对粗纤维的消化能力已逐渐增强。饲料必须多样化，以优质干草、青绿多汁饲料为主，拉起骨架，为繁殖和肥育兔打下基础。视月龄体重大小，夏季每只喂青绿饲料450～800 g，精料25～40 g；冬季喂干草85～175 g，块根、块茎或青贮饲料125～300 g，精料40～60 g。每日在精料中加入1 g左右食盐和适量骨粉、贝壳粉。每日喂青料3次，精料2次，饮水2或3次，最好在运动场或笼内设常备饲槽、水槽，随意采食。

试验证明，用优质青饲料自由采食（日耗量127 g），平均日增重36.8 g；以青料为主，日喂75 g颗粒饲料，平均日增重最高，可达到37.2 g。对计划留做种用的后备兔，要适当限制能量饲料，防止过肥，并要注意饲料体积不宜过大，以免撑大肚腹，失去种用价值。

2. 管理　育成兔的管理重点是适时分群上笼。满3月龄后的育成兔已开始性成熟，为防止早配、乱配，公母兔必须分开饲养。4月龄以上的公兔，准备留种的要单笼饲养，以免互相爬跨，影响生长；凡不适合留种的公兔，要及时去势，去势后的公兔可群养育肥。

此外，应加强育成兔的运动，以增强体质，促进骨骼肌肉的充分发育。在设计兔舍时，对后备兔的兔笼应宽大一些，还可设置运动场，以加大运动量。据报道，后备兔运动充足的比得不到运动的增重量要高 5%～10%。

（六）商品兔的饲养管理

商品獭兔是指 3 月龄以上到取皮的獭兔。商品獭兔养得好坏，直接影响到皮张的质量。而獭兔最佳取皮时期是 5～6 月龄的青年兔（皮张面积大，毛皮已经成熟）。此外，还有各种淘汰獭兔。为了提高商品兔皮质量，也需在宰杀前搞好饲养管理。一般淘汰工作都在秋末初冬时进行，便于掌握皮张质量。

1. 獭兔毛皮生长特点　仔兔出生第 3 天起开始长绒毛，并可看出固有色型；15 日龄毛被光亮；15～30 日龄被毛生长最快，之后即停止生长；60 日龄左右开始换胎毛；4～4.5 月龄第一次年龄性换毛，此时被毛光润并呈标准色彩，此时体重已达 2～2.5 kg，即可取皮；6～6.5 月龄第二次年龄性换毛，此时不仅毛皮品质优良，而且皮张面积大，等级高。从不同季节来看，冬皮品质最佳，兔皮毛绒丰厚，毛面整齐，色泽光润，板质厚实。取皮季节最好在秋末或冬季，要少取春皮，禁取夏皮。

毛皮品质有随产仔胎次增加而逐渐下降的趋势。

2. 科学饲养　獭兔的毛皮质量与饲料营养关系很大。用于取皮的商品獭兔，大多数是青年兔，青年兔生长发育快，新陈代谢旺盛，体质健壮，抗病力较强，消化器官发育完善，食量大，骨骼生长速度更快，因此日粮中应该供给充足的蛋白质、矿物质和维生素，按獭兔毛皮生长特点和营养需要提供全价饲料。日粮中各种营养含量为：每千克日粮含消化能 11.30～11.72 MJ，蛋白质 16%～18%（前期 18%，后期 16%），粗脂肪 3%～5%，粗纤维 10%～12%，钙 0.5%～0.7%，磷 0.3%～0.5%。在日粮的营养浓度上，前期高，后期稍低。要保证充足供水。

最适于做肥育的饲料有大麦、麸皮、燕麦、豌豆、马铃薯、甘薯等。在混合料中，必须加入少许食盐和木炭粉；并轮换配饲，以增进食欲。

3. 精心管理　为了提高獭兔皮的质量，增加商品獭兔的经济效益，在管理上应抓好以下 6 项工作：

（1）合理分群。在商品獭兔较多的情况下，可将淘汰的公母兔与青年兔分群、分圈饲养。按大小、强弱分群，每笼为一群，每群 4 或 5 只（笼面积约 0.5 m^2）。淘汰种兔按公母分群，每群 2 或 3 只，经短期饲养上市。

（2）清洁卫生。兔舍、兔笼应保持清洁、干燥。凡是尘土较大、烟雾笼罩的场所均不宜饲养獭兔。环境潮湿、污浊，会使獭兔皮品质降低，还会感染疾病。所以，圈、舍、笼都要保持清洁卫生，空气新鲜、干燥，防止疾病的发生和寄生虫感染。

（3）公兔早期去势。凡不留做种用的公兔，去势后不但性情温顺，便于管理，而且生长迅速，还可提高皮肉质量。实践测试，去势的公兔可增加体重 15%左右。公兔去势可在 55～70 日龄进行（和断奶、防疫注射的时间错开）。

（4）控制环境温度。环境温度高低对商品兔出栏有直接影响。温度过高时，商品兔的食欲降低，食量减少，影响增重；温度过低时，为了维持正常体温，兔会消耗营养物质而使增重缓慢。有条件时，尽可能将温度控制在15～25℃，相对湿度 60%～65%，最为理想。

(5) 调节运动强度。刚进入商品阶段的幼兔，前期可适当增加运动，每日运动1～2 h，多晒太阳，以增强骨架生长、体质和抗病能力。到最后15天内要限制运动，以减少能量的消耗。可将待育肥的幼兔控制在较小的笼舍内，尽量减少活动范围，并保持环境安静、黑暗，有利于迅速催肥。

(6) 防治疾病。特别要预防严重影响兔皮质量的霉菌病、疥癣病、兔虱和跳蚤等外寄生虫、皮下脓肿、脚皮炎等常见病，要注意检查，及时发现并隔离治疗。对兔瘟、巴氏杆菌病、魏氏梭菌病等传染病，要做好预防接种工作。对病兔笼彻底洗刷、消毒（除化学药物消毒及暴晒外，最好还用喷火方法彻底消毒）。

（七）僵兔的饲养管理

僵兔是指在相同的饲养管理下，与同龄兔相比体重相差较大的会老不会大的“老头兔”，也叫“垫窝兔”、“落脚兔”。在养兔生产中经常出现僵兔，不同程度地影响其经济效益。

僵兔产生的原因很多，有奶僵（吃母奶太少）、虫僵（体内外有寄生虫）、病僵（从小得白痢病等）、断奶后僵（断奶影响大，造成生长受阻）等，这些都是可逆性僵兔，是后天原因造成的，具有一定的补偿性；还有一些是不可逆的，如近亲繁殖造成的僵兔，胎僵（一生出来就非常弱小的僵兔）。可逆性僵兔可通过采取一定的管理措施，使其赶上来，成为正常兔；不可逆僵兔只能在短时间内进行强度育肥，或者立即淘汰。

可逆性僵兔的饲养管理办法如下：

1. **驱除体内外寄生虫**　从养兔实践来看，很多僵兔都是因为体内外有寄生虫,特别是体内有寄生虫,人眼看不到,兔吃进去的营养都被寄生虫剥夺去了。因此，首先要驱虫，如喂给左旋咪唑，5～6 mg/kg 体重（驱除蛲虫等寄生虫），每日口服 1 次，连用 2 天；硫双二氯酚，200 mg/kg体重（驱除绦虫等），混于饲料中喂给。这方面的工作，可在兽医指导下进行，以取得更好的实际效果。

2. **增加营养** 驱虫以后，每日在僵兔日粮中添加 0.25 g 乳酶生 1～2 片或其他助消化吸收的药品如大黄苏打片（清理肠胃）1～2 片，并添加适量的对路添加剂。配制日粮时要选用体积小、营养价值高、适口性好的饲料。日粮水平：含粗蛋白质 17%～18%，消化能 12～14 MJ/kg,脂肪 2%，粗纤维 11%～13%，钙 0.4%，磷 0.3%。每日上下午及夜间投喂。每日喂量 70～120 kg，青绿饲料 300～500 g，自由饮水。

3. **细心管理** 笼舍干燥、卫生，粪便及时清理，改善笼舍及周围的环境条件，为其创造较好的生活环境。采用微光照强度肥育后出栏。

第七章 兔场建设与经营管理

兔场建设与经营管理的优劣，直接关系到饲养獭兔的经济效益，必须及早规划，认真对待。

一、兔场设计与建设

按照产业化的要求进行兔场设计、科学布局和精心施工，不但关系到劳动效率的提高和生产力的发展，还关系到养兔事业的兴旺发达，必须予以高度的重视。

（一）场址选择

场址选择和兔场建造是兔场的一项基本建设，关系到长远的发展和养兔的成败，要从长计议和多方考虑。

1. 地势　兔场应建在地势高燥、背风向阳、地下水位较低（低于地面 2 m 以下）、稍有缓坡（坡度 3%～10%）、冬暖夏凉、排水良好的地方。低洼潮湿、排水不良、背阴污浊地带不宜建造兔舍，它有利于病原微生物的生长繁殖，特别是适合寄生虫(如螨虫、球虫等)的生存。

2. 地质　应选砂壤土。因砂壤土透水、透气性能好，雨后不泥泞，易干燥，有利于土壤本身净化，而不利于病原菌、寄生虫卵等生存和繁殖；砂壤土毛细管作用弱，吸湿性和导热性小，质地均匀，土温比较稳定，对獭兔的健康和卫生防疫等都很有利；砂壤土的抗压性强，膨胀性小，适合建造兔舍。

3. 水源　兔场必须要有充足的水源，水质较好，以保证全场生活和生产用水。比较理想的水源是地下泉水、自来水、卫生达标的深井水或江河流水，污染少，水质好。水质应清澈透明，无色无臭，不含过多杂质，无有害物质及过量矿物质。

4. 位置　兔场场址应选择交通方便的地方，但不能紧靠公路、铁路、村庄，更应远离屠宰场、牲畜市场和畜产品加工厂。要有利于防疫、饲养及销售产品。一般应距离交通主干道 300 m 以上，离一般过往道路 100 m 以上，离居民区 200 m 以上。场区应设围墙与外界隔开，避免闲杂人员和猫、犬入内，有利防疫安全。

5. 电源　选择场址还要考虑供电方便的地方，以满足全场照明和生产、生活用电。工厂化养兔更要保证电力充足，必要时还应自备电源，以备停电应急之需。

6. 朝向　兔场朝向应以日照和当地主导风向为依据，使兔场的兔舍长轴对准夏季主导风。一般舍门朝南或东南，这样冬季可获得较多的日照，夏季则有利于自然通风。

7. 饲料基地　在选择场地时，根据兔场饲养规模，就地或就近安排一些饲料基地，最起码安排一些青饲料基地，这会很有利于饲养管理工作，也会降低饲养成本。

8. 面积及综合利用　建场既要考虑节约使用土地，又要为今后发展留有余地。如以每只基础母兔及其仔兔占 0.6 m^2 建筑面积计算，兔场建筑系数为 15%，那么 300 只基础母兔的兔场需要占地 0.4 km^2 左右。

此外，建场应考虑生态良性循环，利用生物链，循环利用，综合利用，以提高综合效益。如可将兔场和鱼塘、

温室共建，综合规划，栽植果树，利用兔粪和剩余草料喂鱼，利用兔产的体热为温室增温，也可将兔粪送入沼气池，既能产生沼气，为兔场供热，又减少粪中细菌、寄生虫对环境的污染。沼渣、兔粪、塘泥做果树的肥料，能使果树丰产。

（二）兔场布局

场址选定后，须根据有利防疫、改善场区小气候、方便饲养管理、节约用地等原则，以及根据兔场的任务、规模、饲养工序等，确定兔场的总体布局。兔场一般可分为4个功能区，即生产区、生产管理区、隔离区、生活区。为便于防疫和安全生产，应根据当地全年主风向和场址地势，顺序安排以上各区，如图7-1所示。

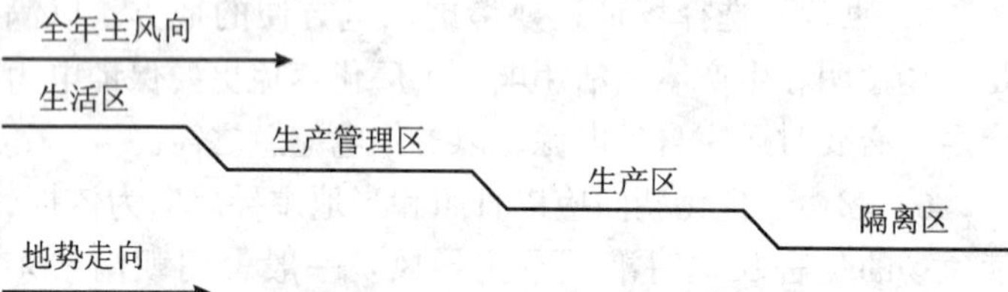

图7-1　獭兔场场区规划示意图

1. 生活区　包括文化娱乐室、职工宿舍、食堂等。此区应设在獭兔场大门外面。为保证良好的卫生条件，避免生产区臭气、尘埃和污水的污染，生活区设在上风向或偏风方向和地势较高的地方，同时其位置应便于与外界联系。

2. 生产管理区　或叫生产辅助区，包括行政和技术办公室、接待室、饲料加工调配车间、饲料贮存库、水电供应设施、车库、杂品库、消毒池、更衣消毒和洗澡间等。该区与日常饲养工作关系密切，距生产区距离不宜远。饲料库应靠近进场道路处，并在外侧墙上设卸料窗，场外运料车辆不许进生产区，饲料由卸料窗入料库；消毒、更衣、洗澡间应设在场大门一侧，进生产区人员一律经消毒、洗澡、更衣后方可入内。

3. 生产区　生产区是兔场的核心区，以设在人流较少和兔场的上风向为宜。兔舍布局依次为：种兔舍→繁殖舍→育成舍→幼兔舍。优良的核心兔舍应安排在僻静、环境最佳的上风向位置；幼兔舍应靠近兔场一侧，以便外运销售。

4. 隔离区　包括兽医室、病兔隔离舍、尸体处理室、粪污处理及贮存设施等。该区应设在整个兔场的下风或偏风方向、地势低处，以避免疫病传播和环境污染，该区是卫生防疫和环境保护的重点。

5. 其他　大中型兔场，兔舍间应保持 10～20 m 的间距，在间隔带内种植经济价值较高的果树或经济林。道路布局分设清洁道（运送饲料、产品等）和污染道（运送粪便、垃圾等），避免相互穿越，交叉感染。

（三）建舍要求

建造兔舍要考虑獭兔的生活习性，同时又要考虑养獭兔的投入产出比，所以在建造兔舍时应根据以下 13 个方面的基本要求来进行。

（1）建造獭兔舍，首先要从经济实惠出发，根据当地条件，做到因地制宜，就地取材，经济耐久，科学实用。

（2）在兔舍的设计上要符合獭兔的生活习性，做到便于饲养管理和防疫，具有防风、防雨、防寒、防暑等条件。固定式多层兔笼总高度不宜过高，要便于操作，有利于兔群健康和毛皮品质的提高。要注意防兽害，对犬、

猫、鼠等的侵害，要有防御设施。还要能够减轻劳动强度，提高工作效率，方便积肥；能够有分娩和育成仔兔的设施，有利于实现机械化、自动化。

（3）建筑材料。要因地制宜，坚固耐用，由于兔有啃咬习性和打洞的本能，建筑材料宜选用砖、石、水泥、网眼铁皮，同时要具有耐腐、耐火，易清扫、易消毒等特点。导热性小，不善于传热，以保证兔舍的墙壁、屋顶有充分的隔热性。

（4）兔舍结构要合理。为便于清扫、消毒，双列式道宽以 1.5 m 左右为宜；要有良好的排粪设施，粪沟宽度 30～40 cm，坡度应为 1%～1.5%。兔舍内的排水沟和排粪沟均应低于地面。

（5）兔舍门要结实、保温，能防兽害，方便人、车进出。窗主要用于通风，面积越大越好，但也要便于冬季保温。采光系数（即门窗等透光构件和有效透光面积与舍内地面面积之比）按 1∶（6～10）计算，入射角不宜低于 25°～30°（图 7-2），窗台离地面以 0.5～1 m 为好。

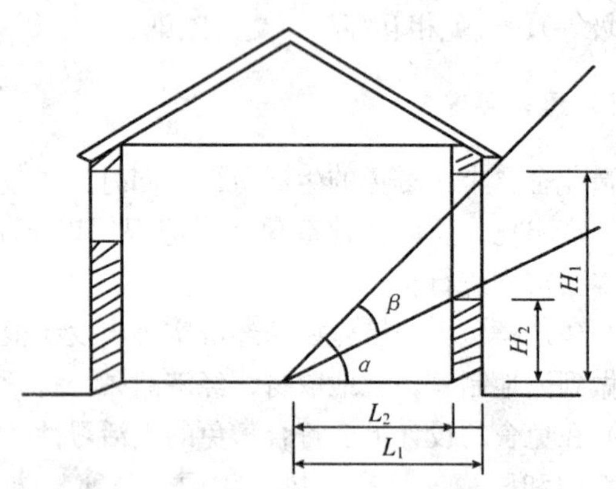

图 7-2　窗口入射角和透光角

α：入射角　β：透光角

窗户位置可根据窗口的入射角、透光角的要求，并考虑纵墙高度等来确定。入射角（α）是指窗上沿到兔舍跨度中央一点的连线与地面水平线之间的夹角。透光角（β）是指窗上下沿分别至兔舍跨度中央一点的连线之间的夹角。自然采光兔舍入射角要求不小于 25°，透光角要求不小于 5°。设窗口上下沿到地面的高度分别为 H_1 和 H_2，兔舍跨度中央一点到墙外皮和墙内皮的水平距离分别为 L_1 和 L_2（如图 7-2 所示），则有：

$$H_1 = \operatorname{tg}\alpha \cdot L_1$$
$$H_2 = \operatorname{tg}(\alpha - \beta) \cdot L_2$$

根据 $\alpha \geqslant 25°$，$\beta \geqslant 5°$的要求，上两式可变为：

$$H_1 \geqslant 0.466\ L_1$$
$$H_2 \leqslant 0.364\ L_2$$

（6）兔舍地面要求坚实，平整，不透水，耐冲刷，防潮。目前，各地兔场多采用水泥地面，有利于清扫、消毒。

（7）兔舍墙壁有保持舍内温度、防止风寒侵入以及承受屋顶重量的作用。对墙壁的要求是：能保证舍内的合适温、湿度及光照，坚固耐用，耐火，造价低，表面平滑，易除污垢，容易消毒。

（8）屋顶。屋顶不仅起挡风、遮阳、防雨、防雪侵袭的作用，也具有一定保温作用。对屋顶的要求是：完全不透水，有一定坡度（一般不宜低于 25°）。

（9）兔舍容量。大中型兔场，每幢兔舍饲养成年种兔 100～200 只，商品獭兔 400～500 只为宜。为便于防疫，可根据具体情况分隔成小区，每区 100 只左右。兔舍规模

应与生产责任制相结合，每个饲养员负责 100～150 个笼位较为适宜，把公母兔分开饲养，配种和培育仔兔全部承包给饲养员，责、权、利明确，效果较好。

(10) 兔舍的排水要求。在兔舍内设置排水系统，对保持舍内清洁、干燥和应有的卫生条件，均有重要的意义。对肥料的收集也是很必要的。排水系统由排水沟、降口、排水管、关闭器及粪水池所组成。

排水沟：主要用于排除兔粪、尿液、污水。排水沟的位置设在墙脚内外，也有设在每排兔笼的前后，排水沟必须不透水，表面光滑，便于清洁，有一定斜度（1%～1.5%），便于尿液顺利流走。

降口（沉淀池）：是一个四方小井，以作尿液和污水中固体物质沉淀之用，它既与排水沟相连，也与地下水道相接。为防止排水系统被残草、污料及粪便等堵塞，应在尿沟流入降口的入口处设置金属滤隔网。为防人、畜踏进和便于往来，降口上必须加盖。

地下排水管：是降口通向粪水贮集处的管道。其通至粪水池的一端，最好开口于池的下部，以防臭气回流，管道要呈直线，并有 3%～5%的斜度。

关闭器：用以防止分解出来的不良气体由粪水池流入兔舍内。关闭器要求严密、耐用。

粪水贮集池：用于贮集舍内流来的尿液和污水。应设在舍外 5 m 远的地方。池底和周壁应坚固耐用，不透水，池上面保留有 80 cm×80 cm 的池口供取尿液用外，其他部分应密封，池口应加盖。池的上部应高出地面 5～10 cm以上，以防地面水流入池内。

(11) 舍内通风。通风在养兔业中是一项重要措施。由于兔舍内兔群高度密集，呼出的气体和排出的粪便很快就会污染周围环境的空气而不适于兔的生活，通风就会更新兔舍内的空气。它能排出舍内过多的水分，保持舍内适宜的湿度，防止水分在周围建筑物上凝结；能排除过多的热量，保持室内适宜的温度；能排除过多的有害气体如二氧化碳、氨、硫化氢等，供给兔新鲜的空气，因此要养好兔，在兔舍建筑上必须加强通风的设施。大开门窗，建开放式或半开放式兔舍。

①自然通风法（静力学通风法）。这是一种简易方法。适用于小规模养兔场，主要依靠有活门装置的天窗和气窗来进行舍内气体交换。为了能排出适量气体，兔舍不宜过宽，以宽 8 m 为适宜，最宽不要超过 12 m，空气的进入孔位置应高，但在气候炎热的地方应较低。要配置在各边对称的位置。空气的进入量要能加以调节，以限制风产生的作用。当排气面积是地面面积的 2%～3%时，则进气孔的面积应为地面面积的 3%～5%。屋顶的坡度不低于 25%或 30%，以使空气得以合理的流通。目前，认为兔舍的空气更新量应为 4 m^3/h 和 4 m^3/kg（活重），这可使静力学通风法在每平方米兔舍的载荷量不应超过 25～30 kg的条件下得以付之实践。这种静力学通风法装置虽然是经济的，在兔舍内兔群密度不高和中等密度的情况下实施有效，但在舍内温度高，而舍外空气又不流通的情况下，对高密度的养兔场是不适用的。

②动力学通风法。适用于机械化、自动化程度高的大型养兔场，与自然通风法不同之处在于压力上的差异。这种通风法常用螺旋式鼓风机来进行的（有的用离心式鼓风机）。动力学通风法有减压法和高压法两种。减压法用于抽出兔舍内有害气体，成本也较低，但近年来在国外趋于选用高压法。空气被鼓入兔舍内，并在高压作用下经排出

孔而逸出（每平方米面积的通风量为 1 m^3/s），这种方法对兔舍局部空气的控制是非常好的，也是应用空气过滤器来对进入的空气进行细菌学的控制。

（12）给水设备。兔舍用水量大，自来水管安装要有利于打扫清洁。有的用水泵代替。

（13）设产仔室。产仔室有两种形式，一种是利用木制巢箱，于母兔临产前 3 天，放进母兔笼内，等母兔伏在箱内产仔。另一种是，第一层和第二层兔笼都可在每只笼的隔壁设一小间产仔室，其大小是母兔笼的一半。笼底用砖砌或用木板铺上，无贼风侵入，产仔室外面安装笼门，便于饲养人员检查仔兔和清扫工作。母兔进入产仔室是在笼的侧壁上，能够开关自由，晚间关闭洞口，既可保温，又可防兽、鼠的侵袭。母兔在室外休息，白天洞门打开，母兔可进入喂奶。这种形式哺育仔兔，成活率高（图 7-3）。

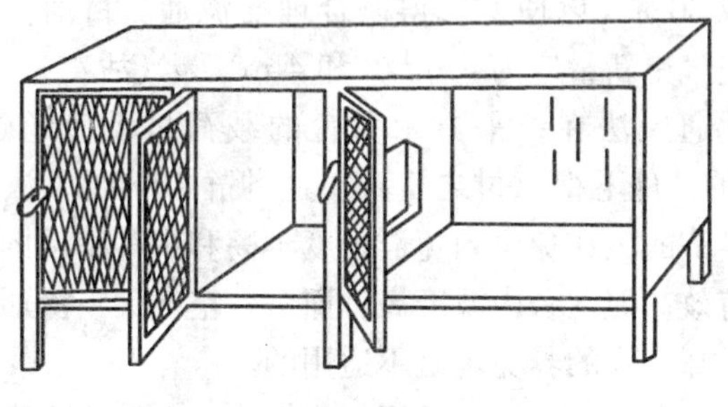

图 7-3　产仔室

（四）现代养兔方式——笼养

笼养的优点：随着养兔业的发展，笼养已成为各地普遍推广的饲养形式，尤其是适合养幼兔、种兔和毛皮用兔。笼养便于控制兔的生活环境，便于饲养管理、配种繁殖及疾病防治；通风透光，干净卫生，既不会跑掉，又可防止敌害；有利于獭兔的生长发育、品种改良和提高毛皮质量。

笼养兔舍的类型：

1. 笼养兔舍屋顶形式　单坡式、双坡式、联合式、平顶、拱顶、钟楼式、半钟楼式、折板式、锯齿式等（图7-4）。

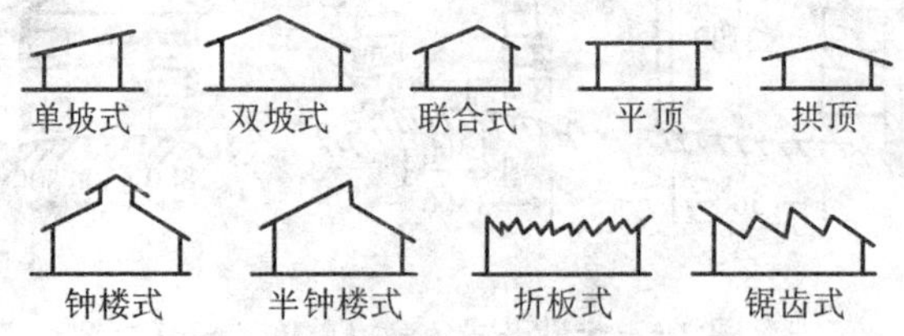

图 7-4　按屋顶结构区分的兔舍类型

单坡式一般跨度较小，结构简单、省料，便于施工。舍内光照、通风较好，但冬季保温性差。双坡式可用于各种跨度，一般跨度大的双列式、多列式兔舍常采用这种屋顶。双坡式兔舍保温性好，若设吊顶则保温隔热更好，但其对建筑材料要求较高，投资较多。联合式兔舍的特点介于单坡式和双坡式兔舍之间。平顶式也用于各种跨度的兔舍，一般采用预制板或现浇钢筋混土屋面板，其造价一般较高。拱顶色可用砖拱，也可用钢筋混凝土薄壳拱，小跨度兔舍可做筒拱，大跨度兔舍可做双曲拱，其优点是节省木料，设吊顶后保温隔热性能更好。钟楼式和半钟楼式在屋顶两侧或一侧设有天窗，因此利于采光和通风，夏季凉爽，防暑效果好，但冬季不利于保温和防寒。

2. 笼养常见兔舍式样

（1）半敞开式兔舍。一面或两面无墙，一般兔笼的后

壁就相当于兔舍的墙壁。这类兔舍有单列式与双开式两种。

①单列式半敞开式兔舍（图 7-5 A)。利用 3 个叠层兔笼的后壁作为北墙，南面有的有墙，有的无墙。

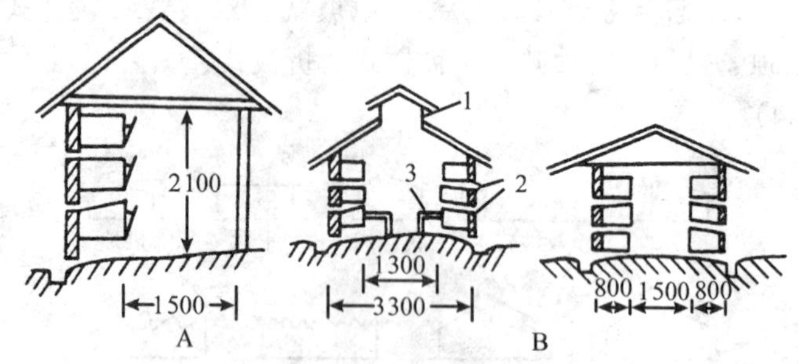

图 7-5　半敞开式兔舍（单位：mm）

A　单列半敞开式兔舍剖面图

B　双列半敞开式兔舍剖面图

1. 钟楼式侧开窗　2. 出粪口　3. 产仔栏

优点：这种兔舍结构简单，造价低廉，通风良好，管理方便。

缺点：冬季不易保温，兽害严重。

②双列式半敞开式兔舍（图 7-5 B)。这种兔舍均以兔笼的后壁作南墙和北墙。

优点：兔舍跨度小，单位面积的笼位数高，造价低；舍内无粪沟，臭味小；出粪洞大，夏季通风，冬季也较单列式半敞开式兔舍保温。

(2) 室内开放式兔舍。四周有墙，因有采光通风的窗子而称为开放式兔舍。开放式兔舍有单列式（图 7-6 A)、双列式（图 7-6 B）和多列式（图 7-6 C）之分，有的单列式兔舍的另一侧还筑有产仔兔栏。

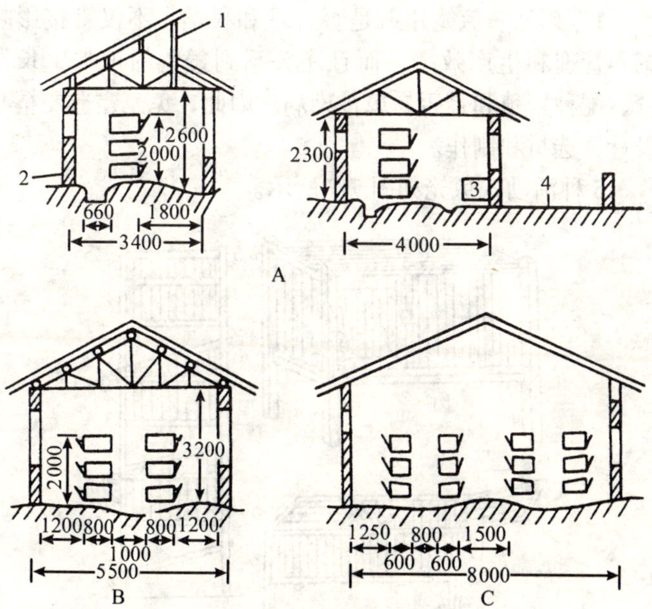

图 7-6　室内开放式兔舍（单位：mm）

A　单列室内开放式兔舍剖面图：

1. 钟楼式侧开窗　2. 夏季通风口　3. 产仔兔栏　4. 运动场

B　双列室内开放式兔舍剖面图

C　四列室内开放式兔舍剖面图

优点：南北有窗，便于采光、通风和调节舍内外温差，能有效地防止风雨袭击和兽害，管理方便。

缺点：造价较高，舍内臭味较大，尤其是双列式和多列式兔舍，因粪水沟在兔舍内，受两排兔笼的阻挡，中间的污浊空气不易排出。

（五）兔场设备

常用的养兔设备有兔笼、产仔箱、食槽、饮水器、草架、喂料车、兔只运输箱（笼）、耳号钳等。

1．兔笼　兔笼建造是否合理和科学，不仅直接影响饲养管理和生产效率，而且还关系到獭兔的正常生长发育、配种繁殖和是否易患传染病。因此，兔笼建造要精心设计、选材和制作。

5种活动式兔笼如图7-7所示。

图7-7　5种活动式兔笼

1．单层活动式兔笼　2．双联单层活动式兔笼
3．单层重叠式兔笼　4．双联重叠式兔笼
5．室外单间移动式兔笼

兔笼建造的要求是：经久耐用，造价低，便于清扫、洗涮、消毒和维修。现重点介绍永久固定兔笼的设计和建造。

（1）兔笼的规格。兔笼的大小要有一定的标准。原则上,笼宽是兔体长的2倍。笼深是体长的1.3~1.5倍,笼高是体长的1.2倍。繁殖母獭兔和种公兔的笼宽为70~75 cm,笼深65~70 cm,笼高前檐为45~50 cm,后檐为35~40 cm。幼兔笼宜适当大些,便于群养;商品兔笼的尺寸宜小些。

(2) 笼底板。是兔笼最重要的部分。若制作得不好(如间距太大,表面有毛刺等),极容易引起兔骨折和脚皮炎等。笼底板要便于兔行走,厚薄要适中,制成可拆的,以便取下清洗客消毒。笼底板可用竹片制成,每根竹片宽 2 cm,间隔1 cm,竹片方向应与笼门垂直(以防兔脚形成划水姿势)。活动笼也可用金属片制成,全属网眼 1~1.5 cm(图 7-8)。

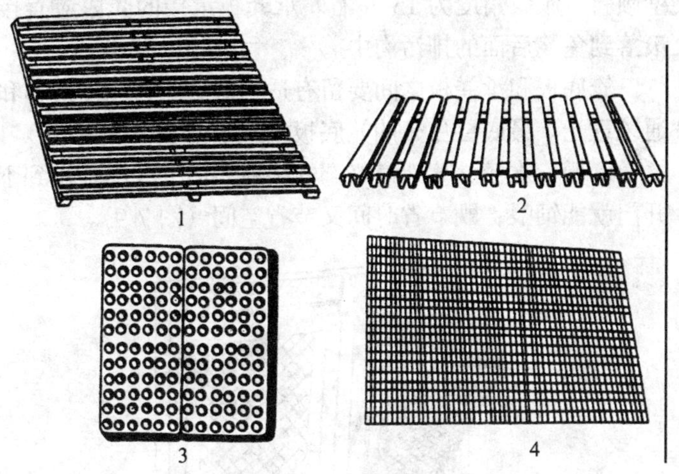

图 7-8 兔笼底板类型

1. 竹片底板 2. 条式塑料底板 3. 板式塑料底板 4. 金属底网

(3) 笼壁。一般可用砖块或水泥板砌成，也可用竹片、网眼铁皮钉成。无论何种材料,要求内壁必须光滑,既可避免损伤兔体,又易于清扫。室内兔笼壁要有空隙,空隙不要太大,以免遭鼠害;空隙太小,不利于通风透光。

（4）笼门。要求笼门启闭方便，关闭严密，开启后不下坠。一般多采用前开门，也有上开门的。笼门取材有铁丝网、木条、竹子、塑料等。较先进的是金属门。门上要装搭扣，以防獭兔啃咬、外逃和天敌的侵害。

（5）笼顶。笼顶要求能防雨雪，既要结实又要不漏水，并起到隔热作用。笼顶要有一定的倾斜度，前高后低，以利排水。笼顶的前后缘都要有檐，前檐比后檐要长，能起到挡雨的作用。多层笼中间几层的笼顶又兼做承粪板。

（6）承粪板。承粪板一般多用水泥预制件，前缘应伸出笼外 8～10 cm，后缘应伸出 20～25 cm，安装时应向后壁倾斜，倾斜角度为 15°左右。承粪板承接的粪尿应直接滚落到兔笼后面的排污沟中。

笼底板和承粪板之间要留有适当的空间，以便清扫和通风透光。最底层兔笼的笼底板应距地面 30～35 cm。

食槽、水槽、草架最好都安装在笼门上，尽量做到不开门就能饲喂，既节省时间又节省空间（图 7-9）。

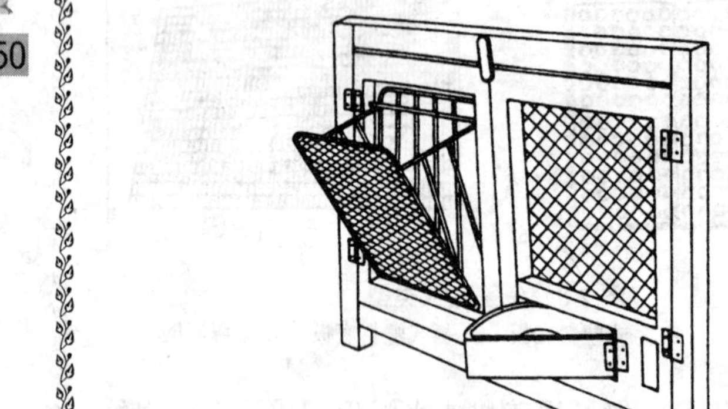

图 7-9　笼门、食盒和草架

2. 食槽　工厂化养兔多采用自动喂料器,一般安置在兔笼壁上,兼有饲喂和贮存饲料的作用。可防止饲料扒落与污染。家庭养兔可按饲养方式而定,群养兔可用长食槽,笼养兔可用陶瓷食盆。多层笼养兔场多采用转动式或抽屉式饲槽。用镀锌铁皮制作的半圆形自动食槽,长约 20 cm,槽口宽约10 cm,高约 8 cm,食槽固定在笼壁上,侧壁设轴,既可在笼外加料,又不会翻倒。常见食槽类型如图 7-10 所示。

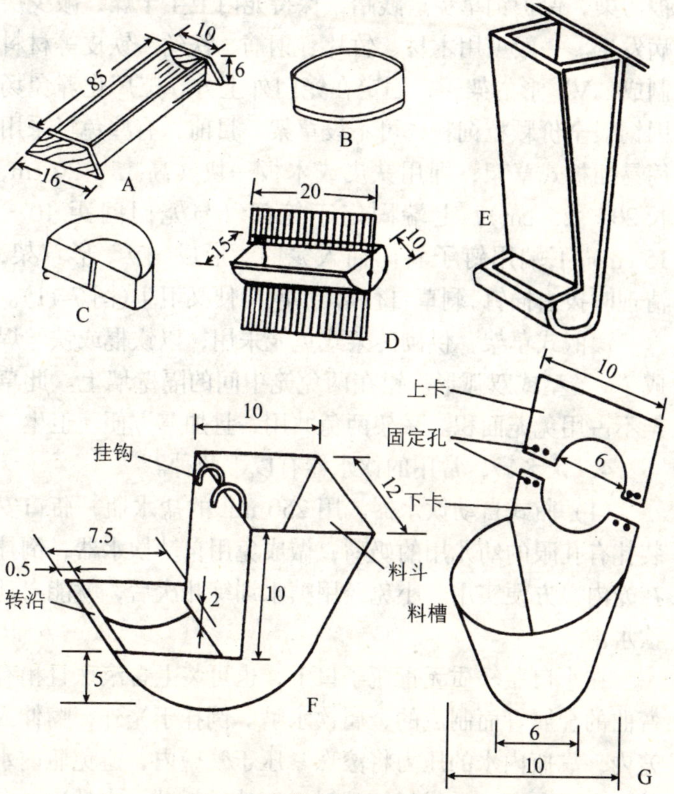

图 7-10　食槽类型（单位：cm）

A. 长食槽　B. 陶瓷食盆　C. 抽屉式食槽　D. 转动式食槽　E. 颗粒料食槽　F. 自动食槽　G. 卡脖食槽

各类食槽均要求结实、牢固，不易破碎或翻倒，同时还应便于清洗和消毒。

还有一种卡脖食槽，以镀锌铁皮制作或用塑料铸造。分上卡和下卡两部分，安装在笼门外，可根据兔头的大小调整上下卡间隙。兔从卡口处伸头采食，特点是防止扒食。

3．草架　用于装盛草料，供兔食用。它可防止草料被污染，保护饲草免遭践踏，保持笼内卫生干燥，减少疾病发生。一般可用木材、竹片、钢筋、铁丝、铁皮等材料制成“V”形的架子，固定在笼门外上方。工厂化养兔场因饲喂全价颗粒饲料，可不设草架。目前，有些兔场采用简易插板式草架，即用铁皮或木板一块（高 15～20 cm，长 20～25 cm），上端固定于笼门（与笼门间距 10～15 cm），下端用钉子斜向插入笼门，形成“V”形草架，清理时拔去插钉，剩草自行落下，既简便又卫生（图 7-11）。

镶嵌式草架，供砌砖架式兔笼采用，以铁棍或铁丝焊成“V”型或双弧形。钳在两兔笼中间的隔壁墙上。此草架不占用兔笼面积。一架两兔共用，且加草方便、卫生。

4．饮水器　常用的饮水器有以下两种。

（1）瓶式自动饮水器。用 250 mL 的盐水瓶，瓶口安装扎有孔眼的幼儿用的奶嘴，做成兔用自动饮水器，倒挂在笼内，方便实用。小兔经用糖水训练几次后，就能自动饮水。

在小口瓶轻质无毒瓶子口上，也可装上含滚珠且稍有弯曲的金属管而制成的金属饮水嘴。倒挂于笼外，嘴伸入笼内，靠瓶内水的压力将滚珠紧压于管壁内，避免瓶内水外滴；当兔用口舌触托滚珠时，滚珠被托动，水外滴，兔即可饮用。

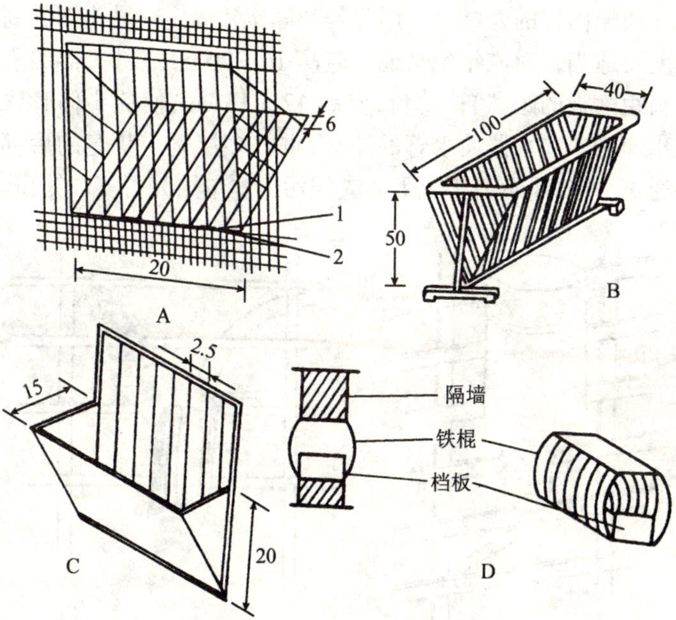

图 7-11 草架（单位：cm）

A. 翻转草架 1. 转轴 2. 固定铁丝环
B. 群兔草架 C. 门上固定草架 D. 镶嵌式草架

(2) 乳头式自动饮水器。规模养兔宜选用厂家生产的乳头式自动饮水器或鸭嘴式自动饮水器，使用方使，也干净卫生（图 7-12）。

自动饮水器的装置由水源、水箱、输水管、三通管和乳头器等构成。水源可用普通水塔自来水，通过水龙头将水注入水箱，水箱可用铁桶、塑料桶等，安放在兔舍上部，高于最上层的兔笼顶即可。水箱要设盖，以防灰尘入内。水箱和输水管之间以一接头相连接，输水管以不透明者为佳，粗细应与三通管相吻合。三通管将水从输水管输到乳头器，三通管与乳头器中间设一短管相接。乳头器安在兔笼内部的笼壁上，用弹簧和固定片固定。乳头器的高度要适当，对成年兔来说，应高 16～20 cm（乳头器的乳头距踏板的距离）；幼兔,应高 12～15 cm,使兔半仰脖饮水即可。饮水器输水管的路线,重叠多层笼应从笼的后部通过,并防止承粪板流下的粪尿污染。单层笼可安在笼顶。

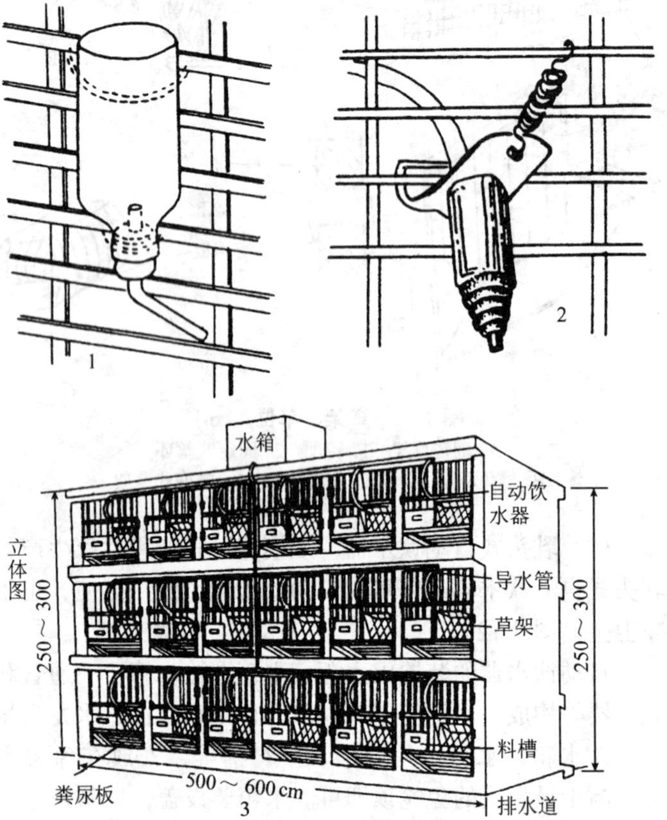

图 7-12　自动饮水装置（单位：cm）

1. 瓶式自动饮水器　2. 乳头式自动饮水器

3. 三层六联兔舍自动饮水装置

5. 产仔箱　供母兔产仔和新生仔兔生活用。常用的有两种（图 7-13）：一种是一边开有月牙形缺口的长方形产箱，可竖起或横倒使用，产仔、哺乳时可横倒，以增加箱内面积，平时则可竖立以防仔兔爬出箱外。另一种是方形的抽屉式产箱。用木板制成抽屉样，标准尺寸长40 cm，宽 26 cm，高 13 cm。用纤维板做底，粗糙面向里，以免仔兔走动时滑脚，底板上开几个小洞，利于通风和仔兔尿液流出，以保持产箱的干燥。比较而言，后一种更加实用。

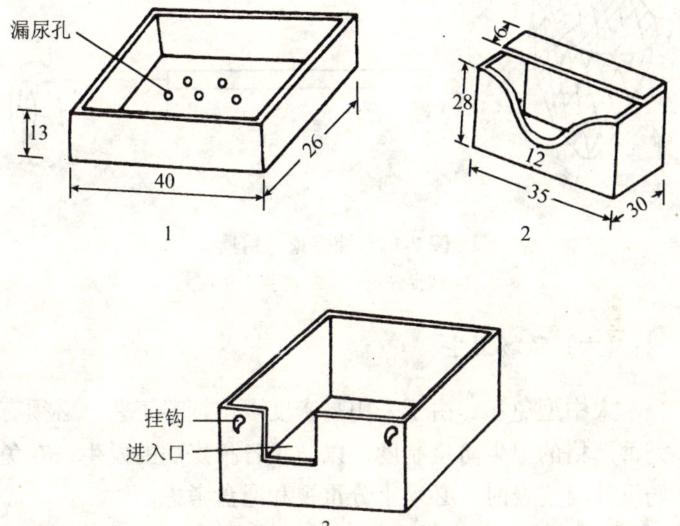

图 7-13　产仔箱（单位：cm）

1. 抽屉式产仔箱　2. 月牙缺口形产仔箱　3. 悬挂产仔箱

目前，有的金属笼外挂产仔箱，母兔产仔时入产箱，有小门与金属笼相通，母兔哺乳后回笼内采食活动。

所有笼、槽、架、箱等设备，都不要有钉尖、竹木刺等突出物，以防獭兔受伤。

6. 捕捉用具　捕捉仔兔、幼兔时，可采用捕捉网兜；捕中兔、成年兔时，可用钢丝制成有弹性、呈螺旋状的捕捉勺（图 7-14）。

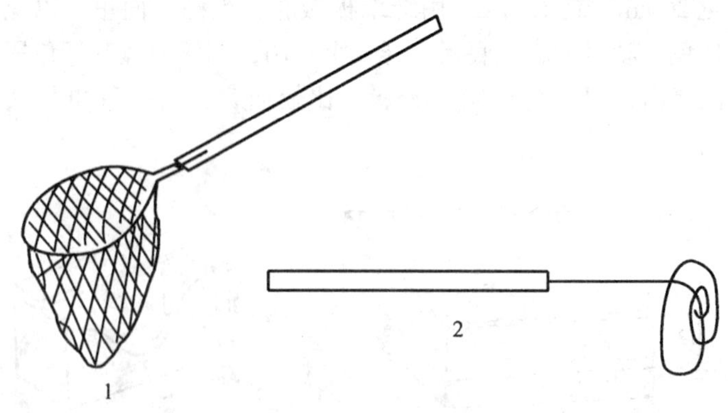

图 7-14　捕捉兔的用具

1. 捕捉仔兔用　2. 捕捉大兔用

（六）兔场卫生

大中型兔场，由于采用高密度限位饲养工艺，必须有完善严格的卫生防疫制度，以防止各种疾病的发生，在兔场设计与建设时，必须十分重视和通盘考虑。

1. 消毒　消毒是防疫的重要措施之一。对进场的人员、车辆、种獭兔和兔舍内环境都要进行严格的清洁消毒，才能保证养獭兔高效率安全生产。

（1）人员、车辆清洁消毒设施。一般规模兔场，都应设立消毒室和消毒池（槽），凡是进入生产区的人员必须先进行更衣、换鞋、消毒，更衣室内应安装紫外线灯进行照射消毒；兔舍和兔场出入处应设置永久性的消毒池(槽)，消毒药液应定期更换。

工厂化养兔，原则上保证场内车辆不出场，场外车辆不进场。为此，饲料或原料仓、集粪间等设计在围墙边。考虑到其他特殊原因，有些车辆必须进场，应设置进场车辆清洗消毒池、车身冲洗喷淋机等设备。

(2) 环境清洁消毒设备。国内外常用的环境清洁消毒设备有以下两种：

①地面冲洗喷雾消毒机。工作时，柴油机式电动机启动带动活塞和隔膜往复运动，清水或药液先吸入泵室，然后被加压经喷枪排出。

该机工作压力为15～20 kg/cm^2，液量为20 L/min，冲洗射程12～14 m，是工厂化兔场较好的清洗消毒设备。其主要优点是：一是高压冲洗喷雾，彻底冲洗干净，节约用水和药液；二是喷枪为可调节式，既可冲洗，又可喷雾；三是活塞式隔膜泵可靠耐用；四是体积小，机动灵活，操作方便；五是工效高，省劳力。

②火焰消毒器。用药物消毒平均杀菌率只有84%，达不到杀菌率95%以上的要求。因此，一般兔场必须采用药物消毒2遍，这就加大了工作量和作业成本。此外，用药物消毒残留较多，而火焰消毒克服以上缺点。火焰消毒器是利用煤油高温雾化，剧烈燃烧产生高温火焰对舍内的兔栏、舍槽等设备及建筑物表面进行瞬间高温燃烧，达到消灭细菌、病毒、虫卵等消毒净化的目的。其优点主要有：一是杀菌率高达97%；二是操作方便、高效、低耗、低成本；三是消毒后设备和栏舍干燥，无药液残留。

(3) 兔舍建筑必须符合卫生防疫要求。兔舍及其各种设备都应有利于清洗和消毒。如兔笼表面应平整光滑，便

于除垢和消毒；笼底板、食槽和饮水器等必须易拆卸，以便刷洗消毒。此外，在兔舍建筑中应设有专门清洗各种器具的洗涤消毒池。

(4) 兔舍墙壁每年用石灰粉刷1次。

2. 防害　蚊、蝇、虻、蜱、跳蚤、老鼠和黄鼠狼等是许多病原体的携带者和传播者，要设法消灭。为防止这些昆虫或动物侵袭、残害獭兔，特别是仔、幼兔，兔舍门窗上应设置纱门、纱窗；兔舍和兔笼均应有防鼠装置，尤其是产仔室和巢箱，一定要严加提防。场区不准饲养其他畜禽，严防其他畜禽、猫、犬和野兔等进入生产区。场内职工和家属不准从市场上购回兔肉来吃。

3. 粪便处理系统　工厂化养兔，集约化程度较高，规模较大，每日产生的粪尿量大，必须进行有效的贮存和处理，否则就会污染附近的环境和水源，影响人、畜的健康，阻碍养兔生产的发展。因此，在建场时，必须同时考虑粪便处理问题。如果有条件应同时建设好粪尿处理系统。

目前大部分兔场采用人工清扫或水冲粪便法，大型机械化养兔场多采用机械刮粪或皮带传递等方法，对消除的粪便和污物，要放在离兔舍较远处，进行堆积发酵，利用生物热消毒，杀死病原微生物和寄生虫卵，1个月后才能作为肥料使用。死兔应在场（舍）的下坡处深埋。进入贮粪池中的粪尿液可供沼气池发酵产生沼气，为兔场供热。

4. 检疫　家庭养兔和兔场应自繁自养，防止疾病传入。若新建兔场必须引种或更新兔群时，应该从非疫区和无传染病的种兔场引种，而且经过严格检疫，证明确实无病的方可引入。

《中华人民共和国动物防疫法》规定：国内异地引进

种用动物及其产品，应先到当地动物防疫监督机构办理检疫审批手续并须检疫合格，出具检疫证明；动物凭检疫证明出售、运输。对从外地采购或调入的种兔，要在离生产区较远的地方隔离饲养1个月以上，经本场兽医全面检查，特别要注意对兔瘟、魏氏梭菌病、密螺旋体病和球虫病的检查，还有就是对黏液瘤病、巴氏杆菌病、野兔热和疥癣病的检查，确认健康无病者，经驱虫、消毒，没有预防接种的要补注疫（菌）菌后，方可进入生产区混群饲养。

5. 隔离和封锁　兔场一旦发现传染病，应立即检查整个兔群，根据检查结果，将病兔、可疑病兔和假定健康兔进行分群、分笼饲养。

(1) 病兔。在彻底消毒的情况下，把病兔隔离在原来场所，设专人饲养，严加看护，进行观察和治疗，严禁越出隔离场所。如经查明，场内只有很少数的獭兔患病，为了迅速扑灭疫病并节约人力、物力起见，可把病兔扑杀。

(2) 可疑病兔。一般症状不明显，因与病兔及污染物有过接触（如同群、同笼、同一运动场），有可能处在潜伏期，并有排菌（毒）的危险，应在消毒后另地看管，限制其活动，详加观察。有条件时可进行预防性治疗，出现症状时则按病兔处理。如果经1～2周后不发病者，可取消限制。

(3) 假定健康兔。无任何症状，一切正常，且与前两类獭兔没有明显的接触，最好转移到经消毒处理后的新场地饲养。隔离观察期间，每隔5天详细检查1次，直至整个兔群康复为止。

此外，对污染的饲料、垫草、用具、兔舍和粪便等要进行严格消毒；应妥善处理尸体；应做好杀虫灭鼠工作。

在整个封锁期间，禁止由场内运出和向场内运进家兔、饲料、养兔的用具，禁止场内獭兔的迁移，禁止其他畜牧场、饲料间的工作人员的来往以及场外人员到场参观。当传染病扑灭后，经过 2 周不再发现病兔时，才可以解除封锁。

6. **加强饲料质量检查，注意饲料饮水卫生** 饲料、饮水卫生的好坏与獭兔的健康密切相关，应严格按照饲养管理的原则要求和标准饲养獭兔，随时检查饲料质量和卫生状况，严禁饲料发霉、腐败、变质、冰冻或有毒饲料，保证饮水清洁而不被污染。

（七）定期轮换兔笼位置

据报道，辽宁省一些地区养兔户，在室外养兔有定期轮换兔笼位置的习惯。具体做法是，每半个月左右，将兔笼由原来位置换到另一个新位置。再过半个月左右，再重新换一个新位置。要本着“换位不换笼”的原则，调换位置时，兔笼的方位要和原来的保持一致。其好处有如下 3 点：

(1) 能保持兔笼干燥清洁，使兔具有良好的生活环境，空气新鲜，笼底不潮湿污秽，减少了细菌病虫害的侵袭，特别对预防球虫病、疥癣病有良好效果。

(2) 由于经常调换位置，使兔适应不同的“小气候”环境，增强兔适应外界条件能力，兔体质健康结实，发病率明显减少。

(3) 对兔进行人为因素的影响，按季节和气候条件特点，调换兔笼位置，创造良好的外界环境。

每次轮换兔笼位置后，要认真清除消毒原来的粪便和污物，最好用稻草、麦秸点燃消毒。

二、生活环境与调控

在舍内高密度笼养条件下，环境条件对獭兔生产力和健康影响极大。我们要为獭兔创造适宜的环境，保证其正常的生长发育以及发挥生产性能最佳水平，产生最高的经济效益。

（一）温度

兔舍内的温度对兔的影响甚大。温度过高或过低都会使生产力下降，严重者影响健康和生命。比如低温，会明显影响獭兔的生长发育，增加饲料消耗，降低母兔的繁殖性能和仔兔的成活率；高温则可引起食欲减退，消化不良，膘情下降，公兔性欲减退，精液品质下降，母兔受胎率低，产仔数减少，死胎率增加。

獭兔是恒温动物，平均体温 38.5～39.5 ℃。为了维持正常体温，獭兔必须随时调节它与环境的散热和自身的产热。气温越高，体内产热越难向外散发，这时獭兔不得不减少产热，引起食欲下降、消化不良、繁殖困难等。而气温越低，又要增加自身的产热，这不仅会消耗较多的营养物质，还可使獭兔抵抗力下降，容易患病。

对獭兔适宜的环境温度要求是：初生仔兔 30～32 ℃，幼兔 20～25 ℃，成年兔 15～20 ℃。生产实践证明，成年獭兔在低于 5 ℃或高于 30 ℃时则感到不适，并严重影响生产性能的发挥。

对环境温度控制的主要措施：

（1）根据地理、气候条件，因地制宜选择场址和兔舍建筑形式。兔舍要求坐北朝南（或偏东南），冬季能防寒保暖，夏季隔热防暑，做到冬暖夏凉，防止气温突然骤变。建筑物之间须有较大的距离，两排兔舍的距离应为兔舍高度的1.5～2倍。兔舍应建在通风良好和干燥的地方，选用保温隔热材料，在寒冷和热带地区，不能使用保温隔热性能差的石棉瓦等材料。

（2）兔舍要有通风、散热、防暑设施。要求兔舍窗户占地面15%，射入角不低于25°～30°，排气孔的面积为地面的2%～3%，进气孔为地面的3%～5%。一般地区可通过门窗及换气孔的自然风力、舍内外温差加强对流散热。炎热地区和季节利用冷水喷洒、风扇和风机送风降温。

（3）兔舍内要有保暖增温设施，如电热器、保温伞、散热板、红外线灯、火炉、火墙等，有条件的可安装暖气。另外，建地下窝，设立单独的供暖育仔间、产房，或设塑料暖棚小环境等，也是经济有效的办法。中国农业大学兔场用15 cm×15 cm的电褥子垫放在产箱下增温，使兔的冬繁成活率明显提高。

（4）植树绿化。兔舍周围植树，不仅可美化环境，而且还有遮阳、防风效果。

（5）兔舍内温度因地点不同分布不均匀。一般天棚或屋顶附近温度偏高，地面和近门窗、墙壁处温度偏低，兔舍中央温度高于两侧，而且兔舍跨度越大，这种差距越显著。所以，在寒冷地区或季节，应将月龄小、体质弱的兔安置在上笼，初生仔兔放置在兔舍中层；在湿热地区或季节，则应相反放置。

（6）日粮中添加维生素C 200 mg/kg，可减少热应激。夏季降低饲养密度，配合日粮中减少碳水化合物喂量。

（二）湿度

空气中水分含量多少叫湿度。湿度的表示方法有绝对湿度和相对湿度两种，绝对湿度是指空气中实际含有水汽量，用 g/m^3 表示；相对湿度是指空气中实际水汽压（绝对湿度）与同温度下饱和水汽压（最大湿度）之比，用百分率表示。

$$相对湿度=\frac{实际水汽压}{饱和水汽压}\times100\%$$

相对湿度的大小，直接反应空气距离饱和的程度。相对湿度越小，表明当时空气离饱和越远，相对湿度是一个常用指标。

湿度往往伴随温度对獭兔产生影响，高温高湿和低温高湿对獭兔都有不良的影响。高温高湿会抑制獭兔散热，容易引起中暑。低温高湿又会增加散热，使兔寒冷，特别是仔、幼兔更难以忍受，会导致大批腹泻、死亡。兔舍湿度过大（高于 70%），还会引起兔笼潮湿，兔被毛污染，寄生虫（如疥癣、球虫等）蔓延，细菌、病毒感染，易患湿疹病；如果兔舍过于干燥，相对湿度在 50% 以下，会引起呼吸道黏膜干裂，也会引起细菌、病毒的感染。

对于獭兔适宜的相对湿度为 60%～65%，一般不应低于 50% 或高于 70%。又据法国资料，最佳相对湿度为 55%。

控制湿度的措施：

（1）在选择场址时要注意选择地势高燥处建场。兔舍墙基和地面最好设置防潮层，以减少和防止土壤水分毛细管上升作用而造成墙壁和地面潮湿。

(2) 经常疏通排水管道、排水沟、排尿沟等，增加粪尿清洁次数，粪尿沟常撒些吸附剂如石灰、草木灰等，以降低舍内湿度。

(3) 加强通风换气，将多余湿气排出舍外，这是调节湿度的最佳方法。

(4) 冬季应注意兔舍保温和供暖，使舍内温度保持在露点温度以上，防止水气凝结，可缓解高湿的不良影响。

(三) 通风

通风又称气流，指空气由低温的地方（气压较高）向高温地方（气压较低）流动。兔舍内的空气流动是由于温度不一致引起的，热空气密度小而上升，所留下的空间必然迅速为冷空气（密度大）来填充，这就形成了气流（即风）。

通风对高密度饲养的笼养兔极为重要。通风可更换笼舍内的空气，调节兔舍的湿度，有利于保持兔舍的干燥环境。在高温时，增加通风，有利于獭兔的散热。但在冬天时，就要特别注意冷风对仔兔和幼兔的袭击，往往易发感冒、肺炎等多种疾病，甚至造成死亡。冬天尤其要防止贼风的侵袭。

夏天，0.4 m/s 左右的风速对兔较适宜；冬季，笼架附近的气流速度以 0.1～0.2 m/s 为宜，最高风速不应超过 0.25 m/s。

控制通风的措施：

(1) 为保证自然通风畅通，兔舍不宜建的太宽，以不超过 8 m 为宜，最大宽度不得超过 12 m，空气入口处除气候炎热地区应低些外，一般要高些，在墙上对称设窗，商品兔舍每平方米饲养活重不超过 20～30 kg。此外，进气孔需要配置活门及挡风装置，为防风蚊、蝇进入兔舍，需安装铁纱；排气孔也应有活门装置，以调节排气量。

(2) 高密度养兔的兔舍，一般采用抽气式或送气式的机械通风，这种方式容易控制兔舍内的小气候，空气流速夏天以 0.4 m/s，冬季以不超过 0.2 m/s 比较适宜。

据测定，位于没有挡风设备的鼓风机旁的育肥兔，较位于同舍另一侧兔的日增重低 3～4 g。因此，兔舍各部位的空气流速应该均匀。

（四）光照

开放式或有窗式兔舍的光照主要来自太阳光，也有部分来自荧光灯或白炽灯等人工照明光源。太阳光中可见光约占 50%，其余 50% 中大部分为红外线，少量为紫外线。人工照明光源的光谱中红外线占 60%～90%，可见光占 10%～40%，无紫外线。

充分利用紫外线、红外线的一些有益作用，在养兔生产中可以取得良好效果。在一些现代化獭兔场中，其进入生产区的消毒、更衣室，墙壁和屋顶装有紫外线，供杀菌消毒之用，哺乳仔兔舍仔兔保温箱采用红外灯和远红外电热板做局部供暖。

养殖实践表明，光照对兔的繁殖影响较大，繁殖母兔每日光照 14～16 h，有利于正常发情、妊娠、分娩，获得最佳繁殖效果，每只成年母兔的断奶仔兔数，接受人工光照的比自然光照的高 8%～10%。种公兔光照可稍短些，8～12 h/日，过长反而降低繁殖力。仔、幼兔需要光照较少，尤其仔兔一般约需 8 h 弱光即可。育肥兔 8 h/日。但据法国报道，肥育兔舍除操作以外，宜保持黑暗，以能适应饲养员的工作为准。

控制光照的措施：包括控制光照时间长短和光照强度两项内容。

(1) 一般养兔多采用自然光照，兔舍门、窗的采光面积占地面面积的15%，射入角不低于20°～30°。

(2) 人工补充光照。冬季日照时间短，仅靠自然光照不能满足獭兔（特别是繁殖种兔）的需要，要补充人工光照，多采用15～25 W白炽灯泡或日光灯，光照强度为每平方米兔舍面积2～4 W。灯泡或日光灯距地2 m左右悬挂。灯泡之间距离为其高度的1.5倍。

注意问题：进行人工光照时要强度均匀，避免某些部位过亮或过暗，同时要注意光源与獭兔的距离。按物理学原理，受照射部位的光照强度，同它与光源的距离的平方成反比。所以，随着距离的增大，光照强度减弱。三层兔笼舍当光源在上方时，上层的光照最强，中层次之，下层最差，在设置光源时，应以下层的光源强度为标准。此外，在人工光照时最好设置可调变压器，使电灯在开光时有渐明渐暗的过程，以使獭兔适应。

（五）有害气体

兔舍中的有害气体有二氧化碳、氨、硫化氢、甲烷等。这是由兔舍内的粪、尿、被污染的垫草及饲料残渣等有机物分解产生的对人和兔有直接毒害作用的气体。

在自然状态下，空气的主要成分是氮，约占78.9%，氧占20.95%，只有少量的二氧化碳（约占0.03%）。由于兔的呼吸、生产过程及有机物的分解等因素的影响，兔舍中的氧量减少，氮量增多，二氧化碳大量增多，以至出现大气中所没有的如氨、硫化氢等有害气体。

二氧化碳：本身并无毒性，但它是空气污浊的标志。

当二氧化碳浓度为1%时，呼吸变快，呈轻微气喘；2%时气体代谢和能量代谢下降；4%时血中积累二氧化碳；10%时引起严重气喘；25%时可引起兔窒息死亡。

氨（NH_3）：是无色带有刺激性臭味的气体。氨易溶于水，在20 ℃时，1体积的水可溶解700体积的氨；在0 ℃时，1体积水可溶解1 200体积的氨。氨在兔舍中常被溶解而吸附于潮湿的地面和墙壁，不断向外散发。氨被兔吸入后，附着于鼻、咽喉、气管、支气管等黏膜，或入眼附着于眼结膜，引起上呼吸道黏膜和结膜水肿、充血。如浓度超过20～30 mL/m^3时，常诱发各种呼吸道病、眼病等，尤其可引发巴氏杆菌病蔓延，高浓度的氨还引起兔中毒。其原因是：吸入肺部的氨，可通过肺部上皮而进入血液，与血红蛋白结合，破坏血液的运氧功能。兔由于吸入氨而引起慢性中毒往往不易被察觉，但能使獭兔体质变弱，对某些疾病敏感，采食量、日增重及生产力下降。

硫化氢（H_2S）：是一种无色、易挥发、带有臭味的气体，易溶于水。兔舍空气中的硫化氢，主要由含硫有机物分解而来。当獭兔采食富含蛋白质的饲料而又消化不良时，可由肠道排出大量硫化氢。兔舍中出现以下情况，可判知空气中存在着硫化氢：铜质器皿或电线因生成硫酸铜而变成黑色；镀锌的铁器表面有白色沉淀；使用美术黑色颜料褪色等。

在低浓度硫化氢的长期作用下，獭兔体质变弱，抗病力下降，易发生胃肠炎，会引起呕吐或腹泻，心脏机能衰退等疾病，浓度高时，因呼吸中枢麻痹而窒息死亡。

兔舍内有害气体允许浓度标准：氨＜30 mL/m^3；硫化氢＜10 mL/m^3；二氧化碳＜3 500 mL/m^3。

控制兔舍内有害气体的措施：

(1) 通风是控制有害气体的关键措施。适当通风换气，以保证兔舍内良好的空气环境。先测定舍内温度、湿度，再确定风速，控制空气流量。精确控制需通过专用仪器测算，亦可通过观察蜡烛火焰的倾斜情况来确定风速：倾斜30°时，风速0.1～0.3 m/s，60°时0.3～0.8 m/s，90°时则超过1 m/s。兔体附近风速不得超过0.5 m/s。通风方式分自然通风和动力通风两种。利用通风装置换气，要根据地区的气候、季节、饲养密度等严格控制通风量和风速。通风量过大、过急或气流速度与温度之间不平衡等，同样可诱发兔的呼吸道病和腹泻病等。据测定，饲养在通风良好兔舍内的育肥兔，其生长速度比通风不好的兔舍内要提高40%～50%。

(2) 及时清除粪尿和污物。粪尿池应远离兔舍，以免有害气体回流舍内。

(3) 兔舍内应设有良好的排水系统，尽量减少舍内水管、饮水器的泄漏，经常保持笼舍的清洁干燥。

(4) 清除粪尿在兔舍中进行分解的条件。

(六) 噪声

噪声是指能引起不愉快和不安感觉或引起有害作用的声音。噪声的强弱一般以声压级来表示单位为分贝(dB)。随着现代养兔生产规模的日益扩大和生产的机械化程度的提高，噪声的危害也趋严重。一般认为80 dB以上就属于噪声，对獭兔有害。

兔舍的噪声有多种来源：一是外界传入，如外界工厂传来的噪声，飞机、车辆产生的噪声等；二是舍内机械产生的，如风机、清粪机械等；三是人的操作和兔自身产生的，如人清扫圈舍、加料、添水等，兔的采食、饮水、走动、叫声等产生。

獭兔胆小怕惊，遇到突然的噪声会受惊、狂奔，发生撞伤、跌伤，可引起妊娠母兔流产、哺乳母兔拒绝哺乳，甚至蚕食仔兔等现象；重则腰椎骨折、僵直、痉挛，甚至死亡，有时还可引起整栋兔舍“炸群”等严重后果。经常可见有因燃放鞭炮、火车鸣笛甚至拖拉机发动声而引起兔暴死的报道。

噪声除对獭兔造成一定影响外，饲养管理工作者长期出入兔舍，强烈的噪声对其健康极为不利，也严重影响其工作效率。

噪声及其控制：

(1) 修建兔场时，选择场址就应考虑外界或场内是否有强噪声源存在。场址一定要选在远离铁路、公路、车站、码头、工矿企业及繁华闹市等声音嘈杂的地方。

(2) 兔舍附近不要安装机器或停放拖拉机等。

(3) 禁止在兔舍附近燃放鞭炮。

(4) 选择噪声相对较小的生产工艺；选购通风机及换气扇时不要噪声太大的。

(5) 饲料加工车间应远离养兔生产区。

(6) 日常饲养人员操作时，动作要轻，不要发出刺耳或突然的响声。

(7) 搞好场区绿化也是降低舍内噪声的有效措施。

(七) 尘埃和微生物

獭兔舍内的尘埃和微生物少部分由舍外空气带入，大部分发来自饲养管理过程，如兔的采食、活动、排泄、清扫地面、换垫草、分发饲料、清粪、獭兔咳嗽、叫声等。

1. 尘埃　尘埃俗称灰尘。獭兔舍尘埃主要包括尘土、皮屑、饲料和垫草粉粒等。尘埃数量可用单位体积空气中尘埃的重量或数量来表示，一般情况下，舍内含尘量在 10^3～10^6 粒/m^3 之间，翻动垫草使灰尘量增大10倍。

尘埃本身对兔有刺激性和毒性，同时还因它上面吸附有细菌、有毒有害气体等而加剧了对兔的危害程度。尘埃降落在兔体表，可与皮脂腺分泌物、皮屑、微生物等混合，刺激皮肤发痒，继而发炎。尘埃还可堵塞皮脂腺，使皮肤干燥，易破损，抵抗力下降。尘埃落入眼睛可引起结膜炎和其他眼病；被吸入呼吸道，则对鼻腔黏膜、气管、支气管产生刺激作用，导致呼吸道炎症，小粒尘埃还可进入肺部，引起肺炎。

灰尘的大小以其颗粒的直径来表示，其中以 10～100 μm者居多，颗粒的大小与其沉降速度有关，颗粒大沉降速度快，小于 5 μm 的灰尘因重量极小很难下沉，长时间漂浮在空气中称为飘尘。空气的湿度和运动速度与灰尘下沉有关，湿度大则灰尘易黏结成较大的颗粒而下沉；空气运动速度小时，灰尘易下沉。

2. 微生物　空气中飘浮着许多灰尘，微生物可附着其上而生存。兔舍内空气中尘埃多，阳光紫外线弱，微生物来源多，因此舍内空气微生物含量远比大气高。

空气中微生物类群是不固定的，一般情况下大多为腐生菌，还有球菌、霉菌、放线菌、酵母菌等。在有疫病流行的地区，空气中还会有病原微生物。空气中病原微生物可附在尘埃上进行传播，称为灰尘传染；也可附着在獭兔喷出的飞沫上传播，称为飞沫传染。獭兔打喷嚏、咳嗽时可喷出大量飞沫，多种病原菌可存在其中，引起病原菌传播。此外，某些植物的花粉或某些霉菌孢子散落在空气中，能附在尘埃上引起兔的过敏反应和霉菌病。二氧化硫等有害气体也可以 5 μm 以下微粒的烟尘为“载体”而被吸入肺泡，对獭兔造成严重危害。

尘埃和微生物的控制：

(1) 要减少獭兔舍空气中的尘埃和微生物，必须在建场时就合理设计，正确选择场址，合理布局场区，防止和杜绝传染病侵入。

(2) 打扫笼舍及分发饲料等操作应尽量轻巧，避免尘土飞扬。

(3) 舍内应及时清除粪污和清扫圈舍，合理组织通风，定期消毒，减少尘埃和病原微生物的危害。

三、经营管理

经营管理也是科学。现代化养獭兔生产要取得高产、高效、优质，不仅要提高养獭兔生产科学技术水平，同时要提高科学经营管理水平，两者不可缺一。为了保证獭兔场工作的正常有序运转，必须建立一套产业化经营的有效管理方法，使各项工作都能做到标准化、制度化，使獭兔生产能在有计划、有监督、能控制的条件下顺利进行，才能保证完成用最小的人财物投入获得最大的经济利润经营目标。

(一) 獭兔场经营管理内容

獭兔养殖效益高与低，经营管理是关键。经营管理是日常工作的核心。经营管理主要包括下列内容。

1. *养兔要素* 主要包括饲养者、资金和兔舍（笼）。首先提高养兔者技术水平，用先进的、科学的方法养兔。

科技水平的高低是决定养獭兔经营的主要关键。资金主要用于买兔、饲料、修健兔舍及其他开支。兔舍位置、结构、利用是否合理，与兔的健康、生产潜力的发挥有密切的关系。

2. 编制各种计划　根据市场需要、资金、兔舍、饲料生产能力及防疫灭病措施等，制定出獭兔繁殖、兔群周转、饲料生产、物质购置、产品经销、财务收支等计划。

3. 编制生产指标　根据每一种兔（商品兔与种兔）的生产性能和饲料供应情况等，编制生产指标，以便随时检查总结，发挥生产有利因素，消除一切不利因素。

4. 编制技术实施细则　尽量采用先进技术，如饲养方式、繁育方法、饲料加工调制、兔舍防寒避暑、防疫灭病、防兽害等技术实施细则。

5. 做好各项生产记录　每日早晨检查兔群的健康、食欲、粪便及兔舍卫生状况。饲料变动、饲喂次数，配种、繁殖，兔皮加工，引种或出售等都应认真记录。通过这些生产记录、档案整理分析，比较历年成果和市场经销情况，肯定成绩，找出差距，奖惩兑现，不断提高生产水平。

6. 记账与经济核算　记账包括饲料消耗与购进，产品数量与出售，病兔防治费，用电、燃料和其他收入，支出费用。在技术经济指标中，要进行产量、质量、产值、劳动消耗、生产成果、品种使用价值、资金、成本、利润等价值指标的核算。随时掌握市场的动向、产品的销售和生产的盈亏，以指导生产。

（二）计划管理

1. 远景规划　一般指3～5年或更长时间的长期计

划，是獭兔场发展生产的纲领和安排年度生产计划的方向和依据。远景规划，由于涉及的时间较长，一般只规定一个大体的发展方向和总的奋斗目标。其主要内容大致包括经营方针和任务；发展规模、速度及其相互间的比例；自然资源综合利用；提高产量和质量的措施；副业发展；实现机械化的步骤及职工人数指标；獭兔业向更高层次的联合和发展等。

2. 年度生产计划　主要确定全年产品的生产任务，以及完成这些任务的组织措施和技术措施，并规定物质消耗和资金使用限额，以便合理安排全年生产活动。

年度生产计划是全场奋斗目标和努力方向。内容包括：兔群繁殖总量，出售商品兔或毛皮、兔肉等主要产品的数量和总产量，投入产出比及纯利润等。大中型兔场还应将这些指标落实到各部门和承包者，并按季分月做出具体计划，定期检查小结。

年度计划应在前一个生产年度末，在总结上年度生产经验，编制财务决算，修订各项定额的基础上进行制定的。

3. 兔群周转计划　分析计划年度内各期獭兔群繁殖、转群、淘汰、出售等情况，标明存栏头数，便于做好饲料供应、房舍安排、用工量、所需物质等准备，以及财务等的计划安排，是掌握和指导全年生产的依据。

兔群周转计划是非常细致重要的工作，应根据兔场实际情况进行。商品兔场可采取自繁自养的办法，公兔以引入为主，母兔以自繁选留为主。一般兔场母兔每年可繁殖4～5胎，商品兔饲养至5月龄，体重2.75 kg左右屠宰出售，基本上是2个月1胎，加上后备兔，故笼舍设备可按基础母兔存养量的4～5倍计算，做到均衡生产，充分发

挥笼舍设备效用。

制定兔群周转计划，应根据本场实际的技术水准和情况来安排。下面常用的3个指标作参考：母兔配种受胎率80%～95%；每胎产仔平均8只，30日龄断奶成活率80%～90%；种兔年淘汰50%，分别于3月份和9月份的后代选留，3月龄初选按1∶12，6月龄定选，按1∶6补充到繁殖群。

4. 饲料供应计划　饲料是发展獭兔生产的物质基础，安排好饲料生产供应工作，是办好獭兔场的关键之一。因此，每个獭兔场都应有一个全年的饲料需要计划，以便根据需要量进行生产和计划供应。

做饲料供应计划，首先应知道各月兔的存栏量、不同类型兔每日采食不同饲料的数量和不同饲料种类的比例。以青、成年兔存养量为准，按传统饲养方式每兔每日需要量为：青绿饲料不少于500 g，精饲料50～100 g。要做到月月有安排，天天有保证。按集约化、半集约化饲养方式，采用全价颗粒饲料，一般青、成年兔日粮为150 g左右，但繁殖期与休闲期种兔应略有增减。

5. 物资供应及产品销售计划　物质供应计划，应根据本场的平均饲养头数，计算出计划年度内獭兔场所需工具、备品、劳保品、药品（包括消毒药品）及其他低值易耗品。编制时以每只兔用多少钱来表示，进而规定出不同班组、獭兔群的计划金额。

产品销售计划主要反映出本场计划年度内各月或各季度内提供各种产品的数量，是本场预算收入和作成本核算的依据。

此外，计划管理还包括基建计划、劳动工资计划和财务计划等。

总之，年度计划要全面地反映生产经营的全貌，对各项指标做出具体的规定，以便作为一年中獭兔场各项生产经济活动的依据。

（三）技术环节

1. 饲养良种是基础　獭兔种要好，具体要求是体型大，色泽纯正，绒毛丰厚、平整。要克服良种不良养，不注重选留种兔，造成品种逐年退化的不良现象。克服的有效办法是：从防止近亲交配到选留、良养、培育全程入手。有的地方采用本场选留母兔，引进同品种优良公兔的办法，防止种群因地域、血缘方面的因素引起的退化，可收到良好的效果。

2. 优质、充足、全价的饲料是前提　良种良养的一项主要内容就是优质的全价饲料。种兔饲料的粗蛋白质含量不宜低于16%，蛋白质含量过低不仅影响生长与繁殖，也会导致绒毛退化变粗，影响毛皮品质。饲料上水平是我国养兔业发展的必由之路。饲料的发展方向是多样化、全价配合、颗粒型供给，配以自动饮水。

3. 多配、高产、多活是根本　采用先进的繁殖技术，提高獭兔繁殖力是增加效益的根本途径。发达国家平均1只母兔年出栏商品兔在50只左右，我国平均只20多只，差距很大。因此，要把提高繁殖力作为关键技术，一抓到底，收到效果。在适宜繁殖季节要力争全配满怀。体质健壮的母兔可搞血配，增加繁殖频率。严寒酷暑不利于繁殖的季节也要创造条件搞好配种繁殖工作。商品兔养殖场尽可能多繁，多育，多取皮，取好皮，以获得较好的经济效益。

4. 掌握好屠宰取皮季节，方法要正确　每年从11月

份到冬至剥的皮质量最好。因为这时被毛最浓密，绒厚且均匀，色泽光润，板质好；春季皮张质量较次，因为处于换毛阶段，毛长而稀疏，底绒空，被毛表面不平整，皮板略为红色；秋季皮张质量更次，皮板稍厚，毛短而空疏；夏季皮张质量最差，皮板厚硬呈暗黄色，毛短而粗硬，底绒稀薄。

5. **健全卫生防疫体系，杜绝各种疫病的发生** 随着獭兔养殖密度的增加，疫病防治工作更加重要，必须高度重视，采取综合防治措施。

（1）加强饲养管理，增强兔体的抵抗力。做到精心饲养，饲料和饮水要清洁卫生。饲料要合理搭配，精、青、粗比例合适，给以足够的矿物质和食盐，各种营养成分要齐全。

（2）搞好环境卫生和兔体卫生。兔舍要阳光充足，通风良好，经常保持适宜的温度、湿度和密度，冬天要能保温，夏天要保持通风良好。要经常打扫兔舍的内外以及兔笼，每日清除兔舍和兔笼的粪便和污物，要经常翻晒和更换垫草，保持清洁干燥，保证兔体、饲料、饮水、食具、用具清洁。防鼠、灭虫及其他畜、禽及兽类的侵扰。粪便远离兔舍及进行生物热处理。

（3）认真做好消毒工作。包括兔场和兔舍的出入口的有效消毒，设消毒槽，槽内放置石灰或火碱水等消毒药物，紫外线照射杀菌；兔场和兔舍及其他用具等定期消毒。

（4）饲养、管理人员进入兔舍时，要更换工作服和靴（鞋）。饲喂前洗手，饲喂后洗手消毒，防止感染疾病。应固定饲养人员和所使用的用具、食具。

（5）搞好定期预防注射。有寄生虫的兔场或獭兔，应定期检查粪便和药物驱虫。

(6) 严格进行检疫，防止疾病传入。

(四) 推广先进技术成果

1. 人工授精技术　在养兔发达的国家被广泛推广应用。它能发挥优秀种公兔的种质作用，提高整个兔群的生产性能；减少种公兔的饲养量，降低劳动强度和饲养成本，预防疾病的传播。这项技术已在许多獭兔场得到推广应用，取得明显的效果。

2. 杂交优势的利用　其明显的优势是生命力强，生长快，抗病，成活率高，能把父母本的优点很好地结合在一起。要通过试验探索出好的杂交组合，以提高兔群品质和培育出新的品种（或品系）。

3. 短期催肥技术　对商品獭兔要进行短期催肥，以提高其毛皮的品质和增加体重及改善肉质。技术要点是，优质全价饲料—多次少量供给—减少运动—减弱光照—保持清洁卫生，严防疾病。

4. 接种免疫技术　我国已研制出兔瘟、兔巴氏杆菌、魏氏梭菌、大肠杆菌等疫菌苗。这些疫菌苗，有单联苗，也有二联、三联苗，生产中应用效果明显，能防止这些疫病的发生，但一些生产场(户)不重视疫菌苗的保管工作，致使失效,造成接种免疫失败,给生产带来重大损失。

5. 其他先进技术的应用　如兔的专用饲料添加剂、优良高产牧草的种植推广、秸秆微贮技术以及高效、低毒、低残留药物的应用等。

(五) 一业多营和综合开发利用

獭兔养殖具有风险大、企业管理难等特点。因此，要

想使獭兔场立于不败之地，必须走“一业多营”的道路，走生产、加工、销售、服务一条龙的道路。例如，獭兔场不妨也养一点肉兔或毛兔；兔皮、兔肉在出场销售之前自己先进行初加工，有条件的兔场还可创办与其产品相适应的食品、裘皮、生物制剂等加工厂，使产品多次增值，直接与市场见面，开辟直通车，减少各个中间环节，增加利润。

“兔子虽小，全身是宝。”近几年，我国对兔产品的加工（包括肉兔、獭兔、毛兔）受到重视，但远远落后于兔饲养量快速增长的形势。四川省、浙江省在这方面都做了大量工作，有待普及推广。其他养兔大省也都投入一定的技术力量进行研究，但产品仍然不多。除兔皮的开发利用较好外，对内脏、下脚料的开发利用不够。要认识到副产品的开发对养兔生产的发展，特别在兔业生产的附加值上有重要的意义。

（六）走生态养殖发展之路

生态农业从时间的连续性和空间的多层性上提高太阳能的利用率和生物能的转化率，提高资源（物质）的利用率，加速能源物质在生态系统中的再循环，使其达到最合理的利用。

近十多年来，国外开始出现了生态农业，认为这是长远发展农业生产良策，发达国家从事生态农业的农户日益增多。我国也有很多人从事这方面的探索和实践，已取得了好的效果。下面介绍湖北省咸宁市农业委员会袁震同志（毕业于华中农业大学）总结推广的生态养殖模式（图 7-15）。该模式做法是：

先从外地引来生物工程蝇和日本大平二号蚯蚓，用鸡、

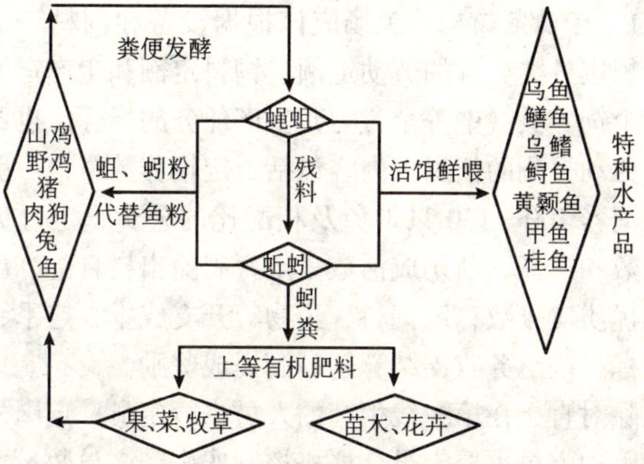

图 7-15　生态养殖模式图

注：在养殖动物方面，各地可根据情况，把兔加进去（作者注）

鸭、猪、兔（注：兔为作者加）的粪便，发酵后繁殖蝇蛆。一个 80 m^2 的蝇蛆繁殖室，夏秋季节每日可繁殖鲜蛆 150 kg 左右；繁殖蝇蛆后的粪便加上杂草树叶、牛粪及一些生活垃圾发酵后用来繁殖蚯蚓，每平方米月产量可达 10 kg 以上。

四、兔场规章制度和成本核算

为了保证獭兔生产有条不紊地进行，必须加强技术管理，建立和健全合理的规章制度，并严格地按照规章制度经济检查督促工作，完成和超额完成獭兔场的生产任务。

（一）劳动组织管理

现代化的大中型兔场，分工较细，协作紧密，必须加强劳动组织和管理工作，以保证各项生产任务的顺利完成。

1．劳动定额　养兔场应该根据设备和饲料等生产条件，规定各类兔群的劳动定额、饲料定额和生产定额，作为一个饲养员（中等全劳力）生产任务的指标，也可作为计算劳动报酬的依据。内容包括：定饲养数量，一般条件每人饲养100～150只母兔及相配比的公兔；定母兔年产仔胎数和产仔、断奶成活数；定育肥兔出栏日龄、出栏体重和优质皮张数；定饲料、药物等开支成本；定季、年利润指标。按财务收支结算超利润提成奖励。

除对直接在第一线生产的人员进行定员、定岗外，对经营管理人员也要定员，严格控制非生产人员数量，努力提高全场人均生产量和创利值。

2．生产责任制　为了不断提高经营管理水平，充分调动职工的积极性，獭兔场必须建立一套简明扼要的规章制度。

（1）考勤制度。由班组负责。由本人或专人逐日登记出勤情况，如迟到、早退、旷工、休假等，并作为发放工资、奖金、评选先进工作者的重要依据。

（2）劳动纪律。劳动纪律应根据各工种劳动特点加以制定。凡影响安全生产和产品质量的一切行为，都应制定出详细奖惩办法。

（3）饲养管理制度。对獭兔生产的各个环节，提出基本要求，制定技术操作规程。既要定性又要定量，要求能计量，好检查，便于考核。要求职工共同遵守执行。

此外，在协作方面还应提出要求。必须做到既有分工，又有协作，提倡互相帮助，共同协作。

（4）医疗保健制度。全场职工定期进行职业病检查，对患病者进行及时治疗，并按规定发给保健费。

（5）学习制度。为了提高职工思想和技术水平，獭兔场应有学习制度。定期交流经验或派出学习。每周要安排一定的时间学习政治和有关的技术理论知识。

3. 组织机构和管理体制　大中型兔场，内部分工比较细致，场长（经理）是企业的行政领导，是企业的法人代表，在场长（经理）的统一领导下，根据需要可分设生产、营销、财务、后勤、信息、公关等部门，负责劳动人员调配、生产计划调度、财务管理、质量检查、信息收集和反馈、后勤保障、顾客接待、营销策划、横向协作、技术咨询和事务处理等工作，实践证明，合理的组织机构和管理体制、激励机制，对獭兔场每年上新的台阶、信息网络的建立、生产发展、销售渠道、财务管理、企业品牌的创立、物资供应等各方面均起着重要的保证和促进作用。当然，也要求在分工的基础上相互配合和协作。

一个好的场长（经理），能够发挥下面各个职能部门的管理效能，发挥和调动场里每一位员工的积极性，让他们竭尽全能为场效力，做出贡献。

（二）成本核算

养獭兔除为社会创造财富外，又要取得经济效益。为了分析、评价经济利润就必须进行成本核算，从而把养兔成本降低到最低水平，把经济利润提高到最高水平。成本核算是反映企业生产成绩的综合经济指标。

1. 兔场收益　包括出售种兔、商品兔、兔皮、肉、粪等项。其中起决定作用的是兔皮和兔肉（或商品兔）的数量、质量。通常兔皮和兔肉的价值大体相当，但兔肉的质量、价格差异不大，而兔皮的等级、价格差异较大，出售皮张等级普遍较高，说明兔种质量较好，所繁后代可多留做种用，这样效益更高。因此，獭兔场要千方百计提高优良种兔的生产率（繁殖率、成活率等）通过繁殖选留，提高种质，增加皮值，从而提高经济效益，把科学技术转化为生产力。

2. 兔场支出　构成养兔成本主要有两个因素：一是劳力的投入（劳动工资）；二是养兔的直接和间接费用，包括种兔、饲料、燃料、笼舍、药物、死亡折价、税收、公积金、公益金等。养殖实践证明，饲料消耗费用（大中型兔场）一般约占总生产费用的60%以上，是最大的一项开支。饲料支出既取决于原料价格的高低，也取决于日粮配合是否合理及饲料耗损浪费的多少。

养殖效益主要表现在低投入，高产出，加大投入产出比。要精打细算，减少开支，杜绝浪费；要多产优质兔皮，多产优质兔；要在深加工方面下功夫，使兔多次增值，为社会多做贡献。

3. 生产成本计算方法　獭兔场成本核算可用下列3个公式：

$$直接费用+共同生产费+企业管理费=饲养费用$$

$$饲养费用-副产品收入=主产品成本$$

$$\frac{主产品成本}{主产品数量}=主产品单位成本$$

直接费用：包括工人工资及工资附加费、饲料、燃料、医药费及兔只折旧费等。

共同生产费：技术人员、生产队长的工资、房屋折旧费、运输费及其他共同摊派的费用。

企业管理费：行政、勤杂人员的工资、办公费及销售费等。

副业产品收入：粪肥及其他。

具体计算公式如下：

$$兔群饲养日成本=\frac{该群饲养总生产成本}{该群饲养头日数}$$

$$\begin{array}{l}断奶幼兔活\\重单位成本\end{array}=\frac{产兔群饲养费用-副产品价值}{幼兔活重量}$$

$$\begin{array}{l}幼兔和育肥兔\\增重单位成本\end{array}=\frac{该群饲养费用-副产品价值}{该群增重量}$$

式中：该群增重量=该群期末存栏活重+本期兔群活重（包括死兔重量）-期初结转、期内转入和购入的活重。

$$主产品单位成本=\frac{该期饲养费用-副产品价值}{该群产品总产量}$$

饲养成本大，产品在市场上没有竞争力，效益就低。因此，在獭兔生产中，千方百计降低生产成本是经常要研究解决的课题。

4. 降低獭兔产品成本的途径　降低养兔成本，就意味着科学管理水平的提高，应从以下几方面努力。

（1）采用先进的技术措施，不断提高专业化、商品化、集约化水平，提高劳动生产率。劳动生产率的提高，意味着单位时间内生产更多的产品，从而降低饲养成本。因此，兔场必须不断采用新技术、新设备，合理组织兔群结构，采用科学的饲养管理方法，提高育成率、出栏率、产皮量、产肉量等生产能力。

（2）提高饲料转化率。饲料占养兔成本60%以上，因此要制定合理的饲料配方，实行科学饲养，使之既能满足营养需要，又能节省饲料，降低饲料成本。要广辟饲料来源，提高自给水平。应充分利用当地饲料资源或种植一些饲料，利用农副产品下脚料及饲料代用品。另外，应用颗粒饲料，改革料槽、草架。防止扒槽翻料，可减少浪费

10%以上。

(3) 选择优良的獭兔品种，提高獭兔的产品质量。獭兔的产品质量主要考虑皮张面积和绒毛密度，因此选择良种獭兔时有一定要求，要求选择体型大、毛皮质量（绒毛密、毛平整而有弹性）好的种兔。

(4) 充分利用副产品。獭兔主要产品是毛皮和兔肉，副产品如淘汰兔、兔内脏、兔粪等，千万不可忽略。如兔粪不仅是很好的有机肥，还可以经晒干或发酵处理后再加入配合饲料中，用来喂猪。

(5) 多养母兔，少养公兔。如果采用人工授精技术，则公兔饲养量可以减少1/3，这样既提高了产量，也节省了饲养成本支出。

(6) 降低劳动成本。在具有一定规模的兔场，兔笼上可安装自动饮水器，饲喂颗粒饲料，采用人工授精技术，这样可大大减轻劳动强度，减少饲养人员，提高劳动效率，降低劳动力成本。

(7) 提高固定资产利用率。要合理利用各种机具、兔舍、兔笼及其他设备，提高固定资产利用率，加强设备维护，提高设备完好率，降低单位产品分摊的折旧。

(8) 降低医药费用。兔场医药费用高低，既与兔群健康水平、生产力有关，也增加了产品成本和工作量。因此，必须坚持以预防为主的方针，加强平时卫生防疫措施，定期消毒，定期注射疫苗和用药物预防，将发病率和死亡率降到最低限度。

(9) 降低“三费”，即管理费用、财务费用和销售费用，节约非生产开支，杜绝浪费。

5. 利润　利润是生产劳动者为社会所创造的一部分价值的货币表现。利润是獭兔场在一定时期内从事生产经营活动所取得的最终财务成果，是衡量和考核獭兔场经济效益和财务状况的综合性指标，也是衡量工作质量和对国家贡献大小的主要标志。其计算公式为：

利润总额＝营业利润＋投资净收益＋营业外收支净额

营业利润＝主营业利润＋其他业务利润－管理费用－财务费用

主营业利润＝主营业收入－营业成本－营业费用－营业税金及附加费

其他业务利润＝其他业务收入－其他业务成本－其他业务税金及附加费

如果根据资金利润率的原则，每个獭兔场占用多少资金，就应该按照当时的社会平均资金利润率上缴利润。例如，一个獭兔场占有25万元资金，当前全社会一年平均资金利润率为20%，该獭兔场一年就要上激利润5万元。如果超过5万元，则说明该獭兔场经营管理得法；如果不足此数，就说明该獭兔场经营管理不善。

如果根据资金利润率的原则，产品的价格应该是，某项产品的总成本，加上生产这些产品所占用的资金总额应该承担的、按平均资金利润率计算的利润总额，再用某项产品数量总和来除。

$$\text{产品价格}=\frac{\text{产品总成本}+\text{计划的利润总额}}{\text{产品总数量}}$$

（三）重视记录与记账工作

簿记是经营工作的一面镜子，为了提高经营效果，不断改进经营管理方法，獭兔场必须重视记录和记账工作。通过对账簿中资料的统计分析，可以比较经营成绩，不断

总结经营过程中的优点和缺点，以便扬其所长，改其所短。

獭兔场每经一定时期（月终、季末或年终）应进行结账与决算。獭兔场记录和簿记，一般有如下 7 种：

1. 财产记录　其记录内容分：

(1) 固定资产类，如土地、建筑物、机具设备等。

(2) 流动资产类，如兔群、饲料、低值易耗物品、器械等。

(3) 日杂用品类，如职工伙食、修缮原料、杂用物品、劳保等。

(4) 现金信用类，即现金、存折、支票、债券等。

财产记录应有固定资产登记簿、流动资产登记簿、现金流水账等。

2. 劳动记录　包括固定工、临时工、合同工、机械动力和畜力的出勤、使用情况。

3. 饲料记录　包括各类獭兔每日、每月所消耗的各种饲料的用量，以及饲料价格，以便进行成本核算。

4. 生产记录　包括种兔繁殖，幼兔生长发育，种兔、商品兔、淘汰兔的销售，兔皮加工及销售等记录。

5. 用品记录　包括消费品和非消费品记录。

6. 獭兔群育种资料记录

7. 獭兔疾病及其防治记录

（四）建立獭兔场日志

獭兔场日志就是把獭兔场每日出现的重要事情记录在专用的日志上。

(1) 记载獭兔场每日的经营活动。獭兔的购入卖出，饲料、器具的外购，药品的购买、批号、生产单位、价格等。

(2) 生产活动。配种繁殖、饲料配合、疫苗注射、消毒、发病治疗、治愈死亡情况等。

(3) 社会活动。参观访问、学习等。

(4) 合理化建议。

记录獭兔场发生的事件，似乎很繁琐，没多大意义，其实对经营好兔场起很大作用。通过记日志和看日志，可以发现生产中的问题，及时总结经验，找出差距，吸取教训，使獭兔场健康稳步地发展，取得更大的成绩。

第八章 疾病防治

一、兔病的预防

兔病的种类繁多，包括传染病、内科病、外科病、寄生虫病以及产科病等。有些疾病常常会引起大批兔的发生，发病率和死亡率很高，危害严重，可引起较大的经济损失，所以要养好兔，除了注意饲料的配合，定时定量地喂饲，合理地选种选配，适时地分群饲养，营造良好的饲养环境外，还必须贯彻“预防为主，治疗为辅”的方针，其卫生防疫工作的好坏，直接关系到养兔专业户的经济效益。因此，兔场的卫生防疫工作是十分重要的。

(一) 坚持自繁自养

兔场为了防止引进兔源时带入兔病，造成疾病的传播，常采取自繁自养的措施，可自行选健康的良种公母兔，以提高成活率和经济效益。

(二) 饲料、食具卫生要求

饲料要保持清洁，避免污染，兔场使用的饲料不得从有疾病流行的畜牧场购进。饲料要新鲜，质量要好，禁止给兔饲喂变质、腐烂、发霉的饲料，兔的食槽、用具要经常进行清洁，定时消毒。饮水要卫生清洁，防止饮冰冷的水、污水或有毒的水。

（三）兔场环境卫生要求

在建造兔舍时要建筑在地势高燥、背风向阳、夏季便于防暑、冬季便于防冻、面积宽阔、地下水位低、排水良好、水源充足、砂质土壤的地方。兔场的生产区要与生活区、办公区分开，周围要有防护墙。兔场门口及兔舍入口处要设置消毒池，并保持有效的消毒药液。

（四）防止传染病发生和蔓延措施

发生传染病时，应采取紧急措施，控制在最小范围内，扑灭在最初阶段。对所有的病兔要分类进行有效治疗，防止相互传染并发多种疾病。对死亡的兔尸，必须深埋或焚烧处理。兔场引进兔时，要从非疫区选购，并进行严格的检疫，到达兔场的兔，要隔离观察 1 个月以上，确认为健康兔后，方可混群饲养。

（五）接待参观和外来人员注意事项

根据季节和疫病的流行情况，决定是否准许参观或外来人员进入场内。依据参观人员的具体情况，确定其活动范围。所有参观人员必须经过消毒，否则不得进场。凡进场的参观者或其他外来人员，应由场内专人带领，不得随处乱走、乱看。进场参观的人员，必须遵守场内规定，不准随意抓兔、摸兔、喂兔及伤害兔的行为。

（六）讲究卫生，处理好粪便

饲养人员要注意个人卫生，进入生产区时，要换工作服和鞋，要防止其他的畜禽进入兔场。兔舍要经常清扫，而且要定时消毒，兔舍内的垫草要勤换，铺板、地面要经常洗刷，保持清洁干燥，每日清除的粪便和污物集中到一个离兔舍 100 m 以外的地方进行处理，处理方法有以下 4 种：

（1）焚烧法。在地上挖一个壕，壕底放一些木材等燃料，其上面放一些粪便和污物，最上层添加一些干草或洒一些柴油，便于迅速烧毁。

（2）化学药品消毒法。用 20% 石灰乳等喷洒粪便或污物。

（3）掩埋法。将污染的粪便和污物与漂白粉或生石灰混合，然后深埋于 2 m 深的地下即可。

（4）生物热消毒法。可将粪便或污物送入发酵池发酵或堆积发酵，30 天左右可做肥料使用。

（七）灭鼠、杀虫和尸体处理

因为鼠类是家兔的某些传染病病原体的携带者和传播者，所以灭鼠工作尤为重要。灭鼠工作应从两个方面进行：一方面从畜舍建筑和卫生措施方面着手预防鼠类的滋生和活动，使鼠类在各种场所生存的可能性达到最低限度，使它们难以得到食物和藏身之处。另一方面，则采取各种方法直接杀灭鼠类。常用的灭鼠方法有：物理灭鼠、利用各种灭鼠器械来夹、压关、粘老鼠，或利用堵、挖、灌、熏等方法来破坏鼠洞，扑灭鼠类；药物灭鼠，有计划地投放毒饵，在一个地区内统一时间，围杀鼠类。常用的化学毒剂有磷化锌、敌鼠钠盐、毒鼠磷安妥、灭鼠灵和灭鼠烟剂等。注意利用毒饵，灭鼠时要定期更换鼠药，以防拒食和产生耐药性，放置毒饵时要防止獭兔误食；生态灭鼠法，如利用鼠类天敌猫等来捕杀，也可以破坏和改变环境，以影响鼠类的生活和繁殖，如门窗不留缝隙，排水沟出口安装铁丝网，存放好兔料等。

杀虫是杀灭一切传播家畜疫病媒介的节肢动物的措施，杀虫可用敌百虫、敌敌畏、倍硫磷、马拉硫磷等，水溶液0.1%，毒饵1%，烟剂0.1～0.3 g/m³。

正确及时地处理尸体，对防制家兔传染病具有重要意义，对确诊死于传染病的尸体要深埋或焚烧。

（八）严格执行消毒制度

消毒是贯彻“预防为主”和执行综合性防制措施中的重要一环。消毒的目的是消灭被传染源散播在外界环境中的病原体，以切断传播途径，阻止传染病继续蔓延，对病兔的分泌物、排泄物和粪便、血液及分泌物污染的土壤、场地、兔舍、兔笼、用具和饲养人员的衣服、鞋、帽等都要进行彻底消毒。

兔场要建立严格的消毒制度，兔舍、兔笼及用具每季度进行1次大清扫、大消毒，每周进行1次重点消毒，消毒时可根据不同的对象和要求选用不同的方法。

1. 物理消毒法

（1）清扫洗刷。这是搞好各种清洁卫生消毒工作的基础，通过清扫粪尿、污物，洗刷兔笼、用具等，可以把一部分的病原微生物，随同污物一同清除，从而减少对兔的危害。兔舍和运动场清扫后要垫些河沙或干净土。

（2）日光暴晒：日光中的紫外线具有良好的消毒杀菌作用，兔的产仔箱、垫草、食具等可定期在直射强烈阳光下晒，每次2～3 h。

2. 化学消毒法　用化学药物喷洒、洗涤、浸泡、粉刷、熏蒸等，以达到消毒灭菌的目的。

（1）常用的化学消毒药品。

①石灰乳。其10%～20%溶液可用于地面、墙壁、粪池及排水沟等的消毒。

②烧碱（氢氧化钠、苛性钠）。其2%～4%的热溶液可用于兔舍、场地、兔场入口处等消毒，本品对机体有腐蚀性，使用时要避免人和动物的皮肤、黏膜与其接触，防止受到损害。

③草木灰。20%～30%草木灰水溶液常用于洗刷兔舍的地面、墙壁及饲养管理用具等。

④漂白粉。5%～20%混悬液可用于地面、墙壁、运输工具及排泄物的消毒，3%澄清液可用于食槽、饮水器及其他非金属用品的消毒。每500 mL水加0.3～1.5 g漂白粉可用于饮水的消毒。

⑤来苏儿。2%来苏儿可用于手及皮肤的消毒，3%～5%溶液用于浸泡用具、器械、兔舍场地及病畜排泄物的消毒。

⑥福尔马林。为40%甲醛溶液，2%～4%水溶液浸泡器械，消毒兔舍、兔笼、地面、墙壁。熏蒸消毒兔舍时，每立方米空间先将高锰酸钾25 g置于容器内，再将福尔马林25 mL，水12.5 mL，两者混合后放入，在密闭条件下消毒24 h，然后打开门窗通风透气，停留1天以后再放入家兔。

(2) 化学消毒药液的用量。

泥土地、运动场　1 000～2 000 mL/m^2

砖墙　700～1 000 mL/m^2

水泥混凝土表面　400～800 mL/m^2

(3) 化学药物消毒注意事项。

①化学消毒药液一定要搅拌均匀，使之充分溶解，保持一定的浓度。浓度过高或过低，都达不到消毒的目的。

②兔笼、兔舍、用具消毒时，一定要清扫洗刷干净，再使用药物消毒，否则效果较差。

③有些化学消毒药品，可经过呼吸道、消化道、伤口等引起兔中毒，使用时一定要根据药物的特性采取有效的防护措施。

（九）按免疫程序进行免疫接种

疫病的发生往往会造成大批死亡，所以严格地执行科学的免疫程序对预防传染病的暴发，保障正常的繁殖生产至关重要，常见的免疫程序如下：

（1）兔瘟灭活疫苗。预防兔病毒性出血症（兔瘟）。断奶兔和成年兔每只皮下注射 1 mL，7 天左右产生免疫力，免疫期为半年。未曾免疫过的母兔群，其初生 20～30 日龄的幼兔应进行第一次预防注射，经免疫过的母兔群，其产下的仔兔应在 45 日龄左右进行预防注射。

（2）大肠杆菌多价灭活疫苗。预防兔的大肠杆菌病，仔兔断奶前 1 周皮下注射 2 mL，每 6 个月免疫 1 次。

（3）兔巴氏杆菌病灭活疫苗。预防兔巴氏杆菌病。幼兔 50 日龄皮下注射 1 mL，每 4 个月免疫 1 次。

（4）兔魏氏梭菌疫苗。预防兔魏氏梭菌性下痢。仔兔断奶后 1 周内皮下注射 2 mL，每 6 个月免疫 1 次。

（5）兔波氏杆菌灭活菌。预防兔波氏杆菌病幼兔 55 日龄皮下注射 2 mL，每 6 个月免疫 1 次。

（6）兔沙门氏菌灭活菌。预防兔沙门氏菌病，断奶前 1 周的仔兔、怀孕前或怀孕初期的母兔以及其他幼兔、成年兔，每只皮下或肌肉注射 1 mL，7 天后产生免疫力，免疫期为 6 个月，每年注射 2 次。

（7）兔葡萄球菌病灭活疫苗。预防葡萄球菌感染引起

的母兔乳房炎、脓疱症及脚皮炎，每只皮下注射 1 mL 或于母兔配种前皮下注射 1 mL，每 6 个月免疫 1 次。

（十）有计划地进行药物预防和驱虫

药物预防是在某些疫病流行季节之前或流行初期，有目的地选用一些安全、价廉、有效的药物加入饲料、饮水或直接投服，是进行预防和早期治疗的重要防疫措施，对于预防多种疫病的发生与流行有良好效果，可大大降低用药成本，减少死亡率；是提高经济效益的一个重要途径。如母兔产后 3 天内，服用磺胺甲基异噁唑、土霉素等，可预防乳房炎；用球清、氯苯胍可以预防兔球虫病的发生；用喹乙醇按每千克体重 50 mg,每日 2 次内服,连服 3 天,可预防巴氏杆菌病及魏氏梭菌病的发生。在仔兔开食和断奶期间,用呋喃唑酮可预防沙门氏杆菌病和大肠杆菌病。

兔的寄生虫病不仅会影响肉兔的生长及饲料报酬，而且易诱发其他的疾病。因此，每年在春秋两季有计划地进行全群性驱虫是非常有必要的。如驱除体内线虫、绦虫等可用丙硫咪唑，用阿维菌素进行注射也可有效地治疗兔的疥螨。

在进行药物预防时，要经常进行药敏试验，选择敏感度较高的药物。使用的药物要详细记录，包括其名称、批号、剂量、疗法，并注意观察其疗效。进行大面积驱虫时，如为新药最好要做小群驱虫试验，取得经验并且疗效确切、安全性好后，方可进行全面驱虫，因为驱虫药、杀旱药多数有一定的毒性和副作用，所以使用驱虫、杀虫药物时，剂量要准确，切不可盲目加大剂量而造成中毒的后果。用药后还要注意观察，有异常反应要及时采取相应的急救措施。

二、兔病诊疗技术

（一）兔的保定

獭兔虽然为小动物，但它行动敏捷，有较强自卫行为，会用爪和牙齿来伤人。为了限制其防卫活动，以保证人、畜安全，便于诊疗工作的正常进行，则必须掌握适当的保定方法。

1．徒手保定

（1）方法一。先用手抚摸兔头和背部，待其安静后，用一手连同两耳或将颈背部皮肤大把抓起，另一手托住兔的臀部或抓住臀部皮肤和尾，将兔头朝上置于胸前（图8-1）。该法适用于头部、乳房、四肢等外疾病的诊治和兔的搬运。

图 8-1　兔徒手保定法之一

(2) 方法二。用一手大把抓住兔两耳和颈背侧皮肤，虎口与兔头方向一致，把兔头置于另一手臂与身体之间，该手上臂与前臂呈 90°角夹住兔体，手置于兔的股后部，(图 8-2)。该法适用于兔的搬运、后躯疾病检查、体温测定及肌肉注射。如从腋下露出头部，也可进行口鼻检查。

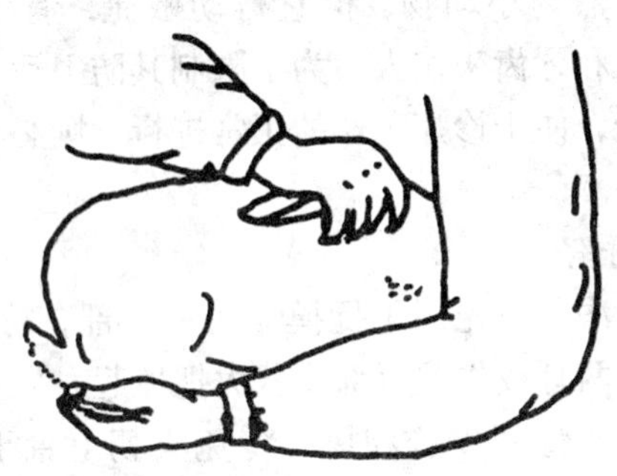

图 8-2 兔徒手保定法之二

(3) 方法三。把兔放在平台上，用两手的拇指和食指固定住耳根部，其余三指压住前肢。该方法适用临床上的一般检查和治疗。

2. 器械保定

(1) 包布保定。用一边长 1 m 左右的正方形布料，在其一角缝上两根 30 cm 左右的带子，把包布展开放于平台上，然后把兔置于包布中央，折起包布包裹兔体，露出兔的两耳和头部，最后用带子围绕兔体并打结固定。此法适用于经口投药、兔耳静脉注射及头部检查。

(2) 手术台保定。把兔的四肢分开仰卧于手术台上，用绳带分别捆绑四肢使其分开固定于手术占上，然后用兔头夹固定头部 (8-3)。该法适用于腹腔手术、乳房疾病的诊疗及阉割等。

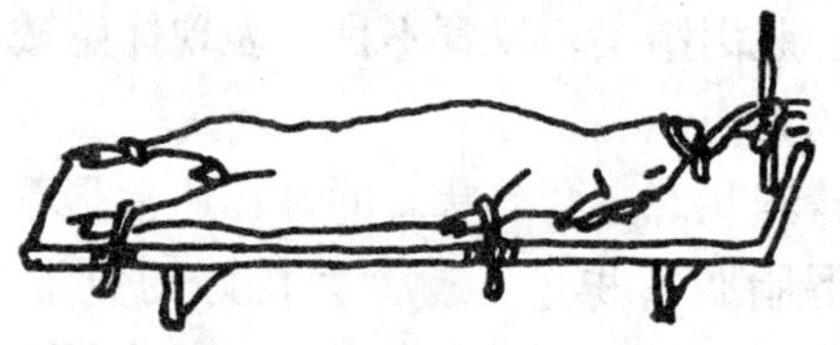

图 8-3　兔的手术台保定法

3．药物保定　通常使用镇静药和肌肉松弛药，如静松灵，可使兔安定，无力挣扎，常用于剖腹产等手术治疗。

（二）兔的临床检查

对兔的临床检查一般采取一看、二摸、三听、四测。

看：看眼神、耳色、粪型、食欲、毛色有无异常。

摸：摸膘情肥瘦、腹部有无肿块、脉搏快慢等，触诊胸部或腹部。

听：听呼吸是否正常、心肺有无杂音。

测：体温是否正常。

经常对兔群健康状况进行检查，是做好兔病防治工作的一个重要措施，进行全面的健康检查，才能及早地发现病兔，及早隔离，及时治疗，方能收到较好的效果。

1．一般检查

（1）精神状态的检查。主要是观察行为和眼耳动作。健康兔对外界反应灵敏，眼睛明亮有神，眼角干燥无眼屎，外耳壳能活动并彼此独立动作，有轻微的响声便立即抬头并两耳竖起转动耳壳。如果兔表现嗜睡，头低耳耷，对刺激反应迟钝，眼睛半睁半闭，行动迟缓，或惊恐不安，前冲后撞，狂奔乱跳等常为病态。

（2）体格发育。体格发育良好的家兔，其外观匀称，

四肢强壮，肌肉结实，发育不良，表现体躯矮小，结构不匀称，瘦弱无力。

(3) 营养状态。营养状态的好坏通常是看肌肉的丰满程度、皮下脂肪蓄积量等。营养良好的兔常表现肌肉丰满，皮下脂肪充盈，皮肤富有弹性；而营养不良的兔表现消瘦，皮肤松弛；骨骼显露。

(4) 被毛的检查。健康兔的被毛是平顺且富有光泽，如果被毛松乱，失去光泽，容易脱落，见于营养不良。某些寄生虫病、慢性传染病，局部被毛脱落常见于湿疹、疥癣等。

(5) 皮肤的检查。主要用视诊和触诊的方法进行检查，注意其温度、湿度、弹性、肿胀及外伤等。温度检查可用手背触诊或用手握住耳朵，如感觉过烫，表明发热；如感觉发冷，是体温偏低、有病危的可能；温度检查主要用视诊和触诊，皮肤干燥见于脱水性疾病，如顽固性腹泻。皮肤弹性检查是用手捏皱皮肤提起而后放下，看其恢复原状的快慢程度，健康兔提起的皱襞很快恢复；皮肤弹性降低时，皱襞恢复缓慢，见于营养不良、脱水等。

(6) 可视黏膜的检查。可视黏膜包括口腔、鼻腔、阴道黏膜及眼结膜。黏膜正常时为粉红色，表面湿润，其颜色的变化和湿润程度除可反映局部病变外，还可推断全身循环状态及血液成分的改变，在疾病的诊断和预后的判断上有重要的意义。

临床上眼结膜检查较为常用，检查时首先观察眼睑有无肿胀、损伤及分泌物的数量和性状，然后打开眼睑进行检查。操作方法之一是，一手固定头部，另外一手的食指和拇指同时拨开上下眼睑进行观察。健康兔两眼圆睁明亮，结膜红润，眼睑干净润泽无分泌物，角膜透明光滑，瞳孔大小可随光线的强弱而变化。常见的颜色变化有以下4种：

①结膜发红（潮红）是充血的象征，单眼潮红，可能为单侧的结膜炎症，常伴有较多的分泌物及眼睑肿胀；两眼潮红，多为全身血液循环发生改变；弥漫性潮红，见于各种热性病和某些器官，系统的广泛性炎症；树枝状充血，常为血液循环障碍的表现。

②结膜苍白是贫血的象征，见于营养不良、慢性传染病、寄生虫病及大出血等。

③结膜发绀呈蓝紫色，是血液含氧量大降低、机体严重缺氧的结果，见于肺炎、心力衰竭、饲料中毒等。

④结膜黄染是血液中胆红素浓度增高的结果，见于肝脏疾病、溶血性疾病、胆道阻塞和某些中毒病。

(7) 浅表淋巴结检查。浅表淋巴结检查主要用触诊的方法，观其位置、形态、大小、硬度、移动性、敏感性等。浅表淋巴结的病变主要有急性肿胀和慢性肿胀，急性肿胀表现其体积增大，有热痛感，质地较硬，表面光滑，移动性较好，见于某些急性传染病。慢性肿胀表现无明显的热痛感，质地坚硬，表面凹凸不平，移动性较差，见于结核病等。

(8) 体温检查。体温变化是机体对病原刺激的应答反应，在许多疾病中，特别是传染病，体温升高比其他症状出现的更早，所以体温检查对早期发现病畜、判定病性、验证疗效、推断预后有重要的临床意义。如出现高热时（超过正常体温 2℃以上）常常见于急性感染与广泛性炎症；中等热（超过正常 1~2 ℃）见于呼吸道消化道一般性炎症及某些亚急性、慢性传染病；微热（超过正常 0.5~1 ℃）见于普遍病及局部性炎症。但体温测量的结

果应与病史、临床症状和其他的检查结果进行综合分析判断。

体温测定的方法：把体温计甩到 35 ℃以下，用酒精棉球消毒后，涂上润滑油，用手固定兔，使臀尾部露出，把体温计慢慢捻转插入肛门，经 3～5 min 后取出读数，记录后用酒精棉球消毒。

健康成兔的正常体温为 38.5～39.5 ℃，影响兔体温变化的因素很多，除品种性别、个体营养状况、生产性能、精神状态等外，同一个体在不同时间、季节、年龄、运动以及采食前后均有差异。如幼兔体温高于成年兔，老兔低于幼兔，夏季高于冬季，下午高于上午。

兔体温升高见于传染病、中暑等，体温降低见于贫血、某些中毒、重度营养不良、严重的衰竭症、顽固性下痢等。体温急剧下降常为垂危之兆。

(9) 脉搏的检查。脉搏检查可在兔左前肢腋下或大腿内侧近端的股动脉上，用食指和中指轻轻触着脉点，查每分钟跳动的次数。

动脉的脉搏易受外界条件和生理因素的影响而发生改变，当兔受到惊吓、兴奋、外温过高或吃食时可使脉搏数暂时性增加，不同品种、性别、年龄有一定的影响，如幼兔的脉搏数大于成年兔、老年兔。检查脉搏时一定要在安静的环境下进行，一般正常兔的脉搏为：成年兔每分钟 80～100 次；幼兔每分钟 120～140 次；老兔每分钟 70～90 次。脉搏数增多见于兔的热性病，心脑病，贫血。脉膊数减少见于某些脑病、慢性病、中毒病及垂危病兔。

(10) 呼吸数的测定。动物的呼吸活动由吸气和呼气两个阶段组成，一呼一吸为一次呼吸。检测兔的呼吸数同样应在安静的状态下进行，通过观察鼻翼的搧动和呼出气流进行测数，健康兔的呼吸数常为 50～80 次/min。影响呼吸数的因素很多，除年龄外，还有品种、性别、运动、妊娠、营养状况、精神状态、环境温度等，幼兔呼吸数稍多，老兔呼吸数稍少，暑热天气呼吸次数增多。呼吸频速见于热性病、高度贫血等；呼吸缓慢见于呼吸中枢抑制，如某些脑病及中毒。

2. 系统检查

(1) 消化系统检查。

①饮欲和食欲的检查。饮食欲的改变往往是许多疾病的最早指征之一，其检查的内容包括饮水的数量、持续的时间、有无采食及采食的速度等。

健康兔的饮水量虽然随着外界温度的变化有所增减，但一般变化并不大。如果兔明显表现饮欲增加，见于热性病、腹泻、剧烈呕吐、食盐中毒等。饮水量减少或不见饮水，见于消化不良，某些严重性疾病和脑病等。

健康兔一般表现食欲旺盛，对于正常喂量的饲料常在 15～30 min 吃完。如果在环境条件、饮料品质没有改变的情况下兔表现食欲减退，见于热性病和其他多种疾病；如兔拒食饲料，常见于严重的消化道疾病、急性热性病、某些中毒病等；如兔表现食欲时好时坏，常见于慢性消化道疾病；如兔表现喜欢食泥土，被毛或母兔吞食仔兔等，见于微量元素或维生素缺乏以及慢性消化道疾病。

②口腔检查。在打开口腔之前首先要观察口腔周围有无损伤，是否有流涎现象。如果有明显的流涎现象，见于口炎、咽炎、食道梗塞及某些中毒。打开口腔要观察以下几个方面的内容：

温度：可用手伸入进行检查，口温升高，见于热性病及口炎等；口温降低，常见于重度贫血、濒死期。

湿度：口腔黏膜湿润，见于口炎、咽炎、某些中毒；口腔干燥，见于热性病、长期腹泻引起的脱水。

颜色：口膜潮红，见于热性病、口炎等；口膜苍白，见于贫血。

牙齿：主要检查牙齿是否整齐或过度生长，是否会影响采食。

除上述检查的内容外，还要注意观察舌苔、口腔气味、有无水泡和溃烂，以及是否有饲料或异物残留等。

③腹部检查。主要用视诊和触诊的方法进行。

腹部触诊：由一个助手固定住兔的头部，检查者位于尾端，用两手的指端从腹部的两侧同时加压，健康兔腹部柔软有弹性。如果在触压时兔表现不安、骚动，是腹腔有疼痛的表现，见于腹膜炎等；如果触诊腹腔有波动感，见于腹腔积水；如果胃部有坚实感见于积食，触诊弹性增强见于胃肠臌气。

腹部视诊：主要观察腹围大小及腹部状态，除妊娠和大量采食后，一般没有明显的增大。如果腹部膨大，触压有波动感，改变体位时波动感随之下沉，见于腹腔积液；如果腹围显著缩小，见于饲料不足、长期腹泻、慢性消耗性疾病等。

④粪便检查。正常的兔粪，如同豌豆大小的圆粒，光滑匀整，含有较多的草纤维，有弹性。兔粪干硬细小，一头针是胃肠病；粪量减少或无粪是便秘；兔粪长条形或呈一堆，并带酸臭味是伤食；粪便稀薄如水是腹泻；带透明胶体是痢疾。

(2) 呼吸系统的检查。

①呼吸类型的检查。检查时，注意观察胸廓和腹壁的起伏动作的协调和强度。健康兔为胸腹式呼吸，即呼吸时

胸壁腹壁的动作协调，强度一致。如果出现胸式呼吸时，即胸壁运动比腹壁明显，而腹壁运动极其微弱，见于腹膜炎、胃肠臌气；如果出现腹式呼吸时，即腹壁运动明显，而胸壁的运动极其微弱，见于肺气肿、胸膜炎等。

②呼吸困难的检查。是一种复杂的病理性呼吸障碍。表现为呼吸频率、呼吸类型、呼吸节律的改变。

吸气性呼吸困难：特征是吸气用力，吸气时间延长，常伴发吸入阶段的狭窄音，常见于上呼吸道狭窄性疾病。

呼气性呼吸困难：特征是呼气用力，呼气时间显著延长，见于慢性肺气肿及胸膜肺炎。

混合性呼吸困难：特征是吸气与呼气均发生困难，同时伴发有呼吸次数的增加，见于肺炎、胸腔积液。

③咳嗽检查。咳嗽是一种保护性反射动作，借以将呼吸道异物或分泌物排出体外，当呼吸道有炎症时，炎性渗出物或外来的刺激，可刺激发炎的黏膜，引起咳嗽。所以，出现频繁或连续性的咳嗽是一种病态，见于喉炎、气管炎。

④鼻液的检查。鼻液的数量、性状、颜色在临床上对疾病的判断有重要的意义。如鼻液较少，常为呼吸道及肺的炎症的初期及局灶性炎症；鼻液较多，常为呼吸道及肺的炎症的中后期；如鼻液增加，打喷嚏，并有瘙痒感，见于鼻炎。

(3) 泌尿生殖系统的检查。

①排尿姿势与尿液的检查。兔排尿是有意识、自主的，有一定的排尿姿势。排尿姿势异常主要表现为排尿失禁和排尿痛苦。排尿失禁是兔无一定的排尿姿势与动作，而尿液自行排出，见于膀胱括约肌麻痹，腰荐脊髓损伤及某些中枢神经系统的疾病。排尿困难表现排尿不畅或排尿

痛苦，排尿时病兔表现不安、努责或表现尿淋漓，见于尿路感染、尿道结石等。

兔的排尿次数和尿量主要取决于采食饲料的种类和饮水的多少（130～250 mL），排尿次数的异常增多和每次排出尿量的异常增加称多尿，见于大量饮水后，慢性肾炎。排尿次数增多，但每次仅排出少量尿液称频尿，常见于膀胱炎和尿道炎。排尿次数和每次排尿量显著减少称少尿，见于急性肾炎，大出汗，剧烈腹泻，饮水过少，各种热性疾病。

②泌尿生殖器官和乳房的检查。主要是对外生殖器官进行检查，检查时要注意外生殖道及其周围的变化情况，如公兔的阴囊及睾丸是否有损伤和炎症反应，检查母兔阴道颜色，分泌物的性状和发情、配种、妊娠、分娩、胎次和流产情况，以及乳房是否肿胀、硬结、破损、泌乳状况等。

（三）病料送检方法

1. 病料采集　只有准确采集含病原体最多的病料，才能检出患病兔体内的病原体。不同的病原体在兔体内的分布情况不尽相同，同一种疫病病原体在不同的病型和不同的病期中其分布也不尽相同。病料的采集需要注意以下事项：

（1）病料采取要准确、怀疑某种传染病时，则采取该病常侵害的部位。

（2）病料保取时尽可能避免污染。

（3）专嗜性传染病或侵害某种器官为主的传染病，则采取该病侵害的主要器官组织，如兔结核病采取病变结节。

（4）对病情复杂、提不出怀疑对象的可将完整的兔送检。

(5) 死后要尽快采集病料，以防组织腐败而不利于病原体的检查。

2. 病料保存　病料采集后要尽快送检，如不能及时送检的，须加入适量的保存液。

(1) 细菌材料的保存。把采集的组织保存于饱和盐水或30%甘油缓冲液中，容器加塞封固。

(2) 病毒检验材料的保存。把采集的组织保存于50%甘油生理盐水中，容器加塞封固。

(3) 病理组织学检验材料的保存。把采取的组织放入10%福尔马林溶液或95%酒精中固定，固定液的用量为标本体积的10倍以上。

3. 病料送检　病料送检时要在其容器上编号，详细记录，并附有送检单。病料包装要求安妥、怕热或怕冻材料要分别采取措施。

(四) 传染病检验

1. 细菌学检验

(1) 病原菌的形态学观察。包括显微镜形态学观察和眼观形态学观察两方面。

显微镜形态学观察主要是通过染色、镜检，注意观察菌体的形态、大小、排列规律，是否有芽孢或荚膜等形态特征。

眼观形态学观察主要是通过分离培养。注意观察菌落的大小、粗糙光滑情况、隆起情况和透明情况以及在各种培养基上的生长情况。

(2) 动物实验。用灭菌生理盐水把病料制成10倍悬液，利用皮下、肌肉、腹腔、静脉等途径接种于易感动

物，如小白鼠、家兔等。接种后要按常规隔离饲养，注意观察，有时还要求定时或定期测量体温、体重等，并做好记录。如发生死亡，应立即进行剖检及细菌学检查。

2. 病毒学检验　病毒分离培养鉴定：病毒的初步鉴定，主要是在详细地调查流行病学的基础上，有目的地无菌采取病料，将其剪碎、磨细、加磷酸盐缓冲液制成10倍悬液，以每分钟2 000 r离心沉淀15 min，取上清液每毫升加入青霉素和链霉素各1 000 IU后有针对性地接种易感动物，胚胎卵和易感组织细胞；分离培养病毒，然后把分离得到的病毒用电子显微镜检查，通过血清学试验及动物实验进行鉴定。

3. 免疫学检验　主要有以下两种：

(1) 血清学检查。利用已知抗体检测兔体内未知的病原体或其抗原成分，或用已知病原体或其抗原成分检测体内有无相应抗体的检测方法。血清学检查的方法有沉淀试验、凝集试验、补体结合试验、中和试验、免疫荧光检查、放射免疫学检查。

(2) 变态反应检查。变态反应是动物机体对某种抗原物质的再次刺激所发生的一种异常的极为强烈的有害反应。变态反应检疫常用点眼法，皮内注射法常用于结核、布氏杆菌病等传染性疾病的检疫。

(五) 寄生虫病检验

1. 粪便检查

(1) 直接涂片法。在干净的载玻片上滴1～2滴的清水，用火柴棍取少量粪便放入其中，涂匀，剔除粪渣，在粪液上盖上盖玻片，镜检。

(2) 粪便集卵法。

①沉淀法。取兔粪5～10 g，放入杯内，加入10倍量的水充分搅合，用纱布过滤，滤液静置20 min，弃去上层液，再加水与沉淀物重新搅合，静置。如此反复水洗沉淀物多次，直至上层液透明为止，最后弃去上清液，用吸管吸取沉淀物滴于载玻片上，加盖玻片镜检。

②漂浮法。取兔粪10 g，加少量的饱和盐水，用小棒将粪球捣碎，再加10倍量的饱和盐水搅匀，静置30 min，用直径5～10 mm的铁丝圈，与液面平行接触沾取表面液膜，抖落于载玻片上并加盖玻片，置于显微镜下检查。

2. 寄生虫虫体检查

(1) 蠕虫虫体检查。取兔粪10 g放于杯内，加10倍生理盐水，搅拌均匀，静置沉淀15 min，弃去上清液，保留沉渣，如此反复2或3次，挑取少量的沉渣放在黑色的背景上仔细寻找虫体。

(2) 线虫幼虫检查法。取兔粪数个放在培养皿内，加入适量的40 ℃温水，10 min后，取出粪球，将留下的液体放在低倍镜下检查。

(3) 兔螨检查法。其采集部位在动物健康皮肤和病变皮肤的交界处。采集时剪去该部的被毛，用经过消毒的外科刀，使刀刃和皮肤垂直用力刮取病料，一直刮到微微出血为止，把刀刮取的病料放在杯内，加适量5%～10%氢氧化钾溶液，微微加温，20 min后待皮屑溶解，取沉渣涂片镜检。

(六) 常用治疗方法

1. 注射法

(1) 皮下注射。选择皮肤松弛容易移动的部位施行皮

下注射。常用的部位有耳根后部、股内侧和腹下中线的两边。先在注射部位剪毛，用酒精或碘酒棉消毒，左手拇指、食指和中指提起皮肤呈三角形，右手沿三角形的基部刺入针头，把药液注射进去，看到有小泡鼓起，然后拔出针头，再用酒精棉球压迫针口片刻（图 8-4）。

图 8-4　皮下注射

（2）肌肉注射。选择肌肉丰满的部位，如颈部和臀部进行注射。剪毛后用酒精棉或碘酒棉消毒，垂直迅速地将针头刺入肌肉，回抽无回血时，再注入药液。当回抽时发现注射器内有回血时，应更换部位再注。注射完毕用酒精棉按压一下。

（3）静脉注射。注射部位在耳部外缘的耳静脉。由助手一人或两人固定住兔，剪毛消毒后，左手固定兔耳，以食指和中指压住耳边缘的回流血管，拇指和其他两指固定在耳朵的尖端，右手持注射器，针头斜面朝上，与耳静脉呈 30°角准确地刺入血管。如有回血，则轻轻地将药液注入，若不见回血，应轻轻地移动针头或重新刺入，必须见到回血方可注射药液。注射完毕后，用酒精棉球压住针口拔出针头。如果兔的血管过细，不便注射时，可用手指弹数次，使其扩张明显，再行注射。针头刺入血管前，须将针管内药液的气泡排除。注射时，发现针头接触处皮下有凸包或感觉注射阻力大，应拔出重新注射。如果注射的药量大，应加热到接近体温（图 8-5）。

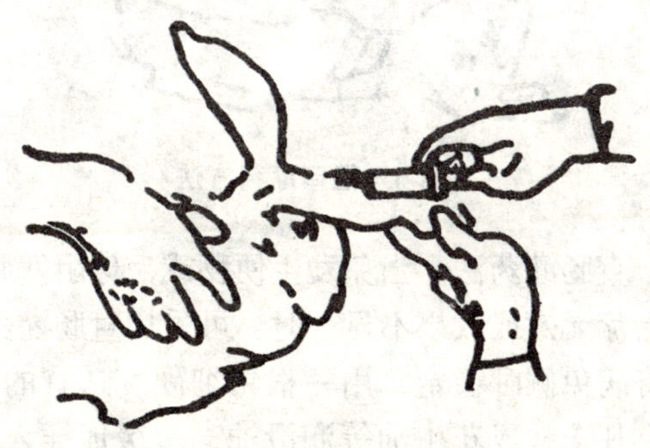

图 8-5　静脉注射

2．口服法

（1）自由采食法。对病情轻的兔，在药量少又无特殊气味的情况下，把药物碾碎拌入少量可口的精饲料中，让病兔自由采食。如果对几只病兔同时喂药时，应将药量分开拌入等量饲料后，进行单槽喂给。或按只数计算好药量，统一拌入饲料中，然后按量分开，单独喂给。防止集体下药，采食不均匀而造成浪费、过敏或中毒。

（2）灌药法。对病情重不能吃食的病兔或药物气味过大，应采取灌药方法。灌药的方法有两种：一种用汤匙灌，把药碾碎加水调匀后，设法将病兔的嘴张开灌药，然后给水；另一种用注射器灌，把药加水调匀后吸入注射器，左手握住病兔的嘴，右手缓缓推注射器活塞，注入药液，使病兔自行咽下（图 8-6）。

图 8-6　经口灌药方法

(3) 直肠灌药法。当兔发生便秘或毛球阻塞肠部，采用其他治疗无效或效果不显著时，可采用直肠灌药法。治疗时，将病兔侧卧稳定，用一根粗细硬度适宜的橡皮管，前端涂上凡士林或花生油等润滑油，缓缓地插入肛门内，在病兔不挣扎的情况下，继续向里延伸到一定深度，再把吸有药液的注射器接在橡皮管后端，把药液注入直肠内。采用此法注意药液不要过冷或过热，药液温度最好与兔的体温相近（图 8-7）。

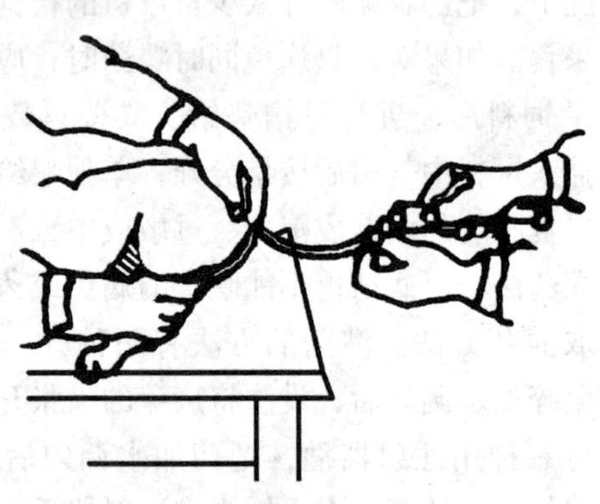

图 8-7　直肠灌药法

三、疾病防治

（一）传染病

1. 兔瘟　是由病毒引起的急性、败血性传染病，以全身主要器官出血为主要特征，发病率和死亡率极高，是危害獭兔生产最严重的疾病之一。

【病原】　病原为兔出血症病毒，呈球形。病兔体内以肝脏含毒量最高，其次是肺、脾、肾、肠道及淋巴结。该病毒对磺胺药及抗生素不敏感，对乙醚、酸性环境有抵抗力。

【流行特点】　本病只发生于兔，尤以长毛兔最易感，该病多发生于2月龄以上的青年兔，成年兔和哺乳母兔死亡率也较高，40日龄以下的仔兔较少发病。本病的传播途径主要是由带毒兔和健康兔接触感染，也可通过排泄物、分泌物等污染饲料、饮水、用具、空气等间接传播。该病一年四季均可发生，一般药物治疗无效，北方以冬春季多发，发病率和死亡率高。

【症状】　本病的潜伏期30～48 h，根据病型可分为：

最急性型　多见于非疫区或流行初期，常无任何症状或仅表现短暂的兴奋而突然倒地，抽搐死亡。

急性型　病兔精神沉郁，体温升高到41 ℃以上，食欲减少或不食，被毛粗乱，眼结膜潮红。软瘫，不时挣扎，高声尖叫，抽搐。部分病兔鼻孔流出带血的泡沫性液体，死后常呈角弓反张状。

慢性型　多发生于疫区和流行后期，病程长。病兔主要表现精神沉郁，食欲减退，渐进性消瘦，最后衰弱死亡。有部分发生耐过，表现生长缓慢。

【病理变化】 鼻腔、喉头和气管黏膜弥漫性充血、出血，鼻腔和气管内充满血染泡沫，肺常有大小不一的出血斑点，心包膜有点状出血，心肝肿大，呈土黄色或淡黄色，肾脏瘀血，皮质有出血点或出血斑，脾瘀血肿大，肠系膜淋巴结充血、出血。

【防治】 本病目前尚无有效的药物治疗，主要是控制疾病的蔓延。发病后要立即隔离病兔，病死兔一律深埋或销毁，用具、饲料槽等立即用0.1%菌疫杀进行消毒。未发病的应紧急免疫接种，平时要加强兔的饲养管理，并按免疫程序进行预防注射兔瘟疫苗，断奶后的兔每只皮下注射1 mL，1周后产生免疫力，免疫期半年，以后每半年免疫1次。

2. 巴氏杆菌病

【病原】 病原为多杀性巴氏杆菌，呈革兰氏阴性，细小、钝圆的短杆菌，无芽孢，鞭毛，两极着色，有荚膜。病菌存在于病兔的血液、内脏，病变部和外表健康兔的上呼吸道黏膜及扁桃体内，一般消毒药能杀灭之，对链霉素和氯霉素敏感。

【流行特点】 兔的巴氏杆菌病通常存在于健康兔的上呼吸道及消化道内。当兔的抵抗力强、外界环境良好时，不易致病。当外界环境恶劣、饲养管理不良、兔的抵抗力减弱时此菌乘机活动，引起兔发病。各种品种、年龄的兔，特别是幼年和瘦弱兔容易感染。一经发生，传播很快，如不及时隔离、治疗和消毒，将会传播整个兔群，造成严重死亡。本病在冬春季节最易发生和流行。

【症状】 兔巴氏杆菌表现多种多样，主要有以下几种类型：

(1) 全身性败血症。病兔精神委顿，对外界刺激反应迟钝，呼吸促迫，食欲不振，体温升高到41℃以上，鼻腔流出脓性分泌物；临死前体温下降，四肢抽搐，角弓反张，病程短的24 h内死亡，长的1～3天死亡。

(2) 传染性鼻炎。这是兔场常发的一种慢性巴氏杆菌病，病初表现为上呼吸道卡他性炎症，流出浆液性鼻液，后转为黏性或脓性鼻液，病兔常以爪擦鼻，常将病菌带到眼内、耳内或皮下，因而引起化脓性结膜炎、中耳炎、皮下脓肿、乳房炎等症。后期病兔精神不振，营养不良，消瘦衰竭而死。

(3) 中耳炎（斜颈病）。单纯的中耳炎。除从鼓室流出白色油状渗出物外，一般不表现其他症状。如果病菌扩散到内耳或脑部，会引起不同程度的斜颈，严重影响采食和饮水；如果扩散到脑膜或脑组织时，则出现神经症状，共济失调。

其他症状表现部分兔出血性结膜炎，公兔睾丸肿大，母兔子宫积脓。

【病理变化】 全身性败血症病理变化主要表现鼻黏膜充血、出血，有多量脓性分泌物，肺严重充血、出血，常呈水肿，心内外膜有出血斑点，肝变性，有坏死点，脾和淋巴结肿大并出血，有的黏膜有出血斑点，胸腔带有淡黄色积液。传染性鼻炎型的病变为鼻腔有炎症和渗出物，肺部、胸膜或胸壁常发生粘连。中耳炎型的病理变化表现为病初鼓膜和鼓室内壁红肺，严重鼓膜破裂，有脓性渗出物流出外耳道，病菌扩散到脑部有脑炎表现。

【防治】 坚持自繁自养，严格控制种兔来源加强饲养管理，提高兔群自身抗病力，发现病兔及时隔离、淘汰，杜绝传染源。新引起的兔必须隔离观察1个月，证明

无病后方能合群。

定期注射兔巴氏杆菌苗，每只兔皮下注射1 mL，免疫期半年。

药物治疗，具体方法如下：

(1) 20%磺胺嘧啶钠，每千克体重1 mL，首次量加倍，进行肌肉注射，每日2次，3天为一个疗程。

(2) 链霉素3万～5万 IU/只，肌肉注射，每日2次，连用5天。

(3) 青霉素40万 IU，注射水10 mL，混合滴鼻。

(4) 中药疗法。验方1：黄连、黄芩、黄柏、栀子各10 g。水煎服；验方2：金银花10 g、菊花6 g，水煎服；验方3：蒲公英20 g，菊花、赤芍各10 g，水煎服。

(5) 对局部脓肿，待局部脓肿成熟后，切开排脓，用过氧化氢水冲洗后涂抹消炎粉。

3. 魏氏梭菌病　本病又称魏氏梭菌性肠炎，是一种高度致病性的急性传染病，其特征为泻下大量水样或血样粪便，病兔因脱水而死亡。

【病原】　魏氏梭菌又称产气荚膜杆菌，革兰氏阳性，无鞭毛，有荚膜，芽孢呈卵圆形，属厌氧菌，能产生多种强烈毒素。一般魏氏梭菌可分为A、B、C、D、E、F等6型，引起家兔魏氏梭菌病的多为A型，普遍存在于土壤、粪便中。

【流行特点】　本病一年四季均可发生，冬春多见，主要发生于断奶后的仔兔、青年兔和成年兔。

长途运输，青饲料短缺，粗纤维含量低，饲料突然更换，饲喂高蛋白成分的精料，劣质鱼粉，长期饲喂抗生素常会诱发本病。本病通过消化道传播。

【症状】　本病潜伏期一般较短（几小时至24 h），少数可达 7 天以上。病兔精神沉郁，初期粪便变形、变软，很快转为带血的胶冻样或黑褐色稀粪、水样下痢，粪便腥臭，肛门周围、后肢、尾部被毛污染。多数病兔在当天或次日死亡，少数病例长达 1 个月。

【病理变化】 胃内积有食物和气体，胃底黏膜脱落，有出血点和溃疡灶，小肠充满气体，肠壁薄而透明，大肠黏膜出血，肝脏质地变脆，脾脏呈深褐色，膀胱无尿液。

【防治】

（1）加强饲养管理。日粮中的精料不宜过多，粗纤维量不可低于 14%。青饲料不可缺乏，以维持肠道正常菌群，保持合理饲养密度，减少应激。

（2）定期预防接种。成年兔每年春秋季各皮下注射 A 型魏氏梭菌灭活苗 1 次，断奶兔应立即注射疫苗。

（3）治疗。饲料中添加金霉素，每千克饲料为 0.01 g，肌肉注射卡那霉素，每千克体重 20 mg，每日 2 次，连用 3 天。在应用抗生素治疗的同时，还可静脉注射或腹腔注射 5% 葡萄糖生理盐水等对症治疗，肌肉注射维生素 B_{12} 辅助治疗，也可提高疗效。

4. 兔波氏杆菌病 兔波氏杆菌病是獭兔常见、多发、广泛传播的一种慢性呼吸道传染病，其特征是发生鼻炎和支气管肺炎。

【病原】 为支气管败血波氏杆菌，它是一种革兰氏阴性卵圆形至多形态的小杆菌，常呈两极染色。本菌抵抗力不强，常用消毒药物均对其有效。

【流行特点】 本病多发生于春秋两季。主要通过飞沫、空气中的水汽和尘埃经呼吸道传染，哺乳母兔也可由鼻端接触仔兔而经鼻腔传染。饲养管理条件恶劣、气候骤变、长途运输、抵抗力下降等诱发因素与本病的发生密切相关。

【症状】 仔兔多呈支气管肺炎型，表现食欲不振，不时喷嚏，鼻腔流出黏性、脓性液体，呼吸由促迫而变为困难。食欲不振，消瘦，经3～5天死亡。

成年兔多数为慢性鼻炎型。病初见于浆液性鼻液，打喷嚏，有时用前脚抓搔鼻部或表现摇头，拱笼，鼻腔黏膜潮红并附有黏液。继而转变为黏液性鼻炎，如果不及时治疗和护理，转归死亡。

【病理变化】 鼻腔内有浆液性、黏液性或脓性分泌物，鼻黏膜充血，肺有化脓烂，大小不一，数量不等，有时肝脏也有脓烂，脓性内积有乳白色黏稠脓汁。

【防治】 平时要加强饲养管理，隔离、剔除已感染的兔，定期用支气管败血波氏杆菌病灭活苗进行皮下注射，每年免疫2次。病兔可用氯霉素、庆大霉素、卡那霉素、链霉素和磺胺类药物治疗。

5. 葡萄球菌病 葡萄球菌病是由金黄色葡萄菌引起的器官组织发生化脓性炎症或全身性脓毒败血症。

【症原】 葡萄球菌为革兰氏阳性卵圆形的球形菌，对外界环境的抵抗力强，在干燥脓汁或血液中可存活数月，30 min方能杀死。在常用的消毒药中，以3%～5%石炭酸溶液消毒效果较好。

【流行特点】 兔对葡萄球菌很易感，可通过各种途径感染。

【症状与病理变化】 根据细菌侵入部位与在体内扩散的情况、体况可表现下列4种病型。

(1) 仔兔脓毒血症。仔兔在出生后2～3天，多处皮肤出现粟粒大白色脓肿，并迅速扩散，多数在2～5天发生败血症死亡。脓肿经治疗可慢慢吸收痊愈，脓疱瘦干结痂，自行脱落。

(2) 仔兔黄尿病。仔兔吸吮乳房炎母兔的乳而发病。一般全窝发生，仔兔肛门周围被毛潮湿、腥臭，病兔昏睡，体软，病程 2～3 天，死亡率高。剖检时小肠有出血性肠炎变化。

(3) 乳房炎。急性病兔乳房发热，红肿，体温过高，不安。拒哺乳，随后乳房呈紫红或蓝紫色肿胀。慢性病例仅表现乳房局部发硬，逐渐肿大，随后形成软的脓肿。

(4) 脚皮炎。脚掌皮肤出现红斑、脱毛、化脓、破溃后形成经久不愈、易出血的溃疡并结痂。病兔不愿活动，食欲减退、消瘦。

【防治】

(1) 加强饲养管理。兔舍、兔笼、运动场等必须保持清洁卫生，除去锋利物品，以免引起兔外伤。公母兔和仔兔分开饲养。

(2) 局部治疗。用外科手术排脓和清除坏死组织，用 0.1% 高锰酸钾溶液清洗，再用碘酒、红霉素软膏等进行患部涂擦。

(3) 全身药物治疗。肌肉注射毒霉素，每千克体重 2 万～4 万 IU，每日 2 次，连用 3～5 天；庆大霉素肌肉注射，每千克体重 2 万～4 万 IU；卡那霉素，每千克体重 5～15 mg 肌肉注射。

6. 沙门氏杆菌病

【病原】 为鼠伤寒沙门氏菌和肠炎沙门氏菌，它是一种革兰氏阴性的卵圆形小杆菌。沙门氏菌广泛分布于自然界，本菌对外界的抵抗力较强，在干燥环境能存活 1 个月，对消毒液的抵抗力不强，3% 来苏儿几分钟可将其杀死。

【流行特点】 本病主要是通过消化道感染，幼兔也可通过子宫和脐带感染。怀孕母兔和幼兔发病率、死亡率高。

【症状】 本病根据症状的不同可分为：

(1) 腹泻性。主要发生于断奶后的仔兔，多数病兔体温升高到41.5℃左右，食欲不振，精神沉郁、粪便为白色或淡黄色稀粪，病兔消瘦。

(2) 流产型。多数发生于兔妊娠1个月左右，孕兔阴道流出脓性分泌物，母兔流产后多数死亡，康复者很难再受孕。

【病理变化】 小肠和盲肠有粟粒大浅灰色结节，有些地方黏膜脱落溃疡并有黄色凝块状物，肠膜充血，病变部位肠壁变厚，急性病例常在胸腔，腹腔的脏器表面和浆膜面常有点状出血。流产的母兔子宫肿大，子宫壁增厚，子宫黏膜和阴道潮红，子宫黏膜有出血，溃疡，胎儿发育不完全或木乃伊变性。

【防治】

(1) 预防。保持饲料、饮水、垫料及兔舍地面清洁卫生，防止病菌污染。发现病兔立即隔离治疗，严重的要坚决淘汰、深埋，用具彻底消毒。

(2) 治疗。庆大霉素，每千克2万～4万 IU 肌肉注射，每日2次，连用3天；链霉素，每次10万 IU 肌肉注射，每日2次，连用3天，此外还可用土霉素、氯霉素、环丙沙星、恩诺沙星等。

7. 大肠杆菌病 本病又称黏液性肠炎，是一种暴发性，死亡率很高的仔、幼兔肠道传染病，以水样或胶冻样腹泻和严重的脱水死亡为特征。

【病原】 本病的病原为革兰氏阴性卵圆形杆菌。本菌对外界的抵抗力中等，在水中能生存数周，一般消毒药能将其迅速杀死。

【流行特点】 本病流行无季节性，以春冬季多发生，常与饲养管理、气候等因素密切相关，感染途径为消化道，1～4 月龄幼兔易感。

【症状】 临床上以下痢和流涎为主要症状，多数病兔初期精神沉郁，被毛粗乱，腹部膨大，1～2 天后病兔剧烈腹泻，排出黄色水样稀粪，四肢发冷、流涎、磨牙，由于脱水，体重减轻，机体消瘦，最后衰竭死亡。

【病理变化】 胃、十二指肠常充满气体和黏液状液体，空肠和直肠充满黏液性胶样粪便，肠道黏膜普遍充血、出血和水肿。

【防治】

(1) 预防。断奶前后仔兔的饲料必须逐渐更换，不能突然改变，搞好兔舍卫生，减少应激。在发病兔场，可从本场病兔中分离出大肠杆菌制成活疫苗进行皮下注射。

(2) 治疗。口服土霉素，每千克体重 20～50 mg，每日 2 次，连服 3 天；磺胺脒，每千克体重 0.1～0.2 g，每日 2 次，连用 4 天，氯霉素 50～100 mg 肌肉注射，每日 2 次，连用 3 天。

8. 李氏杆菌病　本病是人、畜共患的传染病，是以突然死亡流产、出血性坏死性子宫炎和脑膜炎为特征的散发性传染病。

【病原】 该病的病原体是李氏杆菌，是革兰氏阳性的细长小杆菌，对周围环境的抵抗力很强，在土壤、粪便中能生存很长时间，但常用的消毒药能将其杀死。

【流行特点】 各种年龄的兔都可感染，尤以幼兔最常发病，多发生于春秋两季，缺乏青饲料、天气骤变是重

要的诱发因素。病兔的分泌物和排泄物是本病的传染源，传播途径是消化道、呼吸道、眼结膜和创伤的皮肤。

【症状】 潜伏期2～8天，败血型常见，幼兔常突然死亡，可见的症状为精神沉郁，食欲废绝，体重减轻，口吐白沫；当细菌侵害中枢神经系统时，表现转圈，头偏向一侧，无目的前冲，痉挛。成年兔多呈慢性经过，主要表现精神委顿，食欲减退，消瘦，妊娠母兔发生流产，从阴道流出红色或棕色分泌物。

【病理变化】 肝脏可见白色或土黄色的坏死小灶、胸、腹腔积液，淋巴结肿大，肺水肿，有些病兔的脑或脑膜充血、出血、水肿、流产母兔子宫内膜充血、出血乃至坏死。

【防治】 平时要注意灭鼠，不要从疫区引进种兔，发病时应隔离治疗，做好消毒工作，治疗可试用磺胺嘧啶等药物。

9. *兔密螺旋体病* 兔密螺旋体病又称兔梅素，是引起兔的一种以外生殖器皮肤及黏膜发生炎症、结节和溃疡为特征的慢性传染病。

【病原】 该病病原为密螺旋体，它是一种革兰氏阴性的纤细螺旋状微生物，本菌抵抗力不强，3%来苏儿、2%氢氧化钠能很快将其杀死。

【流行特点】 本病为兔的专性传染病，除獭兔和野兔外，其他动物不感染。主要通过交配经生殖器传染，多见于性成熟的成年兔，幼兔少见。病兔所污染的垫草、饲料和用具是重要的传播媒介，局部损伤可增加感染机会。

【症状和病理变化】 病初可见外生殖器红肿，继而有微细的结节和水泡出现，随后肿胀表面有浆液性渗出物，形成棕色痂皮。当痂皮脱落时露出溃疡面，创面湿润，稍凹下，边缘不整齐，容易出血。病母兔阴唇红肿，同时流出分泌物，病公兔阴茎红肿，包皮上有大小不等的灰白色结节，严重的形成溃疡。患病公兔不影响性欲，母兔则屡配不孕或受胎率低。

【防治】

(1) 预防。对引进兔在隔离下观察检查，以免病兔混入，在配种前对种兔作一次详细的临床检查，健康者方准配种；所有病兔可疑兔作淘汰处理，彻底清除污物，笼具、地面用1%～2%氢氧化钠消毒。

(2) 治疗。早期使用新胂凡纳明，每千克体重40～60 mg，用蒸馏水配成5%溶液静脉注射，必要时隔2周再注射1次；肌肉注射青霉素，每只20万IU，连用5天。局部清洗消毒再涂上碘甘油或红霉素软膏。

10．*坏死杆菌病*　坏死杆菌病是由坏死杆菌引起的一种散发性传染病。本病特征为坏死性口炎，有些在消化道和内脏器官形成转移性坏死灶。

【流行特点】　本病主要经皮肤和黏膜外伤感染，幼兔比成年兔易感。

【症状】　初期体温升高，流涎，口黏膜红肿，形成假膜，如果发生在咽喉时，出现颌下水肿，呕吐，吞咽和呼吸困难。有的在颈部面部等处的皮下组织发生坏死性炎症，形成脓肿或溃疡，病灶破溃后流出恶臭的分泌物、病程较长，最后常衰竭而死。

【防治】

(1) 预防。平时要加强饲养管理，避免皮肤黏膜损伤，如有病兔应立即隔离治疗或淘汰，并做好消毒工作。

(2) 治疗。把局部坏死皮肤切开，并清除坏死组织，

然后用0.1%高锰酸钾冲洗，肌肉注射青霉素，每次20万IU，每日2次，连用3天。

11．传染性口炎　是由水泡性口炎病毒引起的，以口腔黏膜形成小水泡为特征的急性传染病。

【病原】　本病的病原为水疱性口炎病毒，属于弹状病毒科，水疱病毒属，主要存在于病兔的水疱液、水疱皮及局部的淋巴结内。

【流行特点】　本病主要发生于春秋两季，主要危害1～3月龄幼兔，传染途径为消化道。饲养管理不当，饲喂霉烂饲料，口腔损伤等可诱发本病。

【症状】　病兔食欲减退，日渐消瘦，初期口腔黏膜潮红，继而在唇、舌、硬腭及口腔黏膜出现大小不等的水泡，水泡破溃后形成烂斑、溃疡，同时大量流涎。

【病变】　特征性病变是口腔黏膜上有小水泡，同时可观察到溃疡灶、咽、喉部有大量的泡沫样液体。

【防治】

（1）预防。加强饲养管理，防止口腔发生外伤，发现病兔及时隔离、消毒。

（2）治疗。对于口腔有水泡和溃疡，可用0.1%高锰酸钾，2%～3%硼酸冲洗，再涂上碘甘油。预防和治疗继发性细菌感染可口服磺胺二甲基嘧啶，每千克体重0.1 g，每日1次，连用3天。

12．兔肺炎球菌病　是由肺炎链球菌引起的，以肺炎为特征的呼吸道传染病。

【病原】　本病病原体为肺炎双球菌，革兰氏染色阳性，菌体呈矛状，即两个菌体细胞平面相对，尖端向外。本菌抵抗力不强，热和消毒药能很快将其杀死。

【流行特点】　本病主要发生于春末夏初，可经呼吸道、胃肠道和胎盘感染。各种性别、年龄的兔均易感。

【症状】 主要表现精神沉郁，体温升高，咳嗽，流鼻涕。怀孕母兔可能会发生流产，未流产母兔可产弱兔。

【病理变化】 气管黏膜充出血，管腔内有粉红色黏液或纤维素性渗出物。肺有大片的出血斑和水肿，有纤维素性胸膜炎和心包炎，心包和肺或胸膜之间发生粘连，胸腔积有血红色渗出物。肝、脾肿大，若发生流产，可见子宫和阴道黏膜病变。

【防治】

(1) 预防。加强饲养管理，搞好兔场卫生，一旦发现病兔及可疑病兔，应立即隔离治疗。

(2) 治疗。肌肉注射青霉素，每千克体重 4 万 IU，每日 2 次，连用 3 天。此外，还可用环丙沙星、卡那霉素、丁胺卡那霉素、先锋霉素。

13. 兔痘 是兔的一种高度接触性传染的致死性传染病，其特征是鼻腔、结膜渗出液增加和皮肤红疹。

【病原】 该病原体为兔疫病毒，主要存在于病兔的肺、肝、脾、血液之中。病毒对冷及干燥的抵抗力强，在干燥的痂皮中能存在 6~8 周。对热、直射阳光和碱敏感，多数常用消毒药将其杀死。

【流行特点】 本病毒的毒力极强，可通过眼、鼻分泌物经空气传递给易感兔，在兔群中传播极为迅速。各种年龄均可发病，尤以幼兔、孕兔发病时死亡率高。

【临床症状】 初期发热，体温升至 41℃，流鼻液，呼吸困难。腹股沟、胸淋巴结肿大而坚硬。皮肤以后逐渐出现红斑，发展为丘疹，丘疹干燥结痂。症疹分布于全身皮肤、眼鼻腔和口腔黏膜，引起眼羞明、流泪，常继发支气管炎、喉炎、鼻炎、胃肠炎等，有时会引起腹泻和孕兔

流产。病后1~2周发生死亡。最急性病例常常只表现体温升高，不食和眼睑炎症，而无皮肤痘疹。

【病理变化】 主要病变是皮肤痘疹，病变皮肤及口腔黏膜水肿、出血和局灶性坏死。心脏有灶性损害，肺脏布满小的灰白色结节，呈弥漫性肺炎及灶性坏死。肝脏肿大，呈黄色，有许多灰白色结节和小的坏死区。脾脏肿大，有灶性结节和小坏死区。睾丸水肿和坏死，子宫布满白色结节，有些发生灶性脓肿，肾上腺、甲状腺、胸腺和唾液都有坏死灶。

【防治】 加强平时的卫生防疫工作，防止引入病原，当大群兔受到兔痘威胁时，可用牛痘苗作预防接种，同时对发病的兔进行适当对症治疗。

14．仔兔轮状病毒病　本病是由病毒引起的仔兔一种肠道传染病，其特征表现为腹泻。

【病原】 该病的病原为轮状病毒，属于呼肠孤病毒科、轮状病毒属，病毒颗粒呈圆形。

【流行特点】 患病仔兔及隐性感染兔是本病的主要传染源，病毒主要存在于兔的肠道内容物，随粪便排出后，污染周围的环境，通过消化道途径侵入易感兔体内。本病主要发生于2~6周龄的仔兔，其中4~6周龄最易感，症状较严重，死亡率较高，青年兔和成年兔常呈隐性感染而带毒。该病在兔群中呈突然发生传播迅速。本病毒对外界环境的抵抗力强，所以本病在兔群中一旦流行，将连年发生而不易根除。

【症状】 青年兔和成年兔一般不表现症状，只有少量短暂的食欲下降或排软粪。幼兔发病时常常呈昏睡状，食欲下降或废绝、排出半流质或水样粪便。病兔的会阴或后肢的被毛都粘有粪便，随着病程的延长，病兔常表现眼球凹陷，消瘦、皮肤弹性下降等症状，体温不高，多数病兔在腹泻后3天左右死亡，仅有少数可逐渐康复。

【病理变化】 肠黏膜变性、坏死和黏膜脱落，小肠明显的充血、膨胀，某些肠段的黏膜固有层或下层轻度水肿。

【防治】 发病后要立即隔离病兔，并采取投服收敛止泻药，静脉注射葡萄糖，内服或肌肉注射抗生素，以防止继发感染等措施进行对症治疗。严禁从有本病流行的兔场引进种兔，坚持自繁自养，另外可制灭活苗免疫母兔，保护原兔场存兔。

15．兔链球菌病　是一种由溶血性链球菌引起的仔兔急性败血症，以下痢为特征。

【病原】 本病主要由溶血性链球菌引起。

【流行特点】 本病一年四季均可发生，尤以春秋两季多见，病兔和带菌兔是主要的传染源，病原菌随分泌物和排泄物污染饲料、饮水、空气等，经健康兔的上呼吸道黏膜或扁桃体而感染。

【症状】 患兔表现体温升高，精神沉郁，食欲废绝，呼吸困难，时有下痢，常因脓毒败血症而死亡，有的致病性链球病还可引起中耳炎，病兔表现歪头，行动滚转。

【病理变化】 皮下组织呈出血性浆液浸润，脾脏肿大，肠黏膜弥漫性出血，肝和肾脂肪变性，肺脏暗红灰白色，常伴发胸膜肺炎。

【鉴别诊断】

（1）与兔葡萄球菌病。葡萄球菌常使各个器官形成脓性，将脓汁涂片染色镜检可见革兰氏阳性葡萄串状排列的球菌，进行接种培养，如菌落细小、半透明、灰白色的为链球菌；如菌落大，呈金黄色的为葡萄球菌。

（2）兔肺炎球菌病。肺炎球菌病多以肺水肿、脓肿、纤维素性胸膜炎和心包炎为特征。

【防治】

（1）预防。加强兔群的饲养管理，防止受凉感冒。当兔群发病时，要及时搞好封锁、隔离消毒等防疫工作。

（2）治疗。用青霉素，每兔5万～10万 IU进行肌肉注射，每日2次，连用3天；磺胺嘧啶钠，按每千克体重0.2～0.3 g进行肌肉注射，每日2次，连用4天。如果发生脓肿的，可切开排脓。每日用0.1%高锰酸钾冲洗，并涂上碘酒。

16. 野兔热　是一种人、畜共患的急性、热性、败血性传染病，以体温升高、淋巴结肿大、脾和其他内脏坏死为特征。

【病原】　本病病原为土拉伦斯杆菌，是一种革兰氏阴性，多形态细菌。该菌对自然环境的抵抗力强。在土壤、水等中可存活数十天，对热和化学消毒剂抵抗力弱。

【流行特点】　本病常呈地方性流行，兔体抵抗力降低时易引起大流行。野生啮齿动物是本菌的自然贮存宿主，是主要的传染来源，经消化道、呼吸道、损伤的皮肤和黏膜而感染。该病多发生于春末夏初。

【临床症状】　少数病兔表现为急性型，常不出现症状而突然死亡，个别病兔在临死亡前出现运动失调和食欲废绝。多数病例表现鼻发炎，下颌、颈部及腋下等淋巴结肿胀、发硬及化脓。体温升高1～1.5 ℃，食欲下降，逐渐消瘦和衰竭。

【病理变化】　急性死亡的兔，常看不到典型病变。慢性死亡的兔淋巴结显著肿大，深红色，有针头大灰白色干酪样坏死灶，脾脏肿大，呈暗红色，有点状白色病灶，肝脏肿大，有粟粒大的坏死灶。肺充血，有实变区。

【防治】

（1）预防。兔场不要从疫区引起种兔，发现病兔要及时隔离治疗，无治疗效果的扑杀处理。尸体及分泌物和排泄物要深埋或烧毁，对兔舍、兔笼、工具等用3%来苏儿或1%～3%火碱水消毒，要消灭鼠类，杀灭吸血节肢动物和体外寄生虫。本病对人有危害，要注意个人卫生、防止感染。

（2）治疗。本病的治疗以链霉素最有效，按每千克体重20 mg肌肉注射，每日2次，连用4天。土霉素按每千克体重20 mg，用溶媒溶解后肌肉注射，每日2次，连用3天。卡那霉素，每千克体重10～30 mg肌肉注射，每日2次，连用4天。本病后期治疗效果不理想。

17. 兔结核病　是一种慢性传染病，其特征为病兔的肺、肝、肾、脾、淋巴结等发生肉芽肿性炎症。

【病原】　兔的结核病主要由牛型结核杆菌引起，禽型和人型结核杆菌也能引起，但较少见。该菌为分支杆菌属，革兰氏阳性，直或微弯的细长杆菌，本病对外界的抵抗力强，在土壤中可存活7个月，在水中存活5个月，不怕干燥和湿润，但对温度比较敏感，80℃ 5～10 min可被杀死，一般的消毒药如10%漂白粉，3%甲醛等均有效。

【流行特点】　本病流行广泛，多种动物及人均可感染。兔结核病主要通过飞沫经呼吸道感染，也可通过饲料和饮水经消化道感染，有时也通过交配、皮肤外伤、断脐等感染。

【症状】　病兔被毛粗乱，消瘦，贫血，食欲不振，

咳嗽，气喘，体温升高。肠结核时出现腹泻。有的病例会出现骨骼畸形，关节肿大。

【病理变化】 尸体消瘦，肺、肝、肾、腹膜、心包、肠系膜淋巴结和支气管淋巴结有大小不等的结节，结节中心有坏死干酪样物，外面包着一层纤维组织的包膜。肺结节联合成腔而形成空洞。

【鉴别诊断】 与兔伪结核病的区别，兔的伪结核病主要在盲肠蚓突和圆囊浆膜下有乳脂样结节。个别病兔脾脏也有结节，结节内容物为灰白色乳脂样物。把病料接种在麦康凯培养基上，结核杆菌不能在该培养基上生长，伪结核耶新氏杆菌则能在该培养基上生长。

【防治】

(1) 预防。要加强饲养管理，新引进的兔，须隔离观察 1 个月以上，经检疫健康兔，方可进入兔场。兔舍要保持清洁，定期消毒兔笼、兔舍和用具等。发现病兔要立即淘汰，污染场所彻底消毒，严格控制传染源就可保持兔群的健康。

(2) 治疗。该病的治疗意义不大，一般不采取措施，如为名贵种兔需要治疗时，可用链霉素肌肉注射，每千克体重 3 万 IU，每日 2 次，连用 1 周。

18. *兔伪结核病* 本病是由伪结核耶新氏杆菌引起的一种慢性消耗性传染病。病的特征为肠道、内脏器官和淋巴结出现干酪样坏死结节。

【病原】 伪结核耶新氏杆菌，呈多形态的球状小杆菌，革兰氏染色为阴性，无荚膜，有鞭毛，不产生芽孢，内脏器官角片美蓝染色多呈两极染色，在普通培养基、鲜血琼脂及麦康凯琼脂上均能生长。

【流行特点】 传染途径主要是消化道，也可经皮肤、呼吸道和交配传染。啮齿动物是自然贮存宿主和传染源。兔营养不良、环境卫生条件差、寄生虫病等可促使本病发生。本病多发于冬春寒冷季节，常常为散发，有时也引起地方性流行。

【症状】 少数病例呈急性败血症经过，表现体温升高。精神沉郁，呼吸困难，食欲废绝。多数病兔表现为慢性下痢，食欲下降，精神委顿，逐渐消瘦，被毛粗乱，后期极度虚弱。病程到一定程度进行腹部触诊可感到肿大的肠系膜淋巴结和肿硬的蚓突。

【病理变化】 慢性病例死亡的獭兔常见在盲肠的蚓突肥厚，肿大如小香肠，肝、脾、肾、肺等处有无数灰白色干酪样小结节。脾肿大，肠系膜淋巴结肿大，有灰白色坏死灶。浅表的结节可突出于器官的表面。

【鉴别诊断】

（1）与兔结核病。见兔结核病的鉴别诊断。

（2）与兔球虫病。急性肠球虫病患兔，肠黏膜增厚、充血、小肠充满大量的黏液和气体，慢性肠球虫病患兔，肠黏膜有灰白色的小结节，但盲肠蚓突等不肿大，肾、肝、脾、肠系膜淋巴结无病变，取病料显微镜检查，可发现球虫的卵囊。

【防治】 发病初期，用抗菌素治疗有一定疗效。如用卡那霉素，每只兔用 150～200 mg，肌肉注射，每日 2 次，连用 4 天。链霉素，每千克体重 20 mg，肌肉注射，每日 2 次，连用 3～5 天。也可用氯霉素、磺胺类药物治疗。

19. *兔泰泽氏病* 是由在细胞浆内生长的毛发状芽孢杆菌引起的一种传染病。病的特征为严重下痢，排水样或黏液样粪便，脱水并迅速死亡。

【病原】 毛发样芽孢杆菌呈细长杆状体，革兰氏染色为阴性，周身有密毛，并且有运动性，该菌对外界的抵抗力强，在土壤里可生存10年以上。

【流行特点】 本病主要通过被污染的饲料，饮水经消化道感染，也可通过胎盘传染。主要侵害3～12周龄兔，断奶前的仔兔和成年兔也能发病。环境温度过高、饲养密度过大等应激因素均可引起发病。

【症状】 病兔表现精神沉郁，食欲废绝，剧烈腹泻，粪便呈褐色糊状，迅速脱水，发病急，常在出现临床症状后12～24 h急性死亡。耐过的病兔长期食欲不振，生长发育迟滞。

【病理变化】 盲肠、结肠浆膜、黏膜弥漫性充血、出血，肠壁水肿，盲肠充满气体和褐色黏状内容物，蚓突有暗红色坏死灶。慢性病例肠管变窄；严重病例，肝脏肿大，肝表面和切面有灰黄色，针尖大到米粒大坏死点。

【防治】

(1) 预防。注意改善饲养管理，搞好卫生防疫措施，减少应激因素的发生，在饲料或饮水中添加土霉素能起到一定的控制作用。发现病兔要立即隔离，兔舍要全面的消毒，粪便等要发酵或焚烧处理。

(2) 治疗。可用0.01％土霉素饮水，金霉素每千克体重40 mg耳静脉注射。青霉素每千克体重2万～4万IU肌肉注射，每日2次，连用4天；链霉素每千克体重20 mg肌肉注射，每日2次，连用3～5天。

20. *兔黏液瘤病* 是一种高度接触性，致死性传染病，其特征是全身皮下尤其是颜面部和天然孔周围皮下发生黏液瘤性肿胀。

【病原】 该病的病原为黏液瘤病病毒，主要在于病兔的眼眵和病变部皮肤的渗出液中，病毒对干燥环境抵抗力强，在干燥环境可存活3周。本病毒对高锰酸钾、石炭酸有较强的抵抗力。用4%烧碱和3%甲醛有较好的消毒效果。

【流行特点】 本病毒只引起兔科动物发病。病毒通过蚊、虱子、疥螨等媒介动物的口器机械传递，或通过接触病兔的污染物而感染，该病主要发生于初夏。

【症状】 病兔的眼睑皮下肿胀并伴有高度的结膜炎，两眼流出黏液性的或脓性的分泌物，肛门、生殖器、口和鼻孔周围发炎、水肿。因皮下组织黏液性水肿使皮肤皱起，头部呈“狮子头”。有的在会阴部等处的皮肤和皮下出现凸起而结实的结块，通常在10天后死亡；康复的公兔常因睾丸和外部生殖器受侵害而丧失配种能力。

【病理变化】 主要的病变是皮肤肿瘤，皮肤及皮下显著水肿，天然孔及颜面部尤为明显。皮肤出血，胃和肠浆膜下有瘀血点和瘀血斑，脾脏肿大，淋巴结肿大、出血，心内外膜出血。

【防治】 应禁止从有该病的国家进口种兔及未经消毒的兔产品。如兔群一旦发生此病，应坚决采取扑杀、消毒及烧毁等措施。对假定健康群的兔或受威胁地区要用疫苗进行紧急免疫接种。

（二）兔寄生虫病

1．球虫病　兔球虫病是一种常见而危害严重的体内寄生虫病，患兔生长发育受阻，甚至大批死亡。

【发病特点】 本病分布极广，多发生于温暖多雨季节，营养不良，卫生条件恶劣易促成本病发生和传播，对断奶后到4～5月龄的兔感染严重，成年兔呈隐性感染，

带虫成年兔也是重要的传染源。感染途径为消化道。

【症状】 兔球虫病可分为肠型、肝型和混合型3类，实际所见多属于混合型。病初食欲减退或废绝，精神沉郁，伏卧不动，生长停滞，体温升高，有些病兔交替出现黄染、便秘和腹泻，肠型的病兔呈顽固性下痢乃至血便。有时伴发鼻炎、结膜炎，腹部膨大，触摸有痛感。病后常出现四肢痉挛、麻痹，尤以幼兔病例多见。耐过的病兔表现消瘦，生长缓慢。

【病理变化】 肝球虫可见肝肿大，肝表面可见粟粒大小白色微黄结节，切开流出白色脓汁，取结节压片镜检，可见到各发育阶段的球虫。肠球虫病可见肠壁血管充血，肠壁增厚，黏膜卡他性炎症，小肠充满气体和红色黏液，黏膜有许多小而硬的白色结节，内含卵囊。

【防治】

(1) 预防。兔场要建立在高燥的地方，保证饲料新鲜、清洁卫生，粪便及一切用具要消毒，幼兔和成年兔分笼饲养。在球虫的高发季节，定期进行药物预防。引进兔要进行检疫，非感染兔方能混群饲养。

(2) 治疗。氯苯胍，每千克饲料加300 mg混饲，连用7天；磺胺喹噁啉钠，每千克饲料加300 mg，连用2周；磺胺二甲嘧啶，每千克体重0.2 g内服，每日1次，连用3~5天。

2. *兔疥癣病* 是由兔疥螨和痒螨寄生于兔的体表而引起的一种慢性接触性皮肤病。

【发病特点】 本病多发生于秋冬季节，阴雨潮湿时最易蔓延，发病最烈。传染源主要是病兔及被病兔污染的环境、兔舍、用具等。通过健康兔与病兔的直接接触或通过兔舍、用具等途径间接接触传播。

【症状】 疥螨病一般从鼻端开始，蔓延到眼圈、上唇、下颌、脚爪，甚至全身。患处奇痒，病兔常用嘴啃脚部或用脚搔抓嘴、鼻等，引起患部皮肤损伤、发炎、溃疡，溃疡面干涸后形成灰白色痂块。随病程发展，患部脱毛；皮肤增厚，龟裂。病兔食欲减退，消瘦，贫血，最终衰竭而死。

痒螨病患病部位主要在外耳道，引起剧烈的外耳道炎，渗出物干燥呈黄色痂皮，塞满耳道。病兔耳朵下垂，不断摇头和用脚抓痒。如果螨虫侵害病兔脑部，会引起癫痫发作或歪脖。

【防治】

(1) 预防。兔舍要建在干燥向阳的地方，要经常清理粪便，勤换垫草，控制适当的饲养密度。污染场地可用0.3%除虫菊脂或0.2%杀虫脒喷洒，发现病兔要及时隔离。

(2) 治疗。可用灭虫丁，每千克体重0.02～0.04 mg皮下注射，7天后再注射1次，重症隔7天再注射1次；也可用虫克星，用前可用生理盐水作10倍稀释，然后按每千克体重0.2 mL稀释液皮下注射。患部用药可先进行剪毛，去痂皮，再涂上0.05%双甲脒乳剂或2%敌百虫等。

3. 兔虱病　是一种寄生于兔体表的慢性体外寄生虫病。

【症状】 兔虱以尖锐的口器穿刺兔的皮肤吸血，并在叮咬时分泌出一种有毒性的唾液，刺激皮肤末梢神经，因而引起发痒。病兔表现不安，用嘴巴啃咬或摩擦，出现脱毛、脱皮、皮肤增厚和皮炎等症状，病兔常表现食欲减退，消瘦，被毛粗乱，抗病力下降。用手拨开病兔被毛，

用眼即可看到黑色小虱和淡黄色虱卵。

【防治】

(1) 预防。加强饲养管理，保持兔舍干燥、通风、清洁，经常定期检查兔群，发现病兔应及时隔离治疗。

(2) 治疗。用0.05%双甲脒进行喷洒或涂擦，7～10天后重复1次；0.5%～1%敌百虫涂擦患部或喷洒灭虱；也可用70%杀灭菊酯5 000倍液稀释后涂擦。

4. *肝片吸虫病* 本病是一种分布较广的体内寄生虫病，特别是以饲喂水生青饲料为主的兔群易发。

【症状】 饲喂水生饲草或沟塘、河边青草的兔，可能感染发病。感染后病兔一般表现为食欲减退，消瘦，贫血，衰弱，有时发热和出现黄疸，严重者会引起眼睑，颌下、胸腹下出现水肿，患兔常在极度消瘦和衰竭情况下死亡。

【病理变化】 机体消瘦：肝脏病变区实质萎缩变硬，呈土黄色，胆管粗大，凸出于肝脏表面，管壁厚而硬，黏膜面粗糙。挤压可流出污秽的棕绿色胆汁和肝片形吸虫，腹腔液体增多。

【防治】

(1) 预防。定期驱虫：凡饲喂青饲料为主的兔，每年进行2次驱虫；粪便生物热发酵处理；严禁饲喂水生的饲草或河塘边的青草。

(2) 治疗。丙硫咪唑，每千克体重10～15 mg内服；硫双二氯酚（别丁），每千克体重50～70 mg内服。

5. *弓形虫病* 是一种人、畜共患的原虫病，各种兔均可感染。

【病原体】 弓形虫的发育需要2个宿主，终末宿主为猫，在猫小肠上皮细胞内进行裂体增殖和配子生殖，最后形成卵囊随猫粪排出体外。卵囊在外界环境中经过孢子增殖发育为含有2个孢子囊的感染性卵囊。弓形虫的中间宿主有哺乳类、鸟类、爬行类，人和猫也可作为中间宿主，在中间宿主体内，虫体可通过淋巴血液循环到全身有核细胞内进行无性繁殖，产生许多滋养体（速殖子），有时滋养体簇集在一个囊内（又称假囊），当宿主产生了免疫力或在其他因素的影响下，虫体繁殖速度减缓时，一部分滋养体被消灭，另一部分滋养体则在宿主的脑和肌肉组织等处形成包囊。

动物吃了猫粪中的感染性卵囊或含有弓形虫滋养体或包囊的中间宿主的肉、内脏、渗出物、排泄物和乳汁而被感染。滋养体还可通过皮肤黏膜感染，也可以通过胎盘感染胎儿。兔饲料被含有大量弓形虫卵囊的猫粪污染，是兔场弓形虫病暴发流行的主要原因。

【症状】 急性主要发生于仔兔，表现为发热，食欲废绝，呼吸困难，眼、鼻有分泌物，后期运动失调。慢性常见于老龄兔，表现为食欲下降，消瘦，贫血，中枢神经症状为后躯麻痹。隐性型常不表现临床症状。

【病理变化】 急性病例主要病变为肺、淋巴结、脾、肝坏死，有大量的灰白色坏死灶及出血点，胸、腹腔积液，肠内膜出血甚至溃疡。慢性型主要病变为内脏器官水肿，有散在的坏死灶。隐性型病变有肉芽肿性，脑炎及非化脓性脑膜炎。

【防治】

（1）预防。防止本病的发生主要应防止猫粪污染饲草、饮水和饲料，同时要消灭鼠粪。发现病兔要及时隔离治疗，病死兔的尸体要深埋或焚烧。防止兔食人未经煮熟的屠宰废弃物。因弓形虫是人、畜共患病，饲养人员在接

触病兔尸体、生肉时要注意防护，严格消毒。

(2) 治疗。磺胺类药物对本病有较好的治疗效果，能与磺胺增效剂联合用药效果更好。如磺胺嘧啶按每千克体重 70 mg，加三甲氧苄氨嘧啶按每千克 14 mg 同服，首次量加倍，每日 2 次，连服 3～5 天。

6. 日本血吸虫病　是人、畜共患的寄生虫病，该病流行于整个长江流域。它的宿主广泛，各种家畜和野生哺乳动物大多可以感染。家兔一般均为圈养和笼养，因此在自然情况下感染血吸虫病的机会较少。在疫区，感染途径可能是吃食了带有含尾蚴的青草，尾蚴经唇部皮肤或口腔黏膜侵入而感染。

【病原体】　日本血吸虫，雌雄异体，虫体呈线形，雄虫短粗，为（10～22）mm×0.5 mm，有口吸盘和腹吸盘，自腹吸盘后部体壁向腹面卷折形成抱雌沟，在寄生状态时雌雄合抱在一起。雌虫外观形态和雄虫相似，但比雄虫略长些。

虫体寄生于门脉系统，雌雄交配后产生的虫卵一部分顺血流到达肝脏，在肝脏形成虫卵肉芽肿，另一部分逆血流到达肠壁，并通过肠壁进入肠腔，随粪便排出体外。虫卵在水中孵出毛蚴，毛蚴最后发育成尾蚴。尾蚴钻入动物皮肤，或通过饮水采食而感染。尾蚴钻入动物皮肤，经血流到达门静脉，发育为成虫。

【临床症状】　少量感染一般没有明显的症状，如果感染严重则表现腹泻，便血，消瘦，贫血，病情重时可出现腹水过多的现象。

【病理变化】　初期肝脏表面散布着许多针头大小、稍突出于肝表面的灰白色结节，在肝的切面上可见有同样的小结节，在严重感染时，肝脏体积一般显著增大。晚期发生血吸虫，病肝硬度，肝脏体积稍有缩小。硬度加大，用刀不易切割，在门静脉血管内可找到虫体。肠道病变主要在直肠、肠黏膜面有溃疡或灰黄色的坏死灶。

【防治】

（1）预防。要确保饮水安全卫生，有发生该病的地区可饮用开水或地下水。

（2）治疗。用血防 846 硝硫氰胺等。用药参见药品说明。

7．囊尾蚴病

【病原体】 囊尾蚴为球状、透明，直径为 10～18 mm。犬、猫等吞食了带有囊尾蚴的脏器后可得豆状带绦虫病，经过 2 个月，这些动物可排出豆状带绦虫成熟的节片和卵。兔吞食了被节片和卵污染的饲料后，24 h 内六钩蚴从绦虫卵中钻出进入肠壁，侵入血管，随血液到达肝脏，2～3 个月发育成囊尾蚴，如豌豆大小，故又名豆状囊尾蚴。有少数囊尾蚴可侵入大脑。

【症状】 兔在一般感染下表现食欲下降，精神沉郁。感染数量多时会严重影响肝脏机能。慢性病例表现为食欲障碍，口渴，逐渐消瘦，结膜苍白，腹围膨大，最终极度衰弱而死亡。

【病理变化】 在肝脏表面，肠系膜、网膜以及肌肉中见到绿豆大至黄豆大、灰白色半透明的囊泡，内含一个白色头节。囊泡常呈葡萄状，六钩蚴在肝内移行时可形成嵌花肝，肝表面和切面有黑红、黄白色条纹状病灶。病程长的病例可转为肝硬变。

【防治】

（1）预防。兔场内禁止饲养犬、猫。防止犬、猫粪便污染兔的饲料和饮水，同时禁用含有豆状囊尾蚴的兔肉尸和内脏喂犬、猫。

（2）治疗。可用吡喹酮每千克体重 25 mg 皮下注射，每日 1 次，连用 5 天；用苯咪唑，每千克体重 35 mg，连服 3 天。

（三）普通病

1. 腹泻

【病因】 腹泻的原因主要包括感染性致病因素和非感染性致病因素。感染性致病因素包括肠道细菌、霉菌、病毒和寄生虫病等；非感染性致病性因素包括饲料搭配不当、兔舍寒冷潮湿、幼兔断奶过早、突然更换饲料等。

【症状】

（1）感染性腹泻。病兔常表现精神沉郁，食欲减少或废绝，发病急，有的体温会升高，排粪频繁，粪便稀薄带有黏液或血液，常有恶臭味，后躯被粪便污染。如病程较长，常会引起脱水和自体中毒。

（2）非感染性腹泻。与感染性腹泻相比，全身症状较轻或不明显，粪便虽然较稀，有时混有未消化的饲料，但没有血液或黏液。

【防治】

（1）预防。加强饲养管理，禁喂霉败变质、含有露水、冰冻或被污染的饲料，饮水要清洁卫生，兔舍要通风干燥，发现病兔要及时隔离，查明原因，加强护理，喂给易消化的饲料，停喂青绿及多汁饲料。

（2）治疗。感染性腹泻，以抗感染为主，可用磺胺脒内服，每日 0.1～0.2 g；肌肉注射黄连素，每日 2 次，每次2 mL，连用 2 天；硫酸卡那霉素，每千克体重 10～20 mg，每日 2 次，连用 3～5 天。如果病兔频泻不止，可口服矽炭银，每次1片或将适量活性炭拌入饲料中；也可口服次硝酸钠，每次0.3～0.6 g，每日2次，连用2天。对脱水严重的病兔可静脉注射5%葡萄糖生理盐水20～25 mL。

非感染性腹泻以对症治疗为主，同时结合调整日粮配方调节肠功能和助消化进行辅助治疗。病兔如表现不安，挣扎，尖叫，前肢刨地等可用颠茄合剂，每次2 mL口服，每日2次，连用2天。病兔表现肠膨胀，可口服胃复安，每次25 mg，每日3次，连用2天。严重腹泻可口服活性炭、矽炭银、鞣酸蛋白等。

2．便秘

【病因】 喂过多精料，缺少新鲜青绿饲料，饮水不足，缺乏运动，长期饲喂粗硬干料，饲料中混有大量泥沙、异物，误食兔毛，肠内有多量的寄生虫等。

【症状】 初期食欲减退，粪便量减少，粪球变细小，有的病兔粪球呈两头尖的形状，坚硬而且干燥；中、后期病兔食欲废绝，数天不见排粪，病兔常用嘴啃肛门，头常回顾腹部。

【防治】

（1）预防。合理搭配粗、精、新鲜多汁饲料，适当运动，饮水充足。

（2）治疗。早期可多喂给新鲜多汁饲料，待粪便软化后减少饲喂量。对病情较重可用人工盐，成年兔5～8 g。幼兔减半，加温水灌服；菜油25 mL，蜂蜜10 mL，加温水10 mL口服；用温肥皂水30～40 mL进行灌服。

3．兔中暑

【病因】 炎热的夏季，长时间受到阳光照射，空气温度过高，兔舍通风散热不良，饲养密度过大，饮水不

足。炎热天气长途运输时，车船过于拥挤。

【症状】 病初兔表现精神沉郁，食欲废绝，呈醉酒步样，体温升高，呼吸加快，眼睑、口腔和鼻黏膜发红，口腔流涎，但无臭味。随着病情的发展，表现高度兴奋，盲目奔跑，眼球突出，四肢抽搐，突然侧身倒下，严重者很快昏迷，甚至死亡。

【预防】

(1) 选建合适的兔舍，便于夏季防暑。

(2) 保持兔舍清洁卫生以及良好的通风，夏天气温高，兔舍内的粪便及剩料等易发酵产热，增加舍温，因此及时清扫兔舍可起到一定的降温作用。良好的通风有利于更新舍内空气，排除过多的水分、热量，可起到降温作用。

(3) 兔舍内的温度高于 32 ℃时，可在地面、舍顶及西南两墙面泼冷水降温。

(4) 适当减少饲养密度，保证充足的饮水。夏季尽量避免长途运输，如果确定需要长途运输，则宜在夜间行车。

【治疗】

(1) 发现中暑的兔，应立即转移到通风阴冷的地方，在兔的头部进行冷敷，并多次给淡盐水饮服。

(2) 静脉放血。于兔的耳静脉、尾尖、脚趾间静脉放血，边放边用冷水冲耳及其他出血口。

(3) 轻微中暑，可用清凉油擦眼、鼻。使其兴奋清醒，病兔昏倒可用大蒜汁、姜汁滴鼻。

(4) 药物治疗。可用十滴水 2～3 滴加水灌服，或用人丹 2～3 粒口服。肌肉注射樟脑磺酸钠 0.5～1 mL。对于抽搐症状的病兔，每千克体重肌肉注射 2.5%盐酸氯丙嗪注射液 0.5 mL，以降温镇静。

4. 感冒

【病因】　本病多发生于秋末到早春季节。气候骤变，寒热不均，兔舍潮湿，通风不好，或受贼风、穿堂风侵袭，遭受雨淋等均会引发该病。

【症状】　轻者表现精神沉郁，食欲下降，咳嗽，打喷嚏，流鼻液，双眼流泪，重者呼吸困难，体温升高到 40℃以上，咳嗽加剧，如不及时治疗，极易诱发气管炎或肺炎。

【防治】

(1) 预防。加强饲养管理，天气骤变时要注意防寒措施，要防止贼风侵袭，防雨淋，保持兔舍清洁卫生。发现病兔及时隔离并要加强护理，喂给温水和柔软的饲料。

(2) 治疗。内服克感敏片，成年兔 1 片，幼兔减半，每日 3 次；复方氨基比林注射液肌肉注射，每千克体重 0.5~1 mL,每日 2 次，为了预防继发感染，在使用解热镇痛药后，体温仍不下降或症状没有减轻时，可适当使用抗生素和磺胺类药。

5. 乳房炎

【病因】　母兔产前产后饲喂精料过多，使乳汁过多、过浓，仔兔吸吮不出来，长时间积于乳房内；仔兔体弱，吸乳力不足或母兔产仔数少，不能将乳房内的乳汁吸净；母兔泌乳量不足，仔兔争食咬破乳头；或母兔的乳房被扎伤而引起细菌感染。

【症状】　病初体温升高可达 40 ℃以上，食欲下降甚至废绝，乳房局部肿胀、发红，有痛感，拒绝哺乳，时间稍长变成青紫色。如不及时治疗或治疗不当，可转为慢性乳房炎，局部红肿，热痛减轻，乳头焦干，可摸到乳房实

质硬块。有些局部可形成脓肿，甚至变成坏疽。

【防治】

（1）预防。母兔在产前适当调整日粮比例，减少优质饲料和多汁饲料。合理调整母兔的带仔数量，保持兔笼的清洁卫生，清除尖锐异物以防损伤母兔乳房。发现病兔及时隔离治疗，经常发生乳房炎的母兔，可在产前2天喂服磺胺药物进行预防。

（2）治疗。肌肉注射青霉素，每次30万 IU，每日2次，连用3～5天；磺胺胺唑，每千克体重0.1 g口服，每日2次；对重症的乳房炎，可用0.25%普鲁卡因2 mL与20万 IU的青霉素混合在乳房患部作周边封闭性皮下注射，每日1次，连用3天；也可用蜂蜜、蒲公英各等份，洗净捣碎成泥，混匀涂于患部，每日2次。

对化脓型乳房，脓肿成熟后，局部剪毛消毒，切开后排出脓汁，创口用消毒药液冲洗干净，撒上消炎粉或涂上红霉素等软膏。

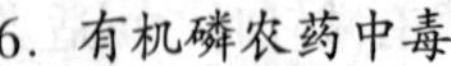

6. 有机磷农药中毒

【病因】　兔采食了喷洒过有机磷农药（如乐果、敌敌畏、敌百虫等。）不久的青菜、青草，不按规定的方法和剂量驱除体内外寄生虫。

【症状】　病兔表现流涎，肌肉震颤，烦躁不安，腹痛腹泻，瞳孔缩小，心跳加快，呼吸困难，最后抽搐痉挛昏迷死亡。

【防治】

（1）预防。喷洒过有机磷农药的青绿饲料，有残留时不能喂兔，用敌百虫等有机磷农药进行体表驱虫时，应严格控制剂量和浓度，防止兔的舔食。

（2）治疗。病兔迅速注射解磷啶和阿托品，解磷啶每千克体重 15 mg 进行缓慢静脉注射，每 4 h 1 次；用 0.1%阿托品每只皮下注射 1～2 mL，隔 3～4 h 重复 1 次，直至瞳孔开始散大、神志清醒为止。如系皮肤吸收中毒，可浇水冲洗皮肤，以免继续吸收。

7. 氢氰酸中毒

【病因】 由于兔误食高粱苗、玉米苗、木薯、亚麻等富含氰甙类植物而引起。

【症状】 发病快，病程短急，表现兴奋不安，流涎，下痢和痉挛。严重病兔表现可视黏膜发紫，呼吸困难，瞳孔散大，四肢呈划泳状，强直性痉挛，最后窒息死亡。

【防治】

（1）预防。禁止饲喂高粱苗和玉米苗，木薯作饲料时不能生喂，应浸 4～6 天，每日换水 1 次，然后不盖锅盖煮沸。亚麻子饼也要经浸泡再煮沸 10 min 才能饲喂。

（2）治疗。可静脉注射 1%美蓝 3～5 mL，同时静脉注射 5%～10%硫代硫酸钠 3～5 mL，硫代硫酸钠每隔 4 h 注射 1 次。

8. 抗菌药物中毒　常常是由于盲目大剂量或长期使用抗生素而引起的中毒。

【病因】 在疾病多发季节或流行季节，为了减少各种细菌性疾病的发病率，常在饲料中添加一定量的抗菌药来预防。当药物拌料不均或长期超剂量使用时，则会引起中毒。

【症状】 食欲下降甚至废绝，水样腹泻，体温升高，前肢瘫痪，颈部肌肉无力，病情严重，四肢瘫痪，四肢向体躯外侧撇开。

【病变】 胃、肠出血，肝肿大，出血、瘀血和坏死，并有脂肪变性，胸腔积液，心扩张，肺萎缩，血液凝固

不良。

【防治】

（1）预防。严禁长期超剂量使用抗菌药，药物混料时一定要拌均匀。

（2）治疗。发病时要立即停止用药，立即灌服1%碳酸氢钠100 mL，同时静脉注射葡萄糖溶液和1～2 mL维生素C，如为超剂量服用抗菌药而引起的中毒，可投服盐类泻药进行缓泻。

9．毛球病

【病因】　本病多发生于长毛兔。用于绒毛脱落，特别是在换毛和剪毛期间，绒毛飞落到饲料或饮水中，被兔摄食或因兔长期挤在一起，互相吞食兔毛，以及新陈代谢障碍，饲料中维生素和矿物质不足，均可诱发此病。

绒毛积存在胃内，由饲料、绒毛、体液混合成毛团，易阻塞幽门及肠管。

【症状】　患有本病的兔表现喜欢伏卧，渴欲增加，精神不振。由于粪便带毛，所以有时呈串状，排出干结的粪便。病程较长时病兔表现消瘦，贫血，衰弱。如果毛球过大引起肠梗阻或胃阻塞时，可引起死亡。用手解诊时，可摸到硬块状物。

【防治】

（1）预防。加强饲养管理，防止兔互相舔食绒毛；食槽、水槽和兔笼要经常清理，保持干净卫生；保持营养平衡，防止食毛癖的发生。

（2）治疗。可灌服植物油，每次10～15 mL，配合腹部按摩。毛球排出后，要喂给易消化的柔软饲料，也可喂给一些健胃药。

10．结膜炎　是由多种原因引起的兔的眼结膜炎症，临床上多见。

【病因】

(1) 原发性。机械损伤、沙尘等引起；理化因素的刺激，如氨气及强光等对眼结膜的刺激，细菌感染。

(2) 继发性。常由鼻炎等衍化而来。

【症状】

眼睑有不同程度的肿胀，结膜潮红，眼睑处经常可看到浆液性、黏液性和脓性渗出物，上下眼睑常常因分泌物而粘在一起。下眼睑等处常由于泪水和分泌物的长期作用而发炎，绒毛脱落，有痒感，病程长，眼睑的红肿逐渐消退，但常流泪不止。

【防治】

(1) 预防。加强饲养管理，防止沙尘等进入眼内而损伤眼结膜；保持兔舍通风透气，减少氨气对眼部的刺激；夏季避免强光的刺激；增加含维生素多的饲料，如胡萝卜等。

(2) 治疗。消除病因，清洗患部，抗菌消炎，洗眼可用2%～3%硼酸及0.01%呋喃西林。洗毕可用氯霉素眼药水、醋酸氢化可的松眼药水等点眼，严重要全身用药。

11. 脓肿　主要由创伤感染，败血症在器官内的转移以及感染的直接蔓延等引起，以皮下或实质脏器化脓性包囊和皮肤溃疡为特征。

【病因】　皮肤的机械损伤、注射等消毒不严格，病原微生物通过伤口进入皮下，在侵入部位繁殖，形成由结缔组织包囊的囊肿，当囊肿破溃后形成溃疡，并通过脓汁感染临近组织。内脏器官的脓肿则与细菌的血源性转移有关。

【症状】　皮下出现大小不等的肿块，肿块随着病程的发展逐渐变软，内脏的脓肿在临床上症状不明显。

【防治】 兔笼、兔舍要清洁卫生，避免尖锐的异物损伤皮肤，兔笼不能太拥挤，防止咬架，脓肿可进行外科手术排出脓汁，用消毒药水清洗化脓疮，同时结合全身抗菌治疗。

12. 维生素A缺乏症

【病因】 日粮中含维生素不足，饲料加工调制及贮藏保管不当，使饲料中的维生素被破坏；兔患慢性的胃肠道疾病，维生素A不易被吸收。

【症状】 病兔早期出现夜盲症，眼睛发生角膜炎，呈云雾状，有些病兔眼角会流出较多浆液性分泌物，严重会引起角膜溃疡。病兔食欲不振，生长停滞，被毛无光泽，皮肤粗糙，有麸皮样痂皮。母兔常表现死胎、流产或不孕；公兔性欲减弱，受精率下降。

【防治】

(1) 预防。在饲料中增加富含维生素A的饲料，饲料进行合理的加工调制，并进行妥善的保管。母兔在妊娠后期和泌乳期要适当添加维生素A添加剂。

(2) 治疗。在饲料中添加维生素散，多种维生素或鱼肝油等，能有效地治疗本病。如为慢性的胃肠炎等引起的，还要治疗原发病。

13. 维生素D缺乏症（佝偻病）

【病因】 仔兔长期胃肠疾病，仔兔饲料中缺乏维生素D及光照不足等；饲料加工配合不当；妊娠母兔维生素D不足引起的仔兔先天性佝偻病。

【症状】 病兔四肢、脊柱和头骨变形、弯曲，骨骼常变粗，并在骨骼上形成突起。幼兔生长缓慢，甚至停止。

【防治】

(1) 预防。加强饲养管理，改进饲料配方，多接触阳光，及时防治肠炎。

(2) 治疗。当维生素 D 缺乏时，在饲料中增加维生素D 的含量，重症者注射维生素 D，每日 1 次，每次 0.5 mL，连用 3～4 天，同时在饲料中加 1 g 磷酸钙或 2～3 g骨粉。

14. 维生素 E 缺乏

【病因】 饲料中长期缺乏维生素 E；饲料中的维生素 E 被矿物质和不饱和的脂肪酸氧化；肝脏疾病。

【症状】 病兔表现食欲减退或废绝，体重逐渐减轻，肌肉无力，喜卧少动，步态不稳，呈醉酒步样。母兔受孕率降低，流产或死胎；公兔性机能减弱或丧失。

【病变】 肌肉萎缩，外观苍白，呈透明样变性。

【防治】

(1) 预防。加强饲养管理，多喂麦芽粉，及时治疗肝脏疾病，特别是球虫病，避免饲喂酸败饲料。

(2) 治疗。在饲料中补充维生素 E 或肌肉注射维生素E，由于维生素 E 和硒有协同作用，当维生素 E 缺乏时，在饲料中添加硒，有一定的辅助治疗效果。

15. 仔兔消化不良

【病因】 母兔在妊娠时管理不善，饲料营养价值低，使生后的仔兔体质衰弱，乳汁中的蛋白、脂肪、维生素减少，乳汁稀薄，临产前后给予母兔大量的精料，乳汁浓稠，蛋白含量过多，导致幼兔消化机能紊乱；幼兔过早采食，产仔箱不经常打扫粪便，兔舍污染严重；兔舍温度时高时低，温差变化大；母兔乳房不洁或乳房炎等。

【症状】 仔兔出生后 15～30 日龄时易发生此病，患

兔食欲减退，常有腹泻，肛门和尾部沾满稀薄粪便。长期消化不良，会引起仔兔发育障碍，头尾部瘦小，严重时出现神经症状。

【防治】

(1) 预防。加强妊娠母兔和哺乳母兔的饲养管理，饲料中的营养成分按适当比例配合，并适当饲喂矿物质、维生素等添加剂。加强对仔兔管理，防止舐食脏物，保持母兔乳房的清洁卫生。

(2) 治疗。轻度者可给予助消化药，如食母生等，严重者应抗菌消炎，补液解毒。

16. 流产

【病因】 母兔受惊吓，剧烈运动，摸胎用力过大，捕捉母兔方法不对，饲料中缺乏维生素，某些传染病及中毒病。

【症状】 有些母兔受孕半个月就开始衔草拉毛，产出没有成形的胎儿，有的母兔断断续续产出仔兔，边产边吃，延续数天；有的提前几天产出仔兔，仔兔很快发生死亡。母兔产后精神沉郁，食欲不振。

【防治】 兔舍要保持安静，让母兔有充分的休息时间，给予营养充足的饲料，内服一些抗菌消炎药。

17. 吞食仔兔癖

【病因】 母兔在妊娠期间，饲料中营养缺乏，早配早产的母兔缺奶，母兔产仔时受惊吓，产后不久摸、捉仔兔，母兔产仔后口渴，母兔有吞食仔兔的病史。

【防治】 母兔在怀孕期间给予足够营养的饲料，产前产后让母兔喝点温水，母兔产仔时兔舍要保持安静，更不能用手去捉摸仔兔，要把母兔的尿擦在被带仔兔的身上。

18. 缺奶

【病因】 母兔不到成熟月龄提前交配，母兔产仔前后受惊，产后互相咬斗，饲料营养缺乏，饮水或运动不足，患有其他疾病。

【症状】 哺乳母兔不按时哺乳，检查母兔乳头时，挤不出乳汁或挤出很少，患兔表现精神沉郁，喜卧不愿走动，食欲下降，采食量减少。

【治疗】 王不留行 15 g，土党参 60 g，淘米水煎汤服；木瓜切成片，加适量醋，水煎服。

加工篇

第九章 獭兔毛皮品质鉴定与加工技术

饲养獭兔的主要目的是为了获得品质优良的兔皮原料，通过进一步的合理加工，制成消费者喜爱的各种裘皮制品，以取得较高的经济效益和社会效益。獭兔皮可分为毛皮和革皮两种，生产上以毛皮为主。为加工生产出上等的獭兔毛皮产品，就必须对獭兔毛皮产品的特点、鉴定分级方法及加工技术等进行全面的了解。

一、獭兔皮的特点

(一) 皮板构造

獭兔皮板的组织学构造，可分为表皮层、真皮层和皮下组织3层。在兔皮加工过程中除保存真皮层以外，还要保护好表皮层和兔毛，同时除去皮下脂肪和结缔组织。

1. *表皮层* 位于皮肤表面，由表面角质化的复层扁平上皮细胞组成，仅占全皮厚的1%～2%。表皮层自外向内又可分为角质层、颗粒层和生发层。

(1) 角质层。位于皮肤表面，由大量的扁平角质细胞组成。这种细胞常集合成鳞片层，极易脱落，对外界环境的各种物理和化学因素的影响有较强的抵抗力，因而对皮肤起着一定的保护作用。

(2) 颗粒层。位于角质层之下，由一层或数层梭状细胞所组成，细胞界限不清，细胞核染色较浅。细胞内含有明显的嗜碱性透明角质颗粒，是形成角质层的原始体。

(3) 生发层。位于表皮层的最下层，由多层柔软椭圆形的非角质细胞组成，是表皮层的重要组成部分，增生机能旺盛，细胞不断分裂形成新的细胞，逐渐取代老细胞。有色獭兔的生发层细胞内含有大量的色素颗粒。生发层的特点是具有皮肌纤维，这种纤维既像小桥一样，从一个细胞通向另一个细胞；又像骨架一样，起着保护细胞质和细胞核的作用。

2. *真皮层* 位于表皮层的下面，是皮肤最厚的一层，占全皮厚的75%~80%，其中乳头层约占1/3，网状层约占2/3。真皮层是由致密的结缔组织组成的最坚韧部分，是制革和毛皮加工的物质基础，其质量及加工好坏都直接影响产品的质量性能。

(1) 乳头层。由相互交织的胶厚纤维和弹性纤维组成，其胶厚纤维束细小，分支多，加上分布有大量的血管、淋巴和神经，所以这层构造较疏松，利于细菌的渗入和繁殖，易遭受细菌的作用而腐败。如果对生皮防腐保管不善，极易使乳头层受到破坏，导致皮板分层和裂面现象，降低成品质量。

(2) 网状层。由弹性纤维和紧密结缔组织组成，其胶厚纤维束向着不同方向相互交织而形成一种复杂的网状结构，是皮板中最紧密、最结实的一层。兔皮成品的强度主要由本层所决定。所以，在剥皮和加工鞣制过程中应防止造成刀伤、磨伤和刺伤等。

3. *皮下组织层* 位于真皮层下面，是一层松软的结

缔组织，由排列疏松的胶原纤维和弹性纤维构成，纤维间分布着许多脂肪细胞、神经、肌肉纤维和血管等。在生皮干燥时，分布在纤维间的脂肪细胞会阻止皮板中的水分蒸发，使干燥迟缓，一旦温度适宜，则会导致细菌繁殖，产生掉毛烂板现象。因此，在屠宰剥皮时应尽可能除净皮板上残留的肌肉和脂肪，在鞣制的预制工序中应将皮下组织削除干净。也就是说，皮下组织在制革和毛皮加工中是无用部分。

（二）鲜皮成分

组成獭兔皮的化学成分，主要有水分、脂肪、蛋白质、碳水化合物和矿物质等。了解兔皮的化学成分及其理化特性，对兔皮的加工、鞣制具有重要的意义。

1. 水分　刚屠宰剥取的獭兔皮，含水量为 65%～75%，一般情况下母兔皮含水量高于公兔皮，幼龄兔皮含水量高于老龄兔皮。真皮层含水量最多，表皮层最少。鲜皮中的水分，随着干燥时间的延长而大量散失，易形成过干生皮，导致胶原纤维结合紧密，在加工浸水过程中造成充水困难，使生皮难于浸软。

2. 脂肪　獭兔鲜皮中脂肪含量占鲜皮重的 10%～20%，主要存在于表皮层、乳头层和皮脂腺中，其次在皮下组织和网状层中也含有一定量的脂肪。脂肪对獭兔皮的加工鞣制造成极大的影响。所以，在鞣制加工前均应进行脱脂处理。

3. 蛋白质　獭兔鲜皮中的蛋白质占鲜皮重的 20%～25%，是毛皮的重要组成成分，其种类多，结构复杂。构成獭兔皮的主要蛋白质有角质蛋白、白蛋白、球蛋白、弹性蛋白及胶原蛋白等。

4. *碳水化合物*　獭兔鲜皮中的碳水化合物含量占全皮重的1%～5%，从真皮层到表皮层，从细胞到纤维中均有分布，种类有葡萄糖、半乳糖等单糖，也有糖原、粘多糖等多糖。酸性粘多糖在基质中具有润滑和保护纤维的作用。

5. *矿物质*　獭兔鲜皮中含有少量的矿物质，占全皮重的0.3%～0.5%，主要成分有钾、钠、钙、镁、铁、锌等。一般表皮层中含钾盐较多，真皮层中含钙盐较多；白色獭兔毛中含有较高的氯化钙和磷酸钙；深色獭兔毛中含有较高的氯化铁。

（三）毛皮特点

獭兔被毛的特点是绒毛含量高，枪毛含量低。如果一张獭兔皮中枪毛含量过高，并且突出于绒毛面，就失去了獭兔毛皮的特点。据测定，獭兔被毛中的枪毛含量为4%～7%，绒毛含量为93%～96%。从不同部位看，枪毛含量以肩部为最高，背部次之，臀部最低。从不同性别看，母兔被毛中的枪毛含量有高于公兔的趋向。獭兔被毛中的枪毛含量，除受遗传因素影响外，主要受外界温度和饲养管理条件的影响，不良的饲养管理条件，加上忽视品种的选育提高，均会引起品种的退化，枪毛含量增加。

总之，獭兔毛皮具有绒毛短密柔软，色泽光润美观，拉力好，弹性好，抗磨力强，保温性能好等特点，是毛皮工业中的优质制裘原料。

1. *换毛规律*　獭兔饲养过程中，随着日龄和季节变化，其被毛会进行定期脱换，这是獭兔适应外界环境的一种正常换毛表现。獭兔换毛方式可分为年龄性换毛和季节性换毛。

(1) 年龄性换毛。主要发生在未成年的幼兔和青年兔。在獭兔生长过程中一般有 2 次年龄性换毛。

第一次年龄性换毛始于仔兔出生后 30 日龄左右，直到 130～150 日龄结束，尤其在 30～90 日龄最为明显。据观察，120 日龄以内的獭兔被毛多稀疏、细软、不够平整，随着日龄增长獭兔换毛，被毛逐渐浓密、平整。獭兔皮张以第一次年龄性换毛结束后的毛皮品质最好。

第二次年龄性换毛一般在 180 日龄左右开始，210～240 日龄结束，换毛持续时间较长，有的可长达 4～5 个月，且受季节变化的影响较大。如第一次年龄性换毛结束时正逢春秋换毛季节，往往獭兔就会立即开始第二次年龄性换毛。

(2) 季节性换毛。主要是指由于季节的变化而使成年兔进行春节换毛和秋季换毛。春季换毛，北方地区一般发生在 3 月初至 4 月底，而南方地区则在 3 月中旬至 4 月底，脱去冬毛，换上夏毛。此期青绿饲料较多，精料饲喂量减少，毛囊的代谢机能旺盛，所以被毛生长快，换毛期短，但所换的被毛枪毛较多，被毛稀疏，便于散热，适应气温升高的需要，此时的毛皮品质差，一般不利于屠宰剥皮。

秋季换毛，北方地区一般发生在 9 月初至 11 月底，南方地区则在 9 月中旬至 11 月底，脱去夏毛，换上冬毛。此时由于青绿饲料少，精料饲喂逐渐增多，加上皮肤毛囊的代谢机能萎缩，造成被毛生长较慢，换毛期长，但所换的冬毛绒毛多，被毛浓密，有利于冬季保温，毛皮品质好。

2. *换毛顺序* 獭兔正常的换毛顺序一般先从颈部开始，其次是前躯和背部，再延伸到体侧、腹部和臀部。

獭兔在换毛期间体质较弱，消化能力降低，对气候环境变化的适应能力也相应减弱，容易受寒感冒。因此，獭兔换毛期间应加强饲养管理，多饲喂些容易消化、蛋白质含量高的饲料，特别是含硫氨基酸丰富的饲料，这对被毛的生长以及提高獭兔毛皮的品质特别重要。

（四）毛皮的质量要求

獭兔毛皮的品质优劣，主要取决于生皮的天然性质，其次是加工技术。而獭兔生皮的天然性质主要取决于被毛的质量和皮板的质量两方面。

1. 被毛的质量要求　獭兔被毛的质量优劣一般取决于被毛的疏密度、被毛的长度和被毛的色泽。

（1）被毛的疏密度。毛皮的御寒保暖效果、被毛的耐磨程度和外观质量都与被毛的疏密度有很大关系。因此，要求密度越大越好。据测定，獭兔被毛密度每平方厘米为1.6万～3.8万根，母兔被毛密度略高于公兔，从不同部位计算则是臀部被毛密度最大，背部次之，肩部最小。测定獭兔被毛密度的方法是逆向吹开被毛，形成旋涡中心，根据旋涡中心露皮面积大小来确定其密度。如不露皮或露皮面积小于 4 mm^2（似大头针头大小）为极好，不超过 8 mm^2（似火柴头大小）为良好，不超过 12 mm^2（约 3 个大头针头大小）为合格。

獭兔的品种是影响被毛密度的主要因素，此外还受到营养、季节和年龄的影响。营养条件越好，毛绒越丰厚；冬皮比夏皮丰厚；青壮年獭兔比老龄獭兔丰厚。因而，忽视品种选育改良、饲养管理粗放等均会影响被毛的密度，从而影响獭兔毛皮的品质。

（2）被毛的长度。评定獭兔毛皮品质的重要指标之一

是要求被毛长度均匀一致。一张獭兔皮，如果枪毛多而突出毛面，就失去了獭兔毛皮的优良品质。据测定，獭兔被毛的长度一般为 1.77～2.11 cm。

营养水平、取皮时间和性别是影响獭兔被毛长度和平整度的主要因素。饲养的营养条件差则被毛中枪毛含量高，绒毛短，未经换毛的獭兔，枪毛含量高。

(3) 被毛的色泽。评定被毛色泽的基本要求是应符合獭兔品种的色型特征，要求纯正而富有光泽。

2. *皮板的质量要求* 獭兔皮板的质量主要取决于皮板面积和皮板的质地。

(1) 皮板面积。皮板面积的大小直接关系到原料皮的利用价值，在品质相同的情况下，面积越大则利用价值越高。评定獭兔皮板面积的标准是：凡等内皮张均不能小于 1 111 cm^2，达不到标准者就相应降一等级。一般要使皮张面积达到 1 111 cm^2，獭兔活体重量需达到 2.5～2.75 kg。

(2) 皮板质地。评定皮张质地的标准是厚薄适中，质地坚韧，极面洁净，被毛附着牢固，色泽鲜艳。青年獭兔在适宜季节取皮，板质一般较好；老龄兔则板质较粗糙，且厚重。据测定，獭兔皮张厚度一般为 1.72～2.08 mm，以臀部最厚，肩部最薄，且公兔一般厚于母兔，老龄兔厚于青年兔，冬季皮张厚于夏季皮张。

二、獭兔毛皮的品质鉴定

（一）商业标准

獭兔毛皮的商业标准要求是：宰剥适当，皮形完整，去头、腿、尾，并刮净皮张上黏附的肉屑和细脂。

目前獭兔毛皮的商业收购标准可分为甲、乙、丙3个正式等级。

1. 等级要求

甲级皮要求：板质足壮，绒毛丰厚平顺，毛色纯正，色泽光润，无旋毛，无伤残；全皮面积在1 100 cm^2 以上。等级比差100%。

乙级皮要求：板质良好，绒毛齐平，毛色纯正，色泽光润，无旋毛，允许次要部位有1或2处伤残，但面积不超过7 cm^2；全皮面积在1 100 cm^2 以上。或具有甲级皮的质量，面积在900 cm^2 以上。等级比差70%。

丙级皮要求：板质良好，绒毛空疏或具有短芒，绒毛欠平齐，毛色纯正，在次要部位允许1或2处伤残，其总面积不超过10 cm^2；全皮面积在1 100 cm^2 以上。或具有甲、乙级皮的质量，面积在700 cm^2 以上。等级比差40%。

（二）鉴别依据

鉴别獭兔毛皮品质优劣的主要依据为板质、绒毛、面积和伤残等。

1. 板质　板质好坏主要取决于皮板厚薄、纤维组织松紧、弹性和韧性大小及有无油性等因素。鉴别时，通常用板质足壮（良好）和板质瘦弱来表示区别。

板质足壮要求：皮板坚实，厚度适中，厚薄均匀，纤维组织紧密，弹性大，韧性好，有油性。

板质瘦弱则为：皮板薄弱，纤维组织松弛，厚薄不匀，缺乏弹性和韧性，缺乏油性，有的带皱纹。

2. 绒毛　绒毛的长度和密度决定了皮张的保暖性能。

鉴别时，通常用绒毛丰厚和绒毛空疏来表示区别。

绒毛丰厚要求：毛长而紧密，底绒丰足、细软、枪毛少而分布均匀，色泽光润。

绒毛空疏则为：绒毛粗涩、黏乱，缺少光泽；或毛短绒薄，毛根变细，明显短平。

3. 面积　面积大小关系到皮张的利用价值，通常以原干板为标准，鲜皮、皱缩板在鉴别时应正确测量，酌情伸缩，撑位过大的皮张一律降级或按次皮处理。

4. 伤残　伤残缺陷的皮张直接影响到其利用价值。鉴别伤残缺陷时，应仔细区分软、硬伤，伤残处多少，伤残面积大小，是分散还是集中的，全面衡量影响毛皮质量的程度。

（三）鉴定方法

鉴定獭兔毛皮质量的方法，主要分为一看、二抖、三摸等步骤。

1. 一看　就是一手捏住皮张头部，另一手执其尾部，仔细观察毛绒、色泽和板质等。一般先看毛面，后看板面，重点观察被毛的粗细、色泽及皮板、皮形等是否符合标准，有无瘀血、损伤、脱毛现象。

2. 二抖　就是用一手捏住皮张头部，另一手执其尾部，然后用执尾部的手上下轻轻抖动毛皮，同时观察毛被长短、平整度，确定毛脚软硬。春秋季节剥制的獭兔皮或在宰杀、剥制、加工过程中处理不当引起脱毛的獭兔皮，在抖动皮张时都会出现毛绒脱落的现象。

3. 三摸　就是用手指触摸毛皮以鉴别被毛的弹性、密度及有无旋毛等。常用方法是把手插入被毛，凭感觉检查其厚实程度和被毛弹性等。

（四）散养獭兔为啥不出优质皮

1．营养不全　不少农户养獭兔仍然按照养肉兔的做法，主要喂草，很少给料，有什么喂什么，饲料中蛋白质严重不足，影响毛皮质量。

2．品种不纯　不少农户引进饲养的獭兔品种不纯，体重偏小，被毛稀，枪毛突出。

3．配种过早，产仔过密，近亲繁殖严重　有的农户将1.5 kg的母兔交配繁殖，而且连续血配，甚至从同一窝中留公母做种交配，导致后代一窝不如一窝，体重越来越小，难以产出优质皮。

4．取皮时间不当　獭兔最佳取皮的时间是5～6月龄，体重在2.5 kg以上，此时取皮毛绒丰厚，皮张尺寸足。如过早取皮，导致皮张尺寸小，合格率低。

（五）獭兔皮应该怎么卖

这些年，养獭兔的人越来越多，在这里我们根据市场情况，简述獭兔皮的一些销售技巧。

獭兔皮有三种卖不出好价钱：一是筒皮，二是板皮，三是生皮。筒皮、板皮和生皮乍看起来直观的感觉是：比较脏且绒毛显露不出来，假若将这三种皮加工，即熟制和染色，以上弊端就可以解决。我国江南一带的农民到集市上卖菜还要洗一洗，洗过的菜和不洗的菜成色是不一样的，獭兔皮更是如此，熟制的獭兔皮感觉很舒服，且爱不释手，而筒皮、板皮、生皮是没有这种感觉的。

这些年，市场上的兔皮贩子到各地收成兔，除了赚兔肉这部分利润以外，收筒皮、板皮、生皮回来熟制后再卖，会有部分利润。我们可以算一笔账，熟制一张生皮的

加工费是 4.5 元，卖一张熟皮比生皮多获 10～20 元，除去 4.5 元的加工费，一张皮少则增值 5.5 元，多则增值 15.5 元。鉴于此，提醒大家，目前应该卖熟皮和色皮。

三、獭兔鲜皮的剥取与初加工

獭兔是生长快、周期短、经济效益高的皮用兔，常以毛皮品质来衡量獭兔的商品价值。因而必须充分了解和掌握獭兔毛皮的加工技术。

（一）宰杀取皮

宰杀取皮是獭兔毛皮加工中的第一步，其技术与方法的好坏直接影响到所获得原料皮的品质，因而应引起足够重视。

1. *宰前准备* 为了确保毛皮和兔肉的品质，以及方便屠宰操作，应做好宰前检查、宰前饲养和宰前断食等工作。

（1）宰前检查。进入屠宰场的候宰獭兔必须是来自非疫病区的健康兔。兽医检疫人员应对候宰獭兔进行严格的临床检查和实验室诊断，做到病、健兔分圈饲养保管，只有被确认是健康獭兔方能进入宰前饲养场。

（2）宰前饲养。确认是健康无病的候宰獭兔，应按产地、强弱等情况分群饲养，饲养以精料为主，青粗料为辅，并限制獭兔运动，保证休息，以解除运输途中的疲劳和应激，提高皮张和兔肉的品质。对于宰前检查发现不健康獭兔，应及时分圈饲养，精心照料，等其病情好转，稍加精料催肥后再予宰杀。

(3) 宰前断食。獭兔待宰之前须经过 8 h 以上的断食休息，但断食期间需供给充足的饮水，只有至宰前 3 h 才停止饮水。宰前断食是为了减少消化道中的内容物，防止屠宰加工过程中肉质被污染；保证充足的饮水则有利于剥皮操作，并可促使粪便排出和放血充分。

2. *处死方法* 獭兔处死方法很多，较好的方法有棒击法、电击法和颈部移位法等。以往农户常用的尖刀割颈放血或杀头致死的方法，因容易沾污獭兔毛皮和损伤皮肤，对毛皮品质影响较大，不宜采用。

(1) 棒击法。用一手紧握獭兔的两后肢，使其头部下垂，另一手用木棒或铁棒猛击其头部，使其昏厥后剥皮。棒击时动作要迅速、准确、熟练。此法一般适用于小型屠宰场。

(2) 电击法。采用双叉电麻器，将叉尖按于獭兔左右两耳之间，使獭兔触电而死。一般控制电压 70 V、电流 0.75 A，电麻时双叉尖端海绵体可先蘸 5% 食盐水，以加强导电性，提高电麻效果。这是正规化屠宰场广泛采用的处死方法。

(3) 颈部移位法。这是一种简单而有效的屠宰致死方法，适合农村分散饲养或家庭屠宰时采用。其方法是：用一手握住獭兔后肢，另一手抓住头部，将兔身拉直后突然用力一拧，使头部向后扭转，獭兔因颈椎脱位而死。

3. *剥皮技术* 处死后的獭兔应立即进行剥皮，要改变以往长期以来形成的先宰杀放血，后剥皮的传统方法，而采用先剥皮后放血的新方法，以减少由于放血而造成的毛皮污染。目前，剥皮方法有手工剥皮和半机械化剥皮两种。

(1) 手工剥皮。先将獭兔左右后肢用绳索拴紧，倒挂

于柱子上，再用利刀切开跗关节周围的皮肤，沿大腿内侧通过肛门平行挑开，把四周毛皮向外剥开翻转，用退套法剥下毛皮，最后抽出前肢，剪除眼睛和嘴唇周围的结缔组织和软骨。在退套剥皮时，注意不要损伤毛皮，不要挑破腿肌或撕裂胸腹肌（图 9-1）。

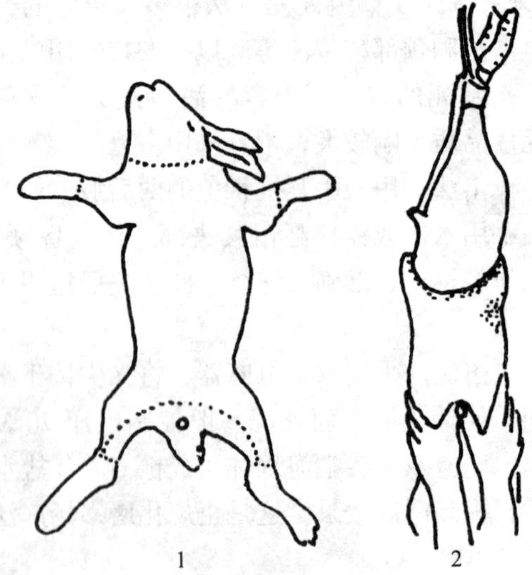

图 9-1　獭兔手工剥皮方法

1. 剥皮切割线　　　2. 退套剥皮法

(2) 半机械化剥皮。先用手工从獭兔后肢膝关节处平行挑开剥至尾根，用双手紧紧握住腹背部皮张，伸入链条或剥皮机的转盘槽内，随转盘转动顺势拉下兔皮。

4. *放血方法*　目前最常用的放血方法是颈部放血法。其方法是：将剥皮后的兔体侧挂于钩上，或由他人帮助提举后腿，割断颈部血管和气管放血 3～4 min，注意放血时间不得少于 2 min，以免放血不全，影响兔肉品质。放血充分的兔体，肉质细嫩，含水量少，容易贮存；放血不全时,兔肉色泽发红发紫，外观品质差，且残余的血液易导致微生物的生长繁殖，加快兔肉腐败，影响贮存时间。

5. *屠体处理* 经处死、剥皮、放血后的屠体应立即剖腹净膛。先用利刀切开耻骨联合处，分离出泌尿生殖器官和直肠；再沿腹中线切开腹腔，除留肾脏外取出全部内脏器官；在前颈椎处割下兔头，在跗关节处割下后肢，在腕关节处割下前肢，在第一尾椎处割下尾巴；最后用清水洗净屠体上的血迹和污物。净胴体可进一步加工或冻兔肉、兔肉罐头等产品；也可作分割或剔骨后直接出售。取出的内脏可作为副产品，收集后进行综合加工利用。

（二）鲜皮处理

刚从兔体上剥取下来的鲜皮中含有大量的水分、蛋白质、脂肪、无机盐和酶等，是各种微生物生长繁殖的优良培养基，如不及时处理防腐，极易腐败变质，失去利用价值。所以，鲜皮剥取下后应及时进行初步加工和防腐处理，以抑制细菌和酶的作用，防止腐败变质，获得质量优良的原料皮。

1. *鲜皮清理* 刚剥取下的鲜皮常带有残肉、油脂和血污，不仅影响毛皮的整洁和贮存，且易造成油烧、霉烂、脱毛等伤残，降低利用价值。所以，剥下的獭兔鲜皮应及时进行油脂、肉屑、肌筋及血污的清理。方法是：先用利刀沿腹中线剖开呈“开片皮”，再将其毛面向下，板面向上伸展平铺在平台上，采用刮肉机或木制刮刀由臀部向头部刮去皮上黏附的多余残留物，刮皮时不要用力过猛，以免损伤皮板或切断皮根，也不要逆向刮脂，否则易造成透毛、流针等伤残。清理后的鲜皮置于通风处晾干及

进行防腐处理。

2. 鲜皮防腐　是毛皮初加工的关键工序，其目的是为了抑制细菌和酶的作用，保证毛皮质量。目前，防腐的方法有盐腌法、干燥法和盐干法3种。

(1) 盐腌法。盐腌法是采用干燥食盐或食盐水来处理剥下的鲜皮，利用食盐的杀菌作用，抑制细菌的生长繁殖，从而达到防腐的目的。此法是防止生皮腐烂的最普通且可靠的方法，不仅防腐能力强，而且不会影响生皮固有的天然品质，皮板紧实而富有弹性，湿度均匀，但必须盐腌方法正确，堆皮适当，并遵守湿热管理规程，方可使盐腌生皮长期保存。

盐腌方法为平铺鲜皮，把所有皱褶和弯曲部位拉平，使之平展，然后将干燥清洁的细盐面均匀撒在皮的肉面上，厚处多撒。用盐量一般为皮重的25%～35%，然后板面堆叠上另一张鲜皮。如此层层堆集，叠成高度达1～1.5 m的盐腌皮堆，经1周时间左右，鲜皮内外盐液浓度即可渗透平衡，达到防腐的目的。

为了更好地保存好原料皮，可在盐腌时加入盐重1%～1.5%的“对氯二苯”和盐重2%～3%的萘于食盐中制成混合盐使用，则防腐效果更好。

(2) 干燥法。通过干燥将鲜皮中的水分降至12%～16%，以有效抑制微生物的生长繁殖，达到防腐的目的。此法成本低，操作简单，且皮板洁净，便于保存和运输，是民间常用的方法。但只适合干燥地区和干燥季节使用，且存在干燥后的皮板僵硬，容易折断，难于浸软，贮存时易受到虫蚀等缺点。

一般采用自然晾干。如果大批干燥，可采用干燥室人工干燥，温度以控制在20～30℃为宜。自然干燥时，将鲜皮按其自然皮形，皮毛朝下，皮板朝上，贴在木板或草席上，用手铺平，呈长方形，在不受日晒的通风阴凉处晾干，不要放在潮湿的地面上或草地上。

在晾干过程中要严防雨淋或被露水浸湿，以免影响皮肉水分的蒸发速度。若干燥过慢，不利于抑制细菌的生长繁殖，易导致生皮腐败变质。同时也不要在烈日下直晒，因温度过高，皮中水分干燥过快，会使表层变硬，影响内部水分继续蒸发，造成皮内干燥不匀；同时温度过高，还会引起皮上附着的脂肪熔化，并扩散到纤维间和肉面上，使浸水更加困难而影响鞣制。

(3) 盐干法。盐干法是盐腌和干燥两种方法的结合，即先盐腌后干燥，使原料皮中的水分含量降至 20% 左右。

鲜皮经盐腌后，在干燥过程中盐液逐渐变浓，从而有效抑制微生物的活动，使皮在缓慢干燥下不会遭受腐烂，也不易发生折断，便于运输和保存。缺点是：干燥时由于胶原纤维束缩短，皮内有盐粒形成，可能影响真皮天然的结构而降低原料皮的质量。

（三）贮存保管

鲜皮经防腐处理后，虽然有较好的贮藏性能，但如贮存保管不当，仍可能导致皮张变质、虫蚀等现象，降低原料皮的质量。

1. *贮存仓库的条件* 贮存原料皮的仓库应要求地势高燥，库内要有通风、隔热、防潮条件，地面最好为水泥地面或木地板，要具备防鼠、防蚁条件，且仓库应光线充足，以便检查及翻垛，但要避免直射光照射皮张，以防变质。

2. *原料皮的检查及入库堆放方式* 原料皮入库前应进行严格的检查，以剔出虫蚀、未晾干等不合格皮张，然后按等级、色泽、品种等进行捆扎或装包，分别入库存放。而且应毛面对毛面、头对头、尾对尾，叠置平放。同时，每隔2或3张皮撒放少量萘粉，以防虫蛀，然后堆放在仓库内贮存。

3. *贮存期间的管理* 仓库在堆皮前应事先撒上萘粉或二氯化苯等防虫药剂，准备好对衬皮张的木条，然后进行堆放。每堆的最上面一张皮应是毛面向外，并撒上萘粉。贮存期间应保证库房干净整洁，库房中的适宜温度为10～15℃,最高不超过30℃，最低不低于5℃，相对温度以60%～70%为宜，使原料皮的水分保持在12%～20%，以防腌裂或腐烂。在贮存过程中应每月检查2或3次，如发现虫迹应采取灭虫措施，及时处理。

（四）原料皮的包装运输

在基层收购的原料皮，在运输时应重新包装，凡长途运输的皮张一般采用绳捆法包装，每捆25～50张皮，打捆时要毛面对毛面，皮板对皮板，层层叠放，但每捆上下两层必须是皮板朝外，并用塑料编织袋包装，用绳子按“井”字形捆紧打包，经检疫消毒后方可发运。

运输时应注意以下3点：

（1）运输时，车箱应保持清洁干燥，通风良好，应防止日晒或雨淋。

（2）装卸车时，应尽量将皮铺平以防折断而影响品质。

（3）由于干皮易吸水、发霉和腐败，所以尽量缩短运输时间，更不要在阴雨天运输。

四、獭兔皮的鞣制加工

獭兔生皮干燥以后，皮质坚硬，容易吸潮和腐烂，有异味，不便保存和使用，同时也不美观。为此必须经过鞣制加工，使鞣液扩散至兔皮纤维组织中，通过吸附作用，使鞣液和纤维组织之间发生一系列的理化变化，将生皮鞣制成柔软、丰满、厚薄均匀、延伸性和可塑性强、坚固耐用的优质制裘原料。

獭兔皮的鞣制方法很多，有甲醛鞣、明矾鞣、硝面鞣、铬鞣、铝鞣及铝铬结合鞣等，其中以甲醛鞣、铝铬结合鞣和硝面鞣三种方法较为适用。无论采用哪种鞣制方法，整个加工过程一般可分为预制工序、鞣制工序和整理工序 3 个阶段。

（一）预制工序

也称为准备工序，獭兔皮鞣制时，首先应将原料皮上的污物和杂毛除去，然后将原料皮软化，恢复鲜皮状态，最后将不需要的皮下组织、结缔组织、脂肪和残肉等除去，这一系列过程称为预制工序。具体包括抓毛、浸水、削里、脱脂和水洗等步骤。

1. 抓毛　为了避免或减少在以后的加工操作中，出现锈毛疙瘩，应在加工之前把混乱的粘在一起的毛梳开，同时去掉混杂在毛被中的虚毛、草刺、粪块和尘土等。

抓毛方法：一般采用浓度为 60 g/L 的食盐溶液（温度为 30～50 ℃）将皮板回潮后，首先用竹板削打掉毛上的血膜、草刺、粪块和尘土等，打开毛绺。其次将已打开疙瘩和毛绒的皮，用剪刀剪去黄毛鞘。最后进行抓毛，先用竹板把毛顺好，由尾部向头部梳理，并除去毛上的浮绒。

2. 浸水　就是将抓毛后的原料皮浸在清水中，使原料皮恢复到鲜皮状态，补足原料皮中失去的水分，同时可将附着在原料皮上的血液、粪便等污物和盐皮及盐干皮中的食盐完全除去。

浸水时用的水要求清洁，少含细菌和杂质，最好采用自来水和井水。水的用量一般常用液比来表示，即工作液（浸液）的容积（L）与皮的重量（kg）的比值。獭兔皮浸水时一般常用10～16的液比（以干皮重计），以保证原料皮完全浸没在水中，水温控制在18～20 ℃为宜。浸水的时间依原料皮的种类而定，盐腌皮在水中浸泡3～6 h即可，而干皮或盐干皮则需在水中浸泡24～48 h。浸水后的毛皮含水量应达到60%～70%。

3. 削里　削里的主要目的是除去残留在皮板上的残肉、脂肪和结缔组织等，通过机械作用使皮张纤维进一步伸张和松弛。同时削里还有助于下一步的脱脂处理，因脱脂时，仅靠脱脂剂的化学作用是不易把皮质内的脂肪脱尽的，如果皮质中残留脂肪过多，则妨碍鞣剂渗入皮内，即不容易使鞣剂与蛋白纤维起作用，以至影响成品质量。通过削里，不仅除去不需要的皮下组织并使皮质内的脂肪挤压剥皮的表面，再用脱脂剂进行脱脂时，脂肪就很容易被除去。所以即使皮下组织已去除干净，为了利于下一步的脱脂操作，仍需用弓形刀把皮挤压一遍，迫使皮质内的脂肪挤压到皮板表面。

削里的方法，有手工操作和机械操作两种。手工操作较为简单适用：先在半圆木（也称木马刮皮台）上铺上一层厚布，然后将浸软的毛皮平铺在上面，板面朝上，用带

柄的专用弓形铲刀刮干净附着在皮板上的残肉、脂肪和污物等；再用刀的板面把皮板挤压一遍，以利脱脂。手工操作一般适用于小型加工厂。而在大中型加工厂，常采用带有螺旋状刀辊的刮肉机进行机械操作削里。

4．脱脂　獭兔毛皮成品质量的好坏，很大程度上取决于脱脂的效果。

脱脂的方法有两种：一种是采用皂化法，就是利用碱与油脂发生皂化作用的原理，除去毛皮上的油脂。另一种是采用乳化法，就是利用肥皂和表面活性物质（如洗衣粉、洗涤剂、净洗剂、工业粉等）使油脂乳化以除去油脂。由于皂化法中使用的强碱容易破坏獭兔皮中毛鞘的细胞而造成脱毛，或使毛的光泽消失，且易引起绒毛缠在一起（俗称擀毡）。严重影响毛皮成品质量。因而目前主要采用乳化法来进行脱脂处理。

脱脂液的配合：

液比	1:8（以湿皮重计）
洗涤剂	工业粉或洗衣粉 g/L
纯碱	0.5 g/L
温度	35～40℃
时间	40～60 min

操作方法：先在容器中加入符合温度要求的水，然后加入上述材料搅拌溶解，投入削里后的毛皮，充分搅拌，直至除去毛皮特有的油脂气味，同时脱脂液中的肥皂泡沫不再消失为止。应注意脱脂时间不可过长，否则易产生脱毛或使兔毛失去光泽而影响成品质量。

5．水洗　獭兔毛皮脱脂后应立即取出进行漂洗，以除去附着在皮板上的残留碱液和杂质。为提高漂洗效果，最好采用流动水冲洗，反复洗净后沥干水分，或用离心机

甩去水分。

(二）鞣制工序

原料皮经过预制工序的一系列处理后，已使皮板恢复鲜皮状态，皮板纤维组织获得一定的松软性，被毛洁净、光亮。但只经预制处理的毛皮，其抗温、抗腐能力仍很差，干燥后依然变硬，恢复到生皮状态。要改变这些缺点，使毛皮达到一定的稳定性，必须用鞣性物质进行鞣制处理，以使獭兔毛皮具有柔软、洁白、细致、牢固等优点。鞣制工序主要包括浸酸、软化和鞣制 3 个步骤。

1. *浸酸*　即用酸和中性盐溶液对毛皮进行处理，使獭兔皮板纤维进一步松散，提高成品的可塑性。

酸液的配合：

液比	1:8（以湿皮重计）
3 350 酸性蛋白酶	3～5 IU/mL
食盐	30～40 g/L
芒硝	60 g/L
硫酸	3 g/L
温度	38～40℃
pH 值	2.5～3.5
时间	18～20 h

操作方法：在防酸水槽中加入规定量的符合温度要求的水，并加入上述各种配料，硫酸分 2 次加入，每次间隔 6 h，搅拌均匀后，投入水洗后的獭兔毛皮并划动 10～15 min，以后间隔划动。经酸处理后的皮板纤维松散、柔软有弹性。

2. *软化*　为增加皮板纤维的柔软性和延伸性，提高獭兔毛皮成品质量，应采用酶制剂进行软化处理。

软化液的配合：

液比	1:8（以湿皮重计）
3 942 中性蛋白酶	10～20 IU/mL
润湿剂 JFC	0.3 g/L
食盐	10 g/L
pH 值	7 左右
温度	25～30℃
时间	2～3 h

操作方法：将符合温度要求的水加入池中除蛋白酶外，先将其余材料加入池中搅拌至完全溶解。另用温水（35 ℃）少量将蛋白酶溶解后加入池中搅拌均匀。然后把皮张投入池中再搅 15～20 min，以后间歇搅动。

软化时要严格控制时间和温度，注意检查软化程度，一般感到皮板发松，用手指轻推后肷部稍有脱毛现象，用手掌轻按脊背部有轻微脱毛现象，即为软化完成。要检查 20 张以上。达到软化要求时，应立即出皮控水 1～2 h，或用清水冲 5～10 min，然后甩干，及时转入下道工序。但在夏天不能控水时间太长，以防酶继续作用，每次水洗搅拌不超过 2～3 min，以免出现掉毛现象。

3. 鞣制　鞣制时所用的鞣性物质称为鞣剂。它能使皮张纤维松散固定，抗水性、抗热性提高，对微生物和化学药剂有一定的抵抗力，真皮黏结性减小，毛和皮结合牢固。

(1) 甲醛鞣制法。甲醛是分子最小、结构最为简单的一种鞣剂。生产上使用的甲醛一般是浓度为 40% 的甲醛溶液，也就是俗称的福尔马林药剂。

甲醛鞣液的配合：

液比	1∶8(以湿皮重计)
甲醛(40%)	5 g/L
芒硝	60 g/L
食盐	20～30 g/L
纯碱	4～5 g/L(分2或3次加入)
平平加(G-125)(润滑剂)	0.3 g/L
pH值	8～8.5
温度	35～36℃
时间	40～46 h

鞣制方法：按比例加水至池中，加入食盐、芒硝、甲醛溶液、纯碱及平平加，搅拌均匀，经检查达到要求后，投皮入池，搅拌20～30 min，以后间隔半小时搅动1次。12 h后加温至32 ℃，加纯碱1 g/L；24 h后加温至35 ℃,加纯碱1 g/L；36 h后加温至36 ℃，并检查pH值到规定要求。

经甲醛鞣制的獭兔毛皮，颜色洁白，质轻，而且耐汗、耐水，收缩温度高，可达90 ℃。因甲醛具有很好的防腐作用和耐氧化性能，所以处理被细菌侵蚀的皮张和需用过氧化氢漂白被毛时，使用甲醛鞣制法效果较好。

(2) 铝铬结合鞣制法。采用两种鞣剂来鞣制獭兔皮，可集中表现出各鞣剂的优点，而减轻或消除不足之处。目前，生产中常用的是铝铬结合鞣制法。

混合鞣液的配合：

液比	1∶8（以湿皮重计）
三氧化二铝	1～1.5 g/L
三氧化二铬	0.6 g/L
食盐	30 g/L
芒硝	60 g/L

硫酸（66 波美度） 1 g/L

平平加（G-125） 0.3 g/L

滑石粉 20 g/L

pH 值 3.8～4.0

温度 36～38 ℃

时间 44～48 h

操作方法：按配合规定加水并调至综合要求，加入食盐、硭硝、硫酸、平平加、滑石粉等辅料，再加入铝液和铬液，使全部鞣料搅拌均匀，调整温度后即可投皮入池，搅动 10～15 min，以后间隔搅动数次，44～48 h 后，测定皮板温度达 75 ℃以上，即可出皮，出皮后静置过夜。

铝铬结合鞣制的獭兔皮成品，质地柔软，颜色洁白，细致，耐水洗、耐高温，有较好的物理和化学性能。

（3）硝面鞣制法。硝面鞣制法是我国传统的一种鞣制方法，其原料来源方便，操作简单，较适合饲养户进行少量獭兔皮的家庭硝制。

硝面鞣液的配合：

液比 1∶6（以湿皮重计）

芒硝 150～200 g/L

米粉 100～120 g/L

温度 35～45 ℃

时间 3～6 天

操作方法：按比例配好鞣液后加温至 35 ℃，下皮入池，并搅拌 10～15 min，以后每日加温 1 或 2 次，每次升温 2～3 ℃，鞣制时间一般为 3～6 天。最后温度应控制不超过45 ℃，以免烫坏毛皮。

鞣制是否完成，可用手推肷部的表皮，看硝面是否容易脱落，易脱落者是鞣制好的标志。另外，手感皮板松

软，伸张性好，也可达到鞣制要求。

米粉以大米粉或糯米粉为好，忌用面粉代替，面粉虽也能发酵，也易黏附在兔毛上，鞣制后不易脱掉，而影响成品品质。

（三）整理工序

鞣制后的獭兔毛皮应及时进行水洗、加脂、干燥、回潮、刮软、除尘理毛等一系列整理步骤，以进一步提高成品质量，使产品符合规格要求。

1．水洗　经鞣制处理的獭兔毛皮，一般应先静置10～12 h，使皮张纤维蛋白质鞣剂牢固结合，然后用流动水冲洗15～20 min，取出甩干水分。

水洗的目的是为了除去皮板和被毛上残留的未结合的鞣剂和其他杂质，使皮板质轻、柔软，不吸湿，被毛洁净。

2．加脂　加脂的目的是为了增加皮板的柔软性和耐水性，以提高成品毛皮的质量。常用的加脂材料有天然油脂和合成油脂两种。天然油脂包括动、植物油脂和矿物油等；合成加脂剂包括阴离子型和阳离子型加脂剂。通常使用的有1号和2号阳离子加脂剂。

加脂液的配合：

液比	1∶5（以湿皮重计）
1号合成加脂剂	40 g/L
平平加（G-125）	5 g/L
氨水	2 mL/L
pH值	8.5～9.0
温度	45 ℃
时间	1 h

操作方法：按规定要求加水至池中，加温至规定要求，加入平平加，在搅动情况下徐徐加入1号合成加脂剂，最后加入氨水，pH值调整至8.5～9.0，即可投皮，搅动10～15 min，以后间断搅动2或3次，1 h后即可出皮。

进行小批量生产加工时，可采用手工涂刷加脂法，将鞣制、水洗后的獭兔皮伸张，平铺在加脂台上，用毛刷将加脂液直接涂刷在板面上，然后板面对板面堆叠2 h，待加脂液渗入皮板内，再进行下一步的干燥处理。

加脂是提高獭兔毛皮成品品质的重要环节，但若控制不当也会出现加脂不匀、皮板发黏、毛被污染等不良后果；pH值调节应适当，过高会使乳液不稳定，过低会造成油烧皮，因此必须严格执行加脂操作规程。

3. 干燥　因獭兔皮加脂处理后，其含水量也随着升高至50%～60%，为了除去多余的水分，必须进行干燥处理。

干燥方法有自然干燥和人工干燥两种。一种为自然干燥，就是利用太阳晒干或阴干，若采用日光干燥，严禁强光暴晒，否则会使皮板发生极大收缩，造成皮板过硬，为稳妥起见，一般先把皮张干至70%左右，再翻过来晒毛，以防止皮板过分干燥出现脆裂。另一种为人工干燥，可采用蒸气、热风、红外线等方法进行干燥，此法不受季节和气候的影响，且空气湿度和温度均可人为控制，因而质量好，且加工量大。但投入大，成本高。

不论采用哪种干燥方法，干燥后都要将皮张堆叠放置一段时间，一般为12 h以上，以使皮张水分分布均匀。经干燥后，要求皮张含水量降至20%～30%为宜。

4. 回潮　经干燥后的獭兔皮，皮板很硬，为使皮张

恢复柔润，利于刮软、整形等工序的进行，就必须在板面上喷撒适量的水分，俗称“回潮”。常用的回潮方法有喷水回潮和转鼓回潮两种。喷水回潮适用于小批量加工，一般采用 35～40 ℃的温水均匀地喷雾在板面上即可；转鼓回潮是将含水量 20%～30%的锯末和需要回潮的獭兔皮一起放入转鼓内滚动，一般装载量以其容积的 80%为宜，转速为 12～16 r/min，时间为 1～2 h。

5. 刮软　刮软的目的是利用机械作用使皮板纤维分离、伸长，让獭兔皮柔软、丰满。

方法是将回潮后的毛皮，毛面向下铺在半圆木刮皮台上，用大钝刀轻轻刮铲皮板，纵横各刮一遍，再由中间向四周刮一遍。这时皮板纤维伸长，面积扩大，皮板变得柔软，成为合格的毛皮。目前，工厂化生产加工时都采用刮皮机操作，刮皮机转速为 4 000～6 000 r/min。

6. 除尘理毛　目的是使皮板舒展柔软，毛被松散灵活，富有光泽，并除去皮板和毛内的杂物，使之达到洁净美观的要求。

方法是将刮软后的獭兔毛皮毛面向下拉展平整，钉在木板上进行阴干。待充分干燥后，用细砂纸或砂石将肉面磨平，然后起钉取下毛皮，拍打掉灰尘，将毛面刷拭干净，用梳子轻轻梳理毛峰，除去浮毛，理顺纹理，擦亮毛色，修整毛皮边缘，剪去突出的长毛，使毛面整齐富有光泽。然后，再稍加晾晒，使毛皮彻底散尽残余的腥、臭臊味。最后进行包装保存或外运销售。

第十章　獭兔副产品的综合利用

一、内脏器官的利用

獭兔内脏器官食用价值不高，在民间宰杀或小批量屠宰时，一般将脏器弃去不用，但收集后综合开发利用，则有较高的经济价值。

（一）兔肝的利用

一只獭兔肝重 40～80 g，占兔体重的 3%左右。兔肝在医药工业上有较高的利用价值，可以用来制取肝浸膏片、肝宁片及肝 B_{12} 注射液等。现介绍肝浸膏片的加工过程。

1. *原料选用及处理*　取新鲜或冷冻的健康兔肝，清除兔肝上附着的肌肉、脂肪及结缔组织后，清洗干净，用绞肉机绞成浆状。

2. *浸渍过滤*　将绞碎的肝浆置于夹层锅中，加水半量，搅拌均匀，然后按原料重量加 0.1%硫酸，硫酸应先用水稀释后加入，充分搅拌，调整 pH 值至 5～6，加热至 60～70 ℃，恒温 30 min，再迅速加热至 95 ℃，保温 15 min。

将加热浸渍好的兔肝浆过滤，得滤液，滤渣可用适量热水浸渍后再作第二次过滤，将两次滤液合并备用。

3. 浓缩 将滤液进行浓缩至膏状，可采用60～70 ℃的加热蒸发浓缩，最好采用真空浓缩锅进行浓缩，浓缩后加入肝膏重0.5%的苯甲酸钠作为防腐剂，即可得肝浸膏，一般出膏率为5%～6%。

4. 配料 每1万片肝浸膏片用肝浸膏3 kg、硬脂酸镁27 g，淀粉适量。

5. 压片包糖衣 先将肝浸膏加适量淀粉拌匀后，于80 ℃干燥并粉碎成细粉末，过100目筛，加适量75%酒精为湿润剂，用18目筛整粒后，加入硬脂酸镁，搅拌均匀，称重压片，冲模规格直径为10 mm，压片后包上糖衣即得肝浸膏糖衣片成品。

本产品极易吸湿反潮，制粒后应及时压片包糖衣，以免吸潮变质。本产品主要用于治疗慢性肝炎、肝硬化症等，也可作为治疗贫血及营养不良的补剂。

（二）兔胆的利用

獭兔胆是提取胆汁酸的良好原料，提取率可达3%左右，是牛、羊胆的10倍。其制剂有人工牛黄、胆酸片、胆酸钠片、降血压糖衣片、胆南星等，现简述胆酸片的加工过程。

1. 原料的选用及处理 小心摘取健康獭兔的胆囊，并取出新鲜胆汁备用。

2. 酸化 取新鲜胆汁，加3～4倍量的澄清饱和石灰水溶液，搅拌均匀，入锅中加热至沸，过滤得滤液，趁热加盐酸酸化至pH值3.5左右，静置12～18 h，去除上层溶液，即可得绿色黏膏状沉淀物，用水冲洗后真空干燥。

3. 皂化 取上述干燥后的粗制品，加1.5倍重量的氢氧化钠，9倍重量的水，加热皂化16 h，冷却后静置分层，除去上层淡黄色液体，沉淀物补充少量水分使其溶解，然后用稀盐酸或稀硫酸酸化至pH值3.5左右，取析出物过滤，水洗至近中性，呈金黄色，经真空干燥后可得粗品。

4. *精制* 取上述粗品，加5倍重量的醋酸乙酯，15%～25%活性炭，加热搅拌，回流溶解，冷却后过滤，滤渣再用3倍重量的醋酸乙酯回流过滤，合并两次滤液，加20%无水硫酸钠进行脱水。过滤后，将滤液浓缩至原体积的1/5～1/3。冷却后晶析过滤，结晶物用少量醋酸乙酰洗涤，真空干燥后可得精品。

5. *压片* 先将糊精用40%浓度左右的乙醇润湿，经14目筛制粒，在70℃左右烘干，再经14目筛整粒后备用。

按处方比例称取胆汁酸精品2.2 kg，糊精颗粒1 kg，硬脂酸镁30 g，充分搅拌均匀，用10 mm规格的深冲模压制成片，可压制1万片左右。压片后按照包衣操作方法进行包衣即为成品胆酸片。

胆酸片常作为利胆药，有助于人体脂肪的消化与吸收，用于胆汁缺乏、消化不良、胆囊炎等病症的治疗。

（三）兔胰脏的利用

獭兔胰脏既是消化腺体，又是内分泌腺，胰液中含有胰蛋白酶、胰脂肪酶、胰淀粉酶等，是一种混合酶。利用胰脏可提取制成胰酶、多酶片、胰岛素注射液等制剂。现简述兔胰酶的提取过程。

1. *原料的选用及处理* 取新鲜或冷冻的健康兔胰脏，除去脂肪及结缔组织。用绞肉机绞碎，冻胰脏在解冻至半融状态时即应绞碎，绞好的胰浆贮存温度应低于4℃。

2. 提取　一般采用烯醇提取激活法。将绞碎的胰浆放入缸中,在5～10 ℃条件下放置4～5 h,边搅拌边缓缓加入1.5～2.5倍重量的预冷至0～10 ℃的25%酒精,在0～10 ℃条件下浸提12 h,用扯浆机单层纱布扯滤,滤浆放入缸中,准备沉淀。滤渣可再加入2.5倍重量25%酒精进行第二次浸提,其滤浆可作为下一批投料的第一次浸提用。

3. 沉淀　先将滤浆在0～5 ℃条件下放置激活24 h,然后按滤浆重量加入2.5倍重量的86°酒精，边加边搅拌，开始加入酒精时，搅拌速度应快，逐步减慢，待沉淀液的酒精浓度达到68°左右即可，在0～5 ℃条件下静置沉淀16～24 h。

4. 粗制　沉淀后用虹吸法除去上层酒精液，得到下层沉淀物（即胰酶），将沉淀物灌入布袋内，扎紧袋口，进行自然压滤24 h，再用压榨机逐步加压，把酒精充分压滤出来，即可得压干的胰酶粗制品。

5. 脱脂　将压干后的胰酶从布袋中取出，过12～14目筛，制成颗粒，装入搪瓷桶中，加入颗粒重量1.5～2倍的乙醚，在常温下进行脱脂，8 h后将乙醚滤去，用上述方法加入乙醚再脱脂一次。充分脱脂后的胰酶颗粒，在40 ℃以下通风，使乙醚自然挥发而干燥，干燥后的胰酶颗粒，经粉碎成80～100目的细粉，即为兔胰酶原粉。

在胰酶的生产中，应避免使用铁制器具，也应避免混入重金属，以免影响产品效价。

（四）兔胃的利用

在屠宰量大的獭兔加工厂，可利用兔胃黏液，提取胃膜素和胃蛋白酶。目前生产多采用联产工艺，将提取胃膜素留下的母液，再经处理提取胃蛋白酶。

1．原料的选用及处理　取健康的新鲜兔胃壁黏膜，并用绞肉机绞碎后备用。

2．消化　将绞碎的胃黏膜称重，加原料重 60% 的水，按 35 mg/kg 的比例加工业用盐酸。调整 pH 值至 2.5～3，加热到 45～50 ℃，恒温消化 3 h，以充分活化胃蛋白酶。

3．脱脂　取上述消化液，冷却至 30 ℃以下，按原料重加 8% 的氯仿，并搅拌均匀，在常温条件下静置 48 h 以上，使其脱脂分层。

4．浓缩　脱脂后的上清液，用真空浓缩锅于 35 ℃以下浓缩至原体积的 1/3 左右，呈饴糖状态时即得浓缩液，出锅后冷却至 5 ℃以下。下层残渣可进行氯仿的回收。

5．分离　取预冷后的浓缩液，在搅拌下缓缓加入冷却到 5 ℃以下的丙酮，至密度为 0.97，即可出现白色胃膜素沉淀，在 5 ℃条件下充分静置 20 h，即可提取得到胃膜素。

将分离出的母液在搅拌下缓缓加入丙酮，至密度为 0.91，即有淡黄色胃蛋白酶析出，静置 24 h，取沉淀物经 60～70 ℃真空干燥，即可得胃蛋白酶原粉。

二、明胶的生产

明胶属蛋白质，存在于真皮的结缔组织胶原纤维中的胶原蛋白是主要的成胶物质。胶原在常温下不溶于冷水和稀酸、稀碱溶液，但能溶胀，使纤维呈半透明状态。胶原在水中长时间加热后，就能通过水解而成为明胶。

在獭兔屠宰和加工场中，有较多的兔头皮、四肢皮和残次皮，可收集后用来加工生产明胶。目前，明胶生产的方法有碱法、酸法、盐法和酶法等，现介绍碱法生产明胶

的过程。

（一）原料的收集及处理

一般收集屠宰场中的废料皮，经分类整理后，用5%石灰乳或0.5%～1%硫化钠溶液浸泡脱毛。

（二）脱脂

先将脱毛后的原料皮，用1%石灰水浸泡1～2天。再将浸泡后的原料皮切成小块，放入脱脂机中，利用水的冲击作用和高速铁锤的机械作用，清除去原料皮中的脂肪和附着的污物。

（三）浸灰

将脱脂后的原料皮用石灰水进行浸灰，石灰水浓度为2%～4%，相对密度1.015～1.035，pH值12～12.5，温度为15℃左右，浸灰15～90天，使胶原纤维充分吸水膨胀、松散，内部结合力减弱，以利于熬胶时的进一步水解。

（四）洗涤

浸灰后的原料皮应用清水充分洗涤，以清除吸附的石灰，一般可用5～6倍的水洗涤12～16 h，并进行多次换水，洗涤至pH值9～9.5即可。

（五）中和

洗涤后应用盐酸水中和剩余的石灰，可在水池中不断搅拌，不断加入浓度为6 mol/L的盐酸溶液，中和至pH值2.5～3.5。开始时每半小时加酸调整1次，3 h后每小时加酸调整1次，中和时间共为12～16 h。

（六）熬胶

在夹层锅中加入热水，投入中和后的原料皮，缓缓升温至50～65 ℃，3～8 h后放出胶液，消除去锅底残渣和污物。再加热水，加热至60～70 ℃继续熬煮，最后在60 ℃左右滤出胶液，用离心机分离除去油脂与杂物。

（七）浓缩

将稀胶液用真空浓缩锅进行浓缩，浓缩后的胶液趁热加入过氧化氢或亚硫酸等防腐剂，搅拌均匀后装入金属或搪瓷盘中冷却至完全胶冻，切成薄片或碎块，干燥至含水量为10%～12%，即为明胶成品。

三、其他副产品的利用

（一）獭兔血的利用

兔血除极少数地区有食用外,大部分地区均将其废弃不要。其实,兔血营养丰富,蛋白质含量很高,必需氨基酸完全,可加工成血粉作为畜禽动物性蛋白质饲料,也可用于提取多种生物药品和生化制剂,如医用血清、凝血酶、蛋白胨等。

1．兔血饲料　兔血营养丰富，目前主要的兔血饲料是加工成兔血粉。

制作方法：将兔血收集于发酵罐中，在60 ℃条件下发酵72 h，然后经热风灭菌干燥，使之含水量由80%降至15%，就成为无腥味、无异味、营养丰富的兔血粉。据测定，兔血粉中含粗蛋白49.5%，粗脂肪0.83%，可溶性无氮浸出物24%，粗纤维5%，粗灰分4.98%。

2. 兔血医用　兔血在医用上常被用来提取血清。

制作方法，抽取兔动脉血液，存放在三角烧瓶中，放置于 30 ℃的恒温箱中静置，待血清析出后关闭恒温箱开关，打开恒温箱门。第 2 天作无菌操作分装各瓶（去净血块），然后作离心分离 20 min（300 r/min），离心后取出，将上层血清倒入盐水瓶中(去除下层血球)，放入冷库或冰箱中，保持 − 4 ℃。1 周后取出解冻，然后用过滤纸过滤，再除菌，而后分装。以上这些操作均应在无菌室中进行。

(二) 獭兔粪的利用

兔粪是动物粪尿中肥效最高的一种农家肥；兔粪营养丰富，可作为动物饲料，还可作药用，且还具有一定的杀虫、解毒作用。

1. 兔粪肥料　兔粪尿是一种高效优质的农家肥，1 只成年兔，每年可积肥至少 100 kg，10 只成年兔可相当于 1 头猪的积肥量。据分析，兔粪中氮、磷、钾的含量明显高于其他动物粪尿，兔粪中氮、磷、钾的含量分别是猪粪的 3.8 倍、5.8 倍和 2.0 倍；兔粪的主要成分氮、磷、钾远比牛、羊、粪高，甚至超过鸡粪，见表 10-1。

表 10-1　兔粪主要成分与其他畜禽粪比较

种类	氮含量（%）	磷含量（%）	钾含量（%）	每 1 000 kg 粪便相当于		
				硫酸铵（kg）	过磷酸钙（kg）	硫酸钾（kg）
猪粪	0.6	0.4	0.4	28.30	17.60	8.92
牛粪	0.3	0.3	0.2	14.14	13.16	4.46
羊粪	0.7	0.5	0.3	33.50	21.96	6.70
鸡粪	1.5	0.8	0.5	70.91	35.10	11.20
兔粪	2.3	2.3	0.8	108.48	100.90	17.85

由表 10-1 中可见，兔粪（尿）是一种高效有机肥料，因兔尿浓，含尿素量高，故有不少资料介绍，兔粪尿不仅肥效持久，同时对植物的部分虫害具有杀灭作用，可保苗促丰收。

兔粪尿中的尿素、氨以及钾、磷等，可新鲜使用，都能被植物吸收利用，但粪中的蛋白质要经过腐熟，转变成 NH_3 或 NH_4^+ 后，植物才能吸收。作堆肥或在粪坑中贮存几天均可完成腐熟，但处理时要注意降温、密封，以减少 NH_3 的挥发，保持肥效。

经腐熟的兔粪肥，加水可用作速效肥喷施在植物叶面，作为根外追肥，亦能被植物快速吸收。目前，我国各地使用兔粪尿液喷施农作物，不仅用量省、肥效快，增产效果也较显著。且长期施用兔粪肥料，还能改良土壤，增加土壤有机质，减少或防止作物病虫等。

兔粪液制作方法如下：将兔粪尿储于缸内（或池内），加水密封 10～15 天，经自然发酵后，滤出残余固形物，即可喷施农作物，尚未用完或缓用的粪液，应继续储放于缸内密封保存，以减少氨的挥发。

喷施兔粪液注意的事项有：

（1）喷施时间：以晴天的上午 9 时前和下午 16 时后为好。因为中午阳光暴晒，风力大，蒸发快，会降低效用。

（2）喷施雾点务求匀细，这样可增强附着力，避免肥液流失，以利叶面吸收。

（3）喷后如下雨，要补喷。

（4）有露水时，应待露水干后再喷。

（5）扬花时切忌中午喷施，喷施后仍须做好田间管理，使喷施发挥更大的效果。

2．兔粪饲料　兔粪营养丰富，富含蛋白质、维生素和碳水化合物等，经适当合理加工后，可作为饲料喂养其他畜禽。

目前常将兔粪经人工干燥、氧化发酵或乳酸发酵等处理后，与其他能量饲料混合压制成颗粒饲料或混合成粉料使用。因兔粪饲料中的营养成分已经初步消化，所以更有利于消化吸收，使用量不宜过多，一般以占日粮的20%左右为宜。

据日本和上海等资料介绍，用处理后的干兔粪（粉状），取代30%的配合饲料喂猪，对肉猪的增重和肉的品质无不良影响。育肥1头90 kg重的肉猪，可节省50 kg左右的配合饲料。

3．兔粪药用　兔粪可作药用，据《本草纲目》记载：兔屎，腊月收之，主治目中浮翳，劳疗五疳，疳疮痔瘘，杀虫解毒。因而，兔粪经加工处理后，常用在中药配料中。

附表 1　獭兔常用饲料营养成分表

%

饲料名称	消化能（MJ/kg）	粗蛋白	钙	磷	赖氨酸	蛋氨酸+胱氨酸	苏氨酸	粗纤维	干物质
玉　米	14.48	8.60	0.04	0.21	0.27	0.31	0.31	2.00	88.4
高　粱	14.11	8.50	0.09	0.36	0.22	0.20	0.25	1.50	87.0
小　米	12.85	12.0	0.04	0.27	0.15	0.47	0.34	1.30	87.7
稻　谷	11.60	6.80	0.03	0.27	0.31	0.22	0.28	8.20	88.6
糙　谷	14.27	8.80	0.04	0.25	0.29	0.28	0.28	0.70	87.0
碎　米	14.69	6.90	0.14	0.25	0.34	0.36	0.29	1.20	87.6
大　米	14.32	8.50	0.06	0.21	0.15	0.47	0.34	0.80	87.5
大　麦	12.18	10.50	0.08	0.30	0.37	0.35	0.36	6.50	88.0
裸大麦	13.86	10.70	0.07	0.32	0.47	0.35	0.48	2.20	87.4
小　麦	13.60	11.10	0.05	0.32	0.33	0.44	0.34	2.40	86.1
燕　麦	12.01	9.90	0.15	0.23	0.40	0.37	0.47	8.90	89.6
莜　麦	14.78	12.90	0.16	0.34	0.86	0.57	0.53	1.60	90.7
荞　麦	11.09	12.50	0.13	0.29	0.54	0.39	0.38	12.3	87.9
黑　麦	12.85	11.30	0.05	0.48	0.47	0.32	0.35	8.00	87.0
青　稞	13.56	9.90	0.00	0.42	0.43	0.34	0.33	2.80	87.0
四号粉	14.57	14.0	0.08	0.31	0.90	0.56	0.41	0.62	88.1

续附表 1

饲料名称	消化能（MJ/kg）	粗蛋白	钙	磷	赖氨酸	蛋氨酸＋胱氨酸	苏氨酸	粗纤维	干物质
三等粉	11.93	13.40	0.12	0.13	0.51	0.16	0.45	0.71	87.8
大　豆	16.58	37.1	0.25	0.55	2.30	0.95	1.41	5.10	88.8
黑　豆	16.41	37.9	0.27	0.52	2.18	0.92	1.49	6.70	91.0
蚕　豆	12.89	24.5	0.09	0.38	1.66	0.64	0.94	7.50	87.30
豌　豆	12.98	22.2	0.14	0.34	1.61	0.56	0.93	5.90	87.30
小　豆	13.35	20.7	0.07	0.31	1.60	0.24	0.87	0.00	88.20
甘薯粉	14.44	3.10	0.34	0.11	0.14	0.09	0.15	2.30	89.0
木薯粉	14.65	3.70	0.07	0.05	0.09	0.06	0.07	2.80	87.2
米　糠	11.34	11.60	0.06	1.58	0.56	0.45	0.46	9.20	86.7
三七统糠	3.18	5.40	0.36	0.43	0.21	0.30	0.19	31.7	90.0
小米糠	4.44	8.60	0.17	0.47	0.21	0.25	0.21	29.0	89.6
高粱糠	12.10	10.3	0.30	0.44	0.38	0.39	0.36	6.90	88.4
玉米糠	10.93	9.9	0.08	0.48	0.29	0.14	0.33	9.10	87.5
大麦麸	12.39	15.4	0.33	0.48	0.32	0.33	0.27	5.10	88.0
小麦麸	10.59	13.5	0.22	1.09	0.47	0.33	0.45	9.20	87.9
黑麦麸	12.85	13.7	0.04	0.48	0.69	0.44	0.63	8.00	89.9
苜蓿干草粉	6.57	15.7	1.25	0.23	0.61	0.36	0.64	13.90	89.6
紫云英草粉	6.87	22.3	1.42	0.43	0.85	0.34	0.83	19.5	88.0

续附表 1

饲料名称	消化能（MJ/kg）	粗蛋白	钙	磷	赖氨酸	蛋氨酸+胱氨酸	苏氨酸	粗纤维	干物质
沙打旺草粉	7.28	12.3	1.95	0.12	0.50	0.25	0.78	29.0	93.7
秣食豆草粉	5.27	18.2	1.70	0.37	0.70	0.43	0.55	31.4	89.0
紫穗槐叶	10.55	12.30	1.40	0.40	1.45	0.82	1.17	12.9	90.6
玉米秸粉	2.30	3.30	0.67	0.23	0.25	0.07	0.10	33.4	88.8
青干草粉	2.47	8.90	0.54	0.25	0.31	0.21	0.32	33.7	90.6
花生藤粉	6.91	12.2	2.80	0.10	0.40	0.27	0.32	21.8	90.0
大豆饼	13.56	41.6	0.32	0.50	2.45	1.08	1.74	5.70	88.2
黑豆饼	13.60	39.8	0.42	0.27	2.46	0.74	1.19	6.90	88.0
花生饼	14.06	43.8	0.33	0.58	1.35	0.94	1.23	5.30	89.6
芝麻饼	14.02	35.4	1.49	1.16	0.86	1.43	1.32	7.20	91.7
棉子粕	10.13	32.6	0.23	0.90	1.11	1.30	1.55	13.6	89.8
棉仁粕	11.55	32.3	0.36	0.81	1.29	0.74	1.15	15.1	92.2
菜子饼	11.60	37.4	0.61	0.95	1.23	1.22	1.52	10.7	92.2
亚麻饼	12.60	35.9	0.39	0.87	1.20	1.00	1.29	9.2	91.1
胡麻饼	10.93	31.1	0.45	0.54	1.18	0.75	1.20	9.8	90.5
蓖麻饼	8.79	31.4	0.32	0.86	0.87	0.82	0.91	33.0	80.0
大豆秸粉	0.71	8.9	0.87	0.05	0.31	0.12	1.08	39.8	93.2
甘薯藤粉	5.23	8.1	1.55	0.11	0.26	0.16	0.27	28.5	88.0

续附表 1

饲料名称	消化能（MJ/kg）	粗蛋白	钙	磷	赖氨酸	蛋氨酸+胱氨酸	苏氨酸	粗纤维	干物质
椰子饼	11.22	24.7	0.04	0.06	0.51	0.53	0.58	14.4	90.20
茶仁饼	10.13	10.5	0.36	0.23	0.30	0.42	0.24	18.3	91.0
向日葵粕	10.88	35.7	0.40	0.50	1.17	1.36	1.50	22.8	90.3
向日葵饼	7.62	31.5	0.40	0.40	1.13	1.66	1.22	19.8	89.0
玉米胚芽饼	13.48	16.8	0.04	1.48	0.69	0.57	0.62	5.50	91.8
米糠饼	10.76	13.6	0.07	1.87	0.63	0.45	0.56	8.90	91.5
进口鱼粉	15.53	60.5	3.91	2.90	4.35	2.21	2.35	0.00	89.0
国产鱼粉	19.27	55.1	4.59	1.17	3.64	1.95	2.22	0.00	91.2
等外鱼粉	9.42	38.6	6.13	1.03	2.12	1.30	1.75	0.00	91.2
猪肉粉	22.44	55.4	0.19	0.54	2.20	0.79	2.38	0.00	90.0
肉　粉	12.56	54.4	8.27	4.10	3.00	1.43	1.80	0.00	92.0
肉骨粉	12.01	45.0	11.0	5.9	2.49	1.02	1.63	0.00	92.4
血　粉	10.93	78.0	0.30	0.23	8.07	1.14	2.78	0.00	89.3
蚕　蛹	20.72	54.6	0.02	0.53	3.07	1.23	1.86	0.00	90.5
蚕蛹渣	12.73	69.7	0.30	0.77	3.86	2.00	2.54	0.00	90.5
蝇　蛆	11.05	47.2	2.76	3.14	3.37	0.15	1.92	0.00	86.0
蚕　沙	10.05	14.8	0.10	0.61	0.40	0.33	0.40	10.5	90.2
小虾糠	10.72	46.9	7.34	1.56	1.94	1.17	1.37	11.1	89.9

续附表 1

饲料名称	消化能（MJ/kg）	粗蛋白	钙	磷	赖氨酸	蛋氨酸+胱氨酸	苏氨酸	粗纤维	干物质
酵　母	12.22	47.1	0.45	1.48	3.10	1.16	2.58	0.00	91.7
饲料酵母	16.62	45.5	1.15	1.27	2.57	1.00	2.18	5.10	91.1
啤酒酵母	14.82	52.4	0.16	1.02	3.38	1.00	2.33	0.60	91.7
饲料 BE 酵母	12.14	47.2	0.13	0.96	2.60	0.83	1.50	0.10	91.5
玉米蛋白粉	15.03	25.4	0.12	0.02	0.53	0.62	0.00	1.40	92.3
全脂奶粉	22.52	21.4	1.62	0.66	2.26	1.02	1.03	0.00	98.0
水解羽毛粉	19.32	85.0	0.04	0.12	1.70	4.17	4.50	0.00	90.0
土霉素渣	11.47	43.6	1.61	0.48	1.27	0.60	1.82	5.30	90.7
青霉素渣	8.33	20.8	2.95	0.54	0.00	0.00	0.00	0.60	91.7
动物油	38.26	0.00	0.00	0.00	0.00	0.00	0.00	0.00	97.4
甘　薯	3.68	1.00	0.13	0.05	0.13	0.11	0.00	0.90	25.0
胡萝卜	2.13	1.30	0.53	0.06	0.03	0.03	0.00	0.80	13.4
南　瓜	1.72	1.50	0.00	0.00	0.02	0.01	0.00	0.90	10.9
马铃薯	3.47	2.30	0.33	0.07	0.09	0.06	0.07	0.90	23.5
水　草	3.06	3.80	0.12	0.09	0.00	0.00	0.00	9.40	28.8
苜蓿草	2.22	4.60	0.20	0.06	0.21	0.10	0.24	5.00	19.6
三叶草	2.30	4.90	0.00	0.01	0.09	0.04	0.10	3.10	18.5

续附表 1

饲料名称	消化能（MJ/kg）	粗蛋白	钙	磷	赖氨酸	蛋氨酸+胱氨酸	苏氨酸	粗纤维	干物质
黑麦草	2.55	2.40	0.13	0.05	0.16	0.09	0.13	4.20	18.0
豆腐渣	0.88	2.80	0.05	0.03	0.19	0.09	0.13	1.70	10.0
薯类粉渣	1.76	0.60	0.07	0.01	0.00	0.00	0.00	1.70	15.0
玉米粉渣	2.01	1.80	0.02	0.01	0.03	0.07	0.04	1.70	15.0
糖　渣	3.93	7.0	0.01	0.04	0.22	0.43	0.25	0.50	22.6
醋　渣	2.43	2.40	0.06	0.03	0.08	0.16	0.09	5.30	25.0
酱　渣	2.80	7.10	0.11	0.03	0.14	0.10	0.27	3.40	22.4
甜菜渣	1.13	1.20	0.06	0.01	0.05	0.03	0.06	2.42	12.0
啤酒糟	2.68	3.40	0.09	0.12	0.18	0.25	0.18	3.80	25.0
玉米酒糟	3.81	5.80	0.15	0.17	0.02	0.06	0.04	7.50	35.0
高粱酒糟	3.10	5.90	0.11	0.18	0.15	0.07	0.16	10.5	39.9
甘薯酒糟	0.50	2.00	0.09	0.01	0.02	0.06	0.04	2.00	7.0
酒　糟	3.39	7.50	0.19	0.20	0.56	0.29	0.66	5.70	32.5
水花生	0.54	1.10	0.08	0.02	0.03	0.01	0.02	1.10	6.00
水葫芦	0.42	0.80	0.08	0.03	0.04	0.04	0.04	0.90	5.00

续附表 1

饲料名称	消化能(MJ/kg)	粗蛋白	钙	磷	赖氨酸	蛋氨酸+胱氨酸	苏氨酸	粗纤维	干物质
甘薯藤	1.13	2.10	0.20	0.05	0.07	0.03	0.07	2.50	13.0
大白菜	0.80	1.40	0.03	0.04	0.04	0.04	0.02	0.50	6.00
小白菜	0.92	1.60	0.04	0.06	0.04	0.04	0.00	0.70	5.40
甘　蓝	1.00	1.80	0.08	0.04	0.09	0.06	0.00	1.60	9.90
槐叶粉	10.0	18.1	2.21	0.21	0.00	0.00	0.00	11.0	90.3
脱胶骨粉	0.00	0.00	36.4	16.4	0.00	0.00	0.00	0.00	96.0
骨　粉	0.00	0.00	30.12	13.46	0.00	0.00	0.00	0.00	99.0
石　粉	0.00	0.00	35.0	0.00	0.00	0.00	0.00	0.00	99.0
贝壳粉	0.00	0.00	33.4	0.14	0.00	0.00	0.00	0.00	99.0
蛋壳粉	0.00	0.00	37.0	0.15	0.00	0.00	0.00	0.00	99.0

附表 2　全国部分兔用药械和设备生产厂家

名　　称	地　　址	电　话	邮编
浙江省余姚市梁辉福乐达仪器仪表厂	余姚市东门外竹山桥	0574－62587007	315404
浙江省嵊州市金塔通用机械厂	嵊州市城关镇中千村	0575－3040084	312400
浙江省余姚市(凯帆)新型养兔器械厂	余姚市马渚镇东一路 348 号	0574－62468325	315450
河南省偃师市段西养殖设备厂	偃师市顺县镇段西工业区	0379－7513913	471922
浙江省新昌县金源畜牧机械厂	新昌县城关镇	0575－6231341	312500
浙江省余姚市新科饲料机厂	余姚市阳明西路 188 号(舜江宾馆对面)	0574－62825886	315400
山东省莱州市獭兔良种研究所服务公司	莱州市神堂西王	0535－2528001	261428
湘潭市同富饲料机厂	湘潭市楠竹山黄泥塘村 4－14 号	0732－7845233	411207
生佳饲料机械设备厂	武汉市汉阳区鹦鹉新村 170 号	027－84821460	430050
浙江省新昌县城关陈氏机械厂	新昌县城关东门平川桥(4 路公交车振宇公司下)	0575－6120119	312500
浙江省嵊州市兔具厂	嵊州市城关镇后王村	0575－3210311	312400
北京市人和机械厂	北京市红星区德茂庄	010－67993733	100076
浙江省余姚市余姚镇新华饲料机厂	余姚市火车站背后子陵路东江桥(即石油库河对面)	0574－62643339	315400
中国养兔杂志科技咨询服务部	南京市汉口西路 180 号	025－3720836	210024
浙江省鄞县东海畜牧器械厂	宁波鄞县大嵩	0574－88406041	315144

续附表 2

名　称	地　址	电　话	邮编
北京大兴县德茂广大畜牧机械厂	北京永定门东高地南德茂小区塔楼 103 号	010－67977103	100076
航天恒星集团	西安市 546 信箱畜牧设备事业部	029－5290500	710061
山东省莱州市盛达机械加工厂	莱州市南三里河子	0535－2217713	261400
天津市工农联盟畜牧机械厂	天津市工农联盟畜牧机械厂	022－3792486	300381
山东章丘华龙机械	章丘市绣惠镇杜洪李村	0531－3473391	250201
河北大厂县祁格庄红星养殖设备厂兔笼生产厂	大厂县祁格庄红星养殖设备厂兔笼生产场	0316－8941322	065302
北京市平谷县万青综合机械厂	平谷县万青综合机械厂	010－69900767	101200
河北玉兔实业有限责任公司东光县王喇养殖专业合作社	河北省东光县王喇乡政府对面	0317－7811011	061600
山东鄄城大山绿色养殖繁育有限公司	鄄城县什集镇北 200 m 沙河南岸	0530－2461025	274606
浙江省农科院畜牧兽医研究所种兔场设备部	杭州市石桥路 198 号	0571－6404211	310021
河南省济源市中原种兔设备场	济源市梨林乡梨林村	0391－6051225	454671
山东省郓城县华星种兔设备厂	郓城县玉皇庙镇北郑村前		274709

附表 3　全国主要养兔场

名　称	地　址	电　话	邮编
山东省莱州市獭兔良种研究所	莱州市神堂西王	0535－2528001	261428
江苏省江都市天鹅绒种兔场	江都市宜陵镇双桥村西套组	0514－6571456	225200
江苏省太仓市养兔协会	太仓市城北东路 5 号	0520－3571109	215400
江苏兴化市燎原公司獭兔良种繁育基地	兴化市热电厂西侧(市 1 路公交车直达)	0523－3269987	225700
黑龙江省兴安岭兔业中心	黑龙江省塔河县 031 信箱	0457－3663839	165200
内蒙古包头市农丰兔业研究所	包头市九原区兴胜镇二道沙河北村养殖小区	0472－7918113	014060
山东鄄城大山绿色养殖繁育有限公司	鄄城县什集镇北 200 m 沙河南岸	0530－2461025	274606
北京天顺达獭兔良种基地	北京顺义区高丽营镇六村村东	010－69455751	
济南新平獭兔场	济南市段店南路 123 号	0531－7985053	250022
浙江省农科院畜牧兽医研究所种兔场	杭州市石桥路 198 号	0571－86404211	310021
江苏省邳州市种兔繁育基地	邳州市新汽车站北 1 km 民营科技工业园南 50 m 路东即到	0516－6295068	221326
江苏省邳州市粮食局种兔场	邳州市白埠粮管所院内	0516－6401180	221326
河南省鲁山县绿原兔业研究所	鲁山县马楼乡楼张村绿原兔业研究所	0375－5630055	467321

续附表 3

名　　称	地　　址	电　话	邮编
江苏徐州市直属种兔场	江苏邳州市白埠木汪种兔场	0516－6401118	221326
江苏邳州官湖镇良种畜禽繁育种	邳州市官湖镇北钢材市场对面	0516－6441692	221321
辽宁省鞍山市超强兔业科技发展有限公司	鞍山市眼前山铁矿洪台沟	0412－5423949	114044
江苏邳州市富康兔业有限公司	邳州市白埠鲍石路南端	0516－6400066	221326
山东省莱芜市孝义种兔场	莱芜市城东	0634－6412716	271100
陕西户县獭兔种心	户县大王镇卓西村	029－4938829	710301
陕西长安通达獭兔场	长安县五星乡跃进村	029－5860743	710114
金陵种兔场	南京市江宁区上坊镇窑头	025－2701783	211103
上海市南汇区养兔协会	南汇区惠南镇荡湾新村荡湾路 3 号	021－58006161	201300
山东荣成市玉兔牧业有限公司	荣成市经济技术开发区滨海大道	0631－7565580	264300
北京顺义杨镇獭兔养殖场	同左	13601186488	100300
北京万山獭兔开发有限公司	朝阳区安惠三区惠苑华侨公寓	010－64932803	
江苏省邳州市科协良种兔开发公司	邳州市科协	0516－6441385	221300
闽北超雄獭兔繁育场	福建省建瓯市小松镇穆墩村	0599－3830793	353100
西北农林科技大学西农种兔场	陕西·杨凌·西北农林科技大学动物科学学院	029－7098915 7093221	712100

续附表 3

名　　称	地　　址	电　话	邮编
陕西省宝鸡市宏盛良种兔场	宝鸡市渭滨区马营镇扑南村	0917－3223177 13991725920	721000
陕西省乾县永生良种兔场	乾县杨汉乡永生村	0910－5330136	713300
山西省农科院畜牧研究所实验兔场	太原市小店区汾东北路 200 号	0351－7091514	030032
云南省种兔场	云南省寻甸县天生桥省种兔场	0871－2661443	655204
福建省浦城县东闽兔场	浦城县石陂镇		353400
甘肃省天水郁友兔业有限公司	天水市北通区渭南镇杨赵村郁友公司	0938－8368792 13993821219	741020
陕西省大荔县华生良种兔场	大荔县北关	0913－3222669 13709237651	715100
陕西省旬邑县富平良种兔场	旬邑县职田镇那坡子村	0910－4422083	711300
浙江省嵊州市华兴种兔场	嵊州市城关镇马桥桥头	0575－3031169	312400
浙江省余姚市养兔协会	余姚市东横街 45 号(火车站南 100m)	0574－2638040	315400
蔡永昌种兔场	浙江省宁波市镇海区贵驷镇田央周吴家 8 号	0574－6550322	315206
浙江嵊州招村种兔场	嵊州市浦口镇招村王山头	0575－3160354	312451

续附表 3

名　称	地　址	电　话	邮编
河南省济源市区划种兔场	济源市梨林乡许村北	0391－6051425	454671
浙江临海杜桥兴华种兔场	临海市杜桥塘岸		317016
浙江杭州养兔中心种兔场	杭州艮山路新塘站		310021
浙江镇海种兔场	浙江宁波市镇海区城关镇新老周村(往西 50 米)	0574－86457218 13706845143	315200
山东牟平外贸联合良种场	牟平文化路南端		264100
安徽固镇县种兔场	固镇县瓦町乡		
江苏连云港种兔场	连云港通孔路 49 号		222004
四川畜牧兽医研究所兔场	成都牛沙便道		610066
福建福鼎外贸种兔场	福鼎县流美乡		355200
江西玉山种兔场	玉山县城西十里山		334700
云南光明园艺场	安宁县 740 号信箱		650304

附表 4　全国部分兽医生物制品厂一览表

名　　称	地　　址	邮编
北京市兽医生物药品厂	北京市安定门外大屯	100101
河北省保定生物药品厂	保定市韩村北路 26 号	071051
山西省兽医生物药品厂	山西省太谷县东门外	030800
内蒙古生物药品厂	呼和浩特市鄂尔多斯路	010030
辽宁省益康生物药品厂	辽阳市西八里	111000
吉林省生物制品厂	吉林市九站	132101
黑龙江生物制品一厂	哈尔滨市哈平路七公里	150069
安徽生物药厂	合肥市南门外七里站	230022
农业部南京药械厂	南京市中华门外小行 51 号	210012
上海市松江生物药品厂	上海市松江南门外	201600
杭州药厂兽药分厂	杭州市莫干山路 133 号	310011
江西生物药品制造厂	江西省南昌县莲塘镇	330200
福建省生物药品厂	福州市鼓山乡园中村 110 号	350011
郑州生物药厂	郑州市南郊十八里河	450061
湖北生物制品厂	武汉市武昌金水闸	430209
湖南生物药厂	长沙市劳动东路 250 号	410007
广东兽医生物药品厂	广州市石牌	510630

续附表 4

名　　称	地　　址	邮编
广西生物制品厂	南宁市友爱北路 51 号	530001
农业部成都药械厂	成都市外东中沙河街 36 号	610066
四川省兽医生物药品厂	四川省江原县刷经寺镇	624402
贵州省生物药品厂	贵阳市龙洞堡	550005
云南省生物制药厂	昆明市金殿	650224
西藏兽医生物制品厂	拉萨市北郊	850003
陕西省生物药品厂	陕西省临潼西关 93 号	710600
农业部兰州生物药品厂	兰州市盐场路 2 号	730046
青海省兽医生物药品厂	西宁市宁张路 17 号	810093
新疆生物药品厂	乌鲁木齐市喀什东路 15 号	830013
浙江省诸暨县生物药品厂	浙江省诸暨县生物药品厂	311800
山东生物药品厂	山东省	250000
河北省畜牧局张家口地区兽医生物药品厂	河北省张家口地区兽医生物药品厂	075000
浙江省杭州药厂兽药分厂	浙江省杭州市药厂兽药分厂	310000
农牧渔业部郑州生物药品厂	河南郑州兽医生物药品厂	450000

参考文献

[1] 张玉等. 獭兔饲养技术. 北京：中国农业出版社，2001

[2] 朱瑾佳. 獭兔. 南京：江苏科技出版社，2001

[3] 陶岳荣等. 獭兔高效益饲养技术（修订版）. 北京：金盾出版社，2001

[4] 徐汉涛. 种草养兔技术. 北京：中国农业出版社，2001

[5] 王恬等. 高效饲料配方及配制技术. 北京：中国农业出版社，2001

[6] 苏加楷等. 优良牧草及栽培技术. 北京：金盾出版社，2001

[7] 南京农学院. 饲料生产学. 北京：中国农业出版社，1980

[8] 张家口农业专科学校. 养兔学. 北京：中国农业出版社，1982

[9] 王和民等. 配合饲料配制技术. 北京：中国农业出版社，1998

[10] 全国职业高中畜禽养殖类专业教材编写组. 畜禽繁育. 北京：高等教育出版社，1995

[11] 马新武，陈树林. 肉兔生产技术手册. 北京：中国农业出版社，2000

[12] 杜绍范，刘凤翥. 跟我学养肉兔. 北京：农村

读物出版社，2001

[13] 朱香苹等．肉兔快速饲养与疾病防治．北京：中国农业出版社，2001

[14] 林和官等．肉兔快速饲养．福州：福建科学技术出版社，2000

图书在版编目(CIP)数据

獭兔养殖技术/汪志铮主编．—北京：中国农业大学出版社，2003.1

ISBN 978-7-81066-558-2

Ⅰ.獭…　Ⅱ.汪…　Ⅲ.兔-饲养管理　Ⅳ.S829.1

中国版本图书馆 CIP 数据核字(2002)第 099698 号

出版发行　中国农业大学出版社
经　　销　新华书店
印　　刷　涿州市星河印刷有限公司
版　　次　2003 年 1 月第 1 版
印　　次　2012 年 2 月第 4 次印刷
开　　本　32　　13 印张　　288 千字　　彩插 3
规　　格　850×1 168
定　　价　23.00 元

社址　北京市海淀区圆明园西路 2 号　　**邮政编码**　100193
电话　010-62732633　　**网址**　www.cau.edu.cn/caup